黄河下游典型退化土壤防治与质量提升研究

吴其聪 董智 张丛志 主编

中国水利水电出版社

www.waterpub.com.cn

·北京·

内 容 提 要

  黄泛沙地的土壤沙化和黄河三角洲的土壤盐渍化是黄河下游典型土壤退化问题。黄泛沙地土壤结构性差且有机质含量低，易发生风蚀沙化，严重制约农牧业发展。通过研究不同土地利用方式下的风蚀沙化规律及影响机制，采用农林复合种植、生物炭和保水剂联用等措施，可防治沙化，提高土壤结构稳定性并促进碳库积累，提升土壤质量，促进植物生长，提高生态和经济效益。黄河三角洲盐渍化土壤盐碱重、结构差、养分匮乏，植物生长受限。通过研究土壤理化性质及颗粒分形特征，采用生物炭和印度梨形孢联用、优势牧草配施微生物肥料等措施治理盐渍化土壤，可提升土壤质量并促进植物生长，为改土提质提供理论依据和技术支持。

图书在版编目（CIP）数据

黄河下游典型退化土壤防治与质量提升研究 / 吴其聪，董智，张丛志主编. -- 北京：中国水利水电出版社，2024. 6. -- ISBN 978-7-5226-2560-7(2024.12重印).

Ⅰ. S151

中国国家版本馆CIP数据核字第2024KD2286号

书　　名	**黄河下游典型退化土壤防治与质量提升研究** HUANG HE XIAYOU DIANXING TUIHUA TURANG FANGZHI YU ZHILIANG TISHENG YANJIU	
作　　者	吴其聪　董智　张丛志　主编	
出版发行	中国水利水电出版社 （北京市海淀区玉渊潭南路 1 号 D 座　100038） 网址：www. waterpub. com. cn E - mail：sales@mwr. gov. cn 电话：(010) 68545888（营销中心）	
经　　售	北京科水图书销售有限公司 电话：(010) 68545874、63202643 全国各地新华书店和相关出版物销售网点	
排　　版	中国水利水电出版社微机排版中心	
印　　刷	天津嘉恒印务有限公司	
规　　格	184mm×260mm　16 开本　15 印张　365 千字	
版　　次	2024 年 6 月第 1 版　2024 年 12 月第 2 次印刷	
定　　价	**90. 00 元**	

编委会名单

前　言

　　黄河是中华民族的母亲河，承载着中华文明的沧桑与繁荣。然而，在其下游地区，特别是黄泛沙地、黄河三角洲及其周边地带，面临着土地退化的严峻挑战。土地是人类赖以生存的基础，土地的退化不仅让人类失去了生存的土壤，更是对人类生存环境的严重威胁。黄泛沙地的土壤沙化和黄河三角洲的土壤盐渍化是黄河下游地区面临的两个典型土壤退化问题。①黄泛沙地土壤类型以风沙土、砂质潮土为主，质地粗而松散，结构性差，有机质含量低，易受季节性大风的影响而发生风蚀沙化。黄泛沙地的风沙化不仅造成了土壤风蚀蔓延，生态环境恶化，而且严重制约着农牧业的发展，使得农牧业生产力低而不稳。②黄河三角洲盐渍化土壤的结构差、盐胁迫和养分缺乏是抑制种子发芽和植物生长、制约盐碱土壤开发和利用的关键因素。盐碱地作为我国重要的后备耕地资源，改良滨海盐碱土对地区生态恢复与重建、地方经济的稳定与发展和国家粮食安全具有重大的现实意义。

　　本书深入分析了黄泛沙地和黄河三角洲土地退化的现状、原因及影响，并提出了一系列可行的防治与改良方案。从农林复合种植到生物炭和保水剂联合应用，从生物炭和印度梨形孢联用到优势牧草配施微生物肥料，这些措施不仅是理论上的构想，更是经过实践验证的有效途径，为我们提供了可持续发展的路径。本书是由山东农业大学的吴其聪、董智、高鹏、刘瑞琳、姬生勋、李宸、李宇扬、郑学嘉、安淳淳、陈新闯、李小倩、张子胥，中国科学院南京土壤研究所的张丛志，北京林业大学的潘嘉琛，山东省水利科学研究院的李国会，泰山学院的吕圣桥，扬州大学的陈硕桐、烟台市农业技术推广中心的姜振萃，临清市水利局的马琳，水发规划设计有限公司的刘超，中水华东规划设计有限公司的窦晓慧，浙江佳恒林业勘测规划设计有限公司的刘冰倩等20余位教师和科研人员组成的编写委员会，分工编写而成。全书由吴其聪、董智、张丛志任主编，共分为8章。第1章介绍了黄泛沙地不同土地利用方式风蚀沙化规律及影响机制，主要由董智、姬生勋编写；第2章介绍了黄泛沙地农林复合种植促进土壤团聚结构形成及有机碳累积的机制，主要由吴其聪、潘嘉琛编写；第3章介绍了黄泛沙地杨树人工林栽植提高土壤结构稳定性促进碳库积累的机理，主要由安淳淳、陈硕桐、李宇扬编写；第4章介绍了黄泛沙地生物炭和保水剂协同改良土壤促进苜蓿生长的机理，主要由李小倩、刘瑞琳、李宸编写；第5章介绍了黄泛沙地不同农林间作模式土壤质量及经济效益评价，主要由张子胥、郑学嘉、刘超编写；第6章介绍了滨海盐碱地不同土地利用方式土壤理化性质及颗粒分形特征，主要由高鹏、吕圣桥、马琳编写；第7章介绍了滨海盐碱地生物炭和印度梨形孢联用改良土壤促进高丹草生长的机理，主要由张丛志、刘冰倩、姜振萃编写；第8章介绍了滨海盐碱地优势牧草配施微生物肥料对土壤质量的提升效果，主要由陈新闻、窦晓慧、李国会编写。全书由吴其聪、董智和张丛志统稿。

土地退化不是一朝一夕之事，防治与改良更是一项漫长而艰巨的任务。然而，我们深信，凭借着人类的智慧和勇气，我们定能战胜这一挑战，让黄河下游地区的土地重焕生机，为子孙后代留下一片绿洲。愿本书成为关注土地退化问题的学者、政策制定者和社会大众的参考工具，也希望能为推动黄河下游地区的生态文明建设贡献一份力量。愿我们携手努力，共同书写黄河流域生态保护与高质量发展的新篇章！

值此书稿付梓之际，向研究过程及书稿撰写过程中给予大力支持的山东农业大学、中国科学院南京土壤研究所、山东省高等学校黄河流域水土保持与林草生态保育协同创新中心、山东泰山森林生态系统国家定位观测研究站、北京林业大学、山东省水利科学研究院、泰山学院等单位的领导与同行们表示最诚挚的感谢！

本书由国家自然科学基金青年科学基金"黄河故道潮土有机碳对农林复合系统水热特征的响应机制（42207373）"、山东省自然科学青年基金"农林复合模式对黄河故道潮土表层土壤有机碳累积的影响机制（ZR2021QD018）"、中国科学院前瞻战略科技先导专项（A类先导专项）"盐碱地适生耕层构建与长效保持原理及技术（XDA0440103）"、山东省农业科技资金（林业科技创新）课题"黄泛沙地防风治沙型优良经济林草高效栽培技术研究与示范（2019 LY005-03）"等项目资助完成。

由于水平有限，书中难免存在疏漏之处，敬请广大读者批评指正。

作　者

2024年2月

目　录

1 黄泛沙地不同土地利用方式风蚀沙化规律及影响机制

1.1 引言

　　荒漠化作为干旱、半干旱地区一个重要的生态环境问题，已经开始引起人们的关注。然而，在湿润及半湿润区的土地受风沙影响所造成的风沙化土地问题还未引起人们足够的重视（朱震达，1999）。事实上，在温带湿润及半湿润地区，只要具备沙物质组成的地表和干旱多风的季节且两者在时间序列上具有同步性，即可产生风沙活动，使地表产生沙丘起伏的景观，从而造成生物生产量下降、土地生产潜力的衰退，地表出现类似沙漠化的环境。但湿润、半湿润区的降水较干旱、半干旱地区多，地表风沙地貌发育规模及形态结构都较简单，多呈沙纹、片状流沙、灌丛沙堆、风蚀地或粗化地表，且风沙地表景观具有明显的季节变异性特征。虽然风沙化土地面积小、分布零散，但因其所处地区人口稠密，农业经济发达，风蚀沙化直接影响区域生产、生活和生态环境，因此，必须重视该区土地风蚀沙化及其防治的问题。

　　山东省黄河故道风沙化土地主要集中于黄河故道沿线地带，由于历史上黄河多次改道产生丰富的沙物质沉积，经风吹蚀—搬运—堆积等地质过程形成一条 NE-SW 走向横贯全区的沙带（韩致文等，1995）。由于地处内陆，雨量偏少，且年内分配不均，风沙较大，风力侵蚀严重，尤其是沿黄故道区风蚀沙化表现更为剧烈。从黄河故道的分布及荒漠化发展动态分析，山东省沙化土地分布范围较广，全省 17 个市（地）均有不同程度的分布，且大于 1km^2 的风沙化土地总面积为 831761.8hm^2，共涉及 71 个农业县（市、区），占全省农业县（市、区）的 53%（房用等，2004）。风沙化土地主要集中于曹县—成武—单县，莘县—冠县 临清—夏津—陵县，阳谷—东阿—茌平，平原—商河—惠民，高唐—禹城—齐河—济阳等黄河故道沿线。风沙化土地虽位于较优越的湿润及半湿润自然条件下，有其治理的有利条件，然而如果听之任之，不采取任何措施，流沙面积也会不断扩展。如山东禹城黄河故道沙河、辛庄附近的风沙化土地流沙面积从 1967 年占总土地面积的 1.56%扩大到 1982 年占 12.1%，到 1986 年增加到占 18.6%，风沙化土地有不断扩展的威胁（朱震达等，1989；韩致文等，1995）。每年因沙化引起的经济损失高达 8.6 亿元，该区已被联合国列为高度荒漠化威胁区（刘德等，1994）。黄泛平原是由黄河历次决口、泛滥、冲淤而成，沿黄河故道分布的弧形平原，其区域土壤沙化严重（李智广等，2020）。此外，黄泛平原的风沙化不仅造成了土壤风蚀蔓延，生态环境恶化，而且严重地制约着农牧业的发展，使得农牧业生产低而不稳。因此，必须重视黄河故道区风蚀沙化规律、形成机制及其防治的研究，这对于实现黄河故道风沙区生产、生活与生态安全具有重要的意义。

土壤风蚀是干旱、半干旱以及部分半湿润地区土地沙漠化与沙尘暴灾害的首要环节，也是世界上许多国家和地区的主要环境问题之一（吴正，2003）。黄泛沙地土壤表层基本上为沙土，质地疏松且脆弱，极易导致风蚀或水蚀现象（丛黎明等，2020）。冬春季节干旱多风，风蚀严重，成为黄泛沙地及其附近地区沙尘的发源地的主要季节（任中兴等，2009）。风蚀不仅造成地表蚀积严重，塑造出不同规模与发育程度的风沙地貌形态，而且每年造成 2.13×10^7 万 t 的土壤风蚀，使得土壤中细粒物质及有机质逐渐减少，损失有机质 17.07×10^7 kg、氮 1.37×10^7 kg、磷 2.64×10^7 kg、钾 0.27×10^7 kg，引起地力下降。（邵立业，1990；李红丽等，2006）。加之近年来黄河来水量减少，使得河床变窄，古河床沿岸及沙质地平原地区土地风沙化进一步加剧。不仅如此，引黄干渠沿线一带，渠道清淤的泥沙在沉沙池附近就地堆放，受风力作用影响也会不断扩张形成新的风沙化土地。以上种种风沙化土地的风蚀状况、规律及其影响因子成为本书研究关注的对象。

山东鲁西北地区因历史上黄河频繁改道与决口泛滥，形成多条故道与大面积的黄泛冲积平原。莘县位于鲁西平原，属莘县—冠县—临清—夏津—陵县故道形成的故道风沙区，区内沙物质沉积丰富，在春季、秋季和冬季，风沙吹扬严重，土壤风蚀明显、土地沙化普遍，是聊城市中、强度侵蚀集中分布区（张重阳，2004）。土地风沙化给区域人民群众的生产和生活带来极大的危害，为防治风沙危害，该区域开展了以林为主的人工防护林、粮林复合经营与速生丰产林等林业生态建设工程。然而，针对该区不同土地利用类型土壤风蚀机理、规律、过程及其影响因素的研究却显得薄弱。

基于以上背景，本书进行了风沙化土地不同土地利用类型风蚀规律及其影响因素的相关研究，其研究目的主要为：①揭示黄泛平原风沙区不同土地利用类型土壤蚀积规律，为土壤风蚀的防治提供依据；②阐明不同土地利用方式土壤风蚀与土壤理化特性、风速及耕作习惯等因子的关系，明确引起土壤风蚀的主导影响因子；③探讨不同土地利用方式下表土有机质与土壤风蚀、光谱特征之间的相关性。

有鉴于此，本书通过野外定位监测与室内测试分析相结合的方法，在莘县黄泛平原风沙区进行不同林龄林地、不同留茬耕地、沙荒地等不同土地利用方式下土壤蚀积状况、风速、输沙量、土壤理化特性及光谱特性的研究，构建风蚀与光谱特征的模型，以期揭示区域风沙化土地的风蚀规律、过程及其机理。本书可为区域风沙化土地风蚀的综合治理提供科学依据与理论参考，而且对提高土地利用率、改善生态环境和区域社会经济的持续发展具有重要的意义。

1.2 材料与方法

1.2.1 研究区概况

1. 地理位置

研究区位于莘县王奉镇，东经 115°27′，北纬 36°19′，处于莘县、冠县和大名县三县交界处，总面积 83km²，海拔 41.5m。曾是联合国 2606 造林项目建设区，也是杨树防护林与速生丰产林的主要建设区，区内有不同造林年限的杨树人工林地。

莘县位于北纬 35°48′～36°25′、东经 115°20′～115°43′；地处鲁西平原，聊城市西南端，黄河北岸；北邻冠县，东北接聊城市，东与阳谷县以金线河为界，南隔金堤河与河南省范县相连，西部和西南部分别于河北省大名县，河南省南乐县、清丰县、濮阳县毗邻；全县总面积 1413km²，占山东省聊城市总面积的 16%。

2. 气候条件

研究区属暖温带亚湿润兼季风型大陆性气候，干燥度 1.39，大陆度 64.6%。区内光照充足，年平均辐射量 1177 万 J/m²，年总日照时数 2480.2h，日照率为 56%。多年平均气温 13.2℃（1957—2006 年），极端最低气温 −22.7℃，极端最高气温为 41.7℃，≥10℃ 的活动积温 4464.3℃，热量资源丰富，无霜期平均为 199d。年平均湿度为 68%。多年平均降水量为 535.7mm（1957—2006 年），年最大降水量为 924.4mm，出现在 1964 年；年最小降水量仅为 256.1mm，出现在 2001 年，降水量的月际分布见图 1-1。由图 1-1 可知，研究区冬春干旱，夏季雨水集中，6—8 月降水量最多，平均 327.6mm，占全年的 61%；秋季（9—11 月）次之，平均 107.3mm，占全年的 20%；春季（3—5 月）平均 82.4mm，占全年的 15%；冬季（12 月至次年 2 月）最少，平均 18.4mm，仅占全年降水量的 3%，呈现出冬春干旱严重、盛夏易涝、晚秋易旱的气候特点。年均风速 3.3m/s，10min 最大风速为 20.3m/s，年均起沙风日数 141d，大风日数 18.0～21.2d。风沙日数以南风为主，次主风为北风、东北风，且冬季盛行偏北风（图 1-2）。

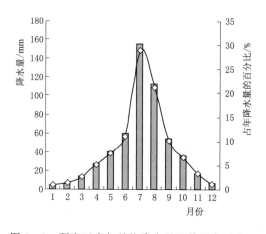

图 1-1 研究区多年月均降水量及其所占百分比

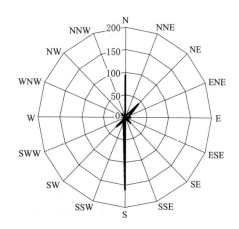

图 1-2 研究区多年冬春季节风向玫瑰图

3. 地形地貌

莘县属黄河中下游泛滥冲积平原风沙区，鲁西北黄泛平原中度风蚀区。境内地势平坦，土层深厚。海拔 49.0～35.7m。由于历史上黄河多次改道、泛滥，形成了高中有洼、洼中有岗的微地貌，主要由河滩高地、沙质河槽地、缓平坡地、河间浅平洼地、背河槽状洼地、河道决口扇形地等 6 种微地貌组成。沙地主要集中分布于决口扇形地，河滩高地及背河槽状洼地，黄河的每次决口改道，在主流经过地带和决口扇形地中上部，都沉积了大量细沙和粉沙细沙土，再经过风蚀塑造成波状沙地，形成沙垄和沙地。其中河滩高地，位于西南大沙河，秦皇堤以南以及西北马颊河两岸，主要分布在古云、大张家、王庄集、妹冢、王奉、大王寨和魏庄等乡镇，面积 491.07km²，占全县面积的 35.4%，土壤类型主要为褐化潮土、风沙土、质地多沙壤至轻壤土。

4. 土壤

研究区地处黄河下游冲积平原，成土母质为黄河冲积物，土层深厚，质地较好。土壤表层质地以沙壤土为主，土壤共分 3 个土类，8 个土属，68 个土种；盐土类有 1 个亚类，1 个土属，3 个土种；风沙土类有 3 个亚类。其中风沙土类分流动沙土、半固定风沙土和固定风沙土 3 个亚类。地下水位低于 5m，土壤养分含量低，主要分布在王奉、大王寨、魏庄、张鲁 4 镇，俎店镇有少量分布，共有面积 1.03 万 hm²。王奉研究区为河滩高地，系历代黄河故道决口急流沉积物，土层深厚，土地风沙化严重，冬春季极易引起土壤风蚀和扬沙现象。土壤类型为褐化潮土与风沙化，土壤养分含量低，呈现中性和微碱性，pH值为 7.0～8.2，分为流动沙土、半固定沙土和固定风沙土，地下水位为 5m。

5. 水文与水资源

境内漯河流域古为黄河水系，自唐代始，逐渐转为海河水系。主要河流有徒骇河、马颊河、金线河和金堤河。全县水资源可利用量为 3.25 亿 m³，人均水资源量不足 340m³，仅占全国人均占有量的 1/7，属水资源严重贫乏区。

6. 植被

区内植被稀疏，自然植被主要有白茅、柽柳、芦苇等，主要分布在马颊河以西一带和沙丘、黄河故道以及高、洼地带。乔木树种主要有杨、柳、榆、槐、白蜡、泡桐以及各种果树等，灌木以紫穗槐、柽柳为主，总覆盖率为 18%。农作物以麦、棉、玉米、花生及蔬菜为主，占总面积的 70%。

1.2.2 研究内容

1. 不同土地利用类型土壤风蚀规律研究

主要研究区域内不同种植作物或干扰农田（冬小麦地、玉米留茬地、粮林间作地、花生地）、撂荒地、不同林龄（1 年、3 年、5 年和 8 年）的林地土壤风蚀深度、风蚀量及其时间变化规律，揭示不同农地、林地及对照荒地土壤风蚀的时空变化特征。

2. 不同土地利用类型土壤风蚀影响因子研究

研究不同土地利用类型条件下，土壤粒径、含水量、有机质含量、风速、微地形等多个因子对土壤风蚀的影响，阐明不同土地利用类型土壤风蚀发生的机理，并探究导致其土壤风蚀的主导因子。

3. 不同土地利用类型地物光谱特征研究

研究不同土地利用类型的地物光谱特征，并将之与土壤有机质建立关系，在明确土壤有机质与土壤风蚀关系的基础上，建立地物光谱特征与土壤风蚀间的相关关系，探求通过地物光谱特征描述土壤风蚀的可能性，为土壤风蚀的光谱反演提供可能途径。

1.2.3 样地选择

在详细调查研究区土地利用类型、林地造林年限及造林前土地利用方式的基础上，选定土壤类型一致的农业用地、林业用地做实验用地。其中，农业用地包括撂荒地（LH）、花生地（HS）、冬小麦地（XM）、玉米留茬地（YM）、农林间作地（LL），各农田的基本情况见表 1-1；林业用地选择造林前利用方式相同且不进行林农间作的 1 年林地（LD-1）、3 年林地（LD-3）、5 年林地（LD-5）和 8 年林地（LD-8）为研究用地，各造林地的具体状况见表 1-2。

表 1-1　　　　　　　　　　　　　不同农田的基本情况表

样地	代号	基　本　情　况
撂荒地	LH	至少撂荒 1 年以上未进行耕作，地表无覆盖
花生地	HS	秋季采收花生后的空地，地面翻土严重，地表无覆盖
冬小麦地	XM	9 月 25 日种植，10 月 30 日设测钎时覆盖度在 20%，平均高度为 5cm，观测后期覆盖度为 40%～50%，平均高度为 20cm
玉米留茬地	YM	秋季玉米采收后，地面留茬高 5～8cm，株行距 0.3m×0.5m，地面留有残留秸秆，整体覆盖度为 30%～50%
农林间作地	LL	林地间作花生，花生秋后采收，林地株行距 4m×6m，林龄为 1 年，平均树高 2.8m，冠幅 1.12m×1.25m

表 1-2　　　　　　　　　　　　　不同造林年限的林地概况

样地	代号	林龄/a	密度/m	树高/m	胸径/cm	冠幅/(m×m)
1 年林地	LD-1	1	2×2	3.5	2.62	1.05×1.14
3 年林地	LD-3	3	2×4	7.1	7.09	1.32×1.65
5 年林地	LD-5	5	2×4	13.3	14.87	1.80×2.05
8 年林地	LD-8	8	4×4	17.9	17.16	2.46×2.25

1.2.4 不同土地利用类型土壤风蚀测定

不同土地利用类型土壤风蚀的测定采用测钎法定位监测。测钎布设于 2009 年 10 月 30 日，测钎顶端距地面高度为 1cm，每 30d 测量测钎顶端距地面的高度，直至 2010 年 4 月 30 日止；以前后两次测定高度之差作为蚀积深度，其中差值为正值表示风蚀，负值表示堆积。在测钎布设的同时，使用 TJSD-750 II 型土壤紧实度仪，对试验地 0～5cm 土壤进行紧实度测量。

1. 农业用地土壤风蚀测定

主要测定撂荒地、花生地、冬小麦地、玉米留茬地、农林间作地 5 种土地利用类型的风蚀状况。其中，测钎在撂荒地、花生地及玉米留茬地布设的方法为：在离开农田地头各 5m 处开始布设测钎，测钎布设间距为 2m×2m，每个小区面积 10m×20m，共设置 3 个测定小区，计算各小区的平均值作为土壤风蚀的平均值。

冬小麦地测钎布设方法与其他农地不同，考虑到冬小麦的覆盖情况，分别在垄间和垄上进行了测钎的设置，测钎间距 2m×2m，小区面积 10m×20m，共布设在 3 块冬小麦地；分别按垄间和垄上进行统计，计算其平均值作为风蚀深度的平均值。

农林间作地测钎按对应于每株树翻动及未翻动地进行布设，共布设 3 个小区，每个小区 60 个测钎。

2. 林业用地土壤风蚀测定

在研究区分别选择土壤类型一致，无间作的 1 年、3 年、5 年和 8 年林地进行测钎布设。具体布设方法为：在各样地内，沿对角线分别选择 5m×10m 的样方各 5 个，于 2009 年 10 月 30 日在样方内按 1m×2m 的规格设置测钎，测钎顶端距地面高度为 1cm，每 30d 测量测钎顶端距地面的高度，直至 2010 年 4 月 30 日止；以前后两次测定高度之差作为蚀积厚度，其中正值为风蚀，负值为堆积。1 年、3 年、5 年林地，测钎在行间按 1m 间距布设，即树下、行间各 3 行，株间按 2m 布设，每样地共布设 36 根测钎。8 年林地测钎布设样方 10m×20m，测钎均按 2m×2m 布设，每样地 66 根测钎，布设 3 个小区。

1.2.5 风蚀影响因子测定

1. 土壤粒径测定与分形维数计算

对不同土地利用类型进行表层土壤取样，取样深度为 0～5cm。将土样装袋带回实验室，风干后制备土样，采用 LS13320 激光粒径仪进行土壤颗粒粒径测量。具体方法为：将土样自然风干，挑出植物碎屑、石砾等杂质，研磨土壤颗粒备用。取土样 0.2g 加入 50mL 试管中，再加入 10mL 10% 的 H_2O_2，加热直至反应完成；再加 10mL 10% 的 HCl，加热至反应完成。将试管加满无离子水，放在试管架上静止 12h 后，吸取上层酸液（上清液），再加满无离子水静止 24h，吸取上清液。加入 10mL 0.1mol/L 的 $Na_4P_2O_7$ 溶液分散，振荡 20min 后用激光粒度仪测量。

2. 微地形对土地风蚀影响的测定

微地形的研究主要表现在不同林龄林地地垄、洼地，农业用地的翻耕地与未翻耕地、麦田的垄上与垄间等。主要研究微地形变化导致的土壤水分含量、地表紧实度、有机质含量等土壤理化性质的变化对土壤风蚀的影响。

3. 土壤理化性质的测定

与定位监测土壤风蚀深度同步，开展土壤理化性质的测定。其中土壤紧实度采用紧实度仪测定、土壤含水量采用烘干法测定、土壤有机质采用重铬酸钾容量法-外加热法进行测定，测定层次均为土壤表层 0～5cm。

4. 风速测定

2010 年 4 月，于典型大风天气，采用中国科学院寒区旱区环境与工程研究所研发的便携式多通道自记风速仪，测量不同土地利用类型的风速测量高度为 0.2m 和 1.5m。不同林地测量位置以林外 10 倍树高以外区域为对照，测定林内的风速变化；不同农田风速的测定均以撂荒地为对照进行风速的测定。测定时间为 2010 年 3 月 30 日—4 月 8 日，风速采集时间间隔为 10s。通过风速的测定探究不同土地利用类型对风速变化的影响及风速变化与土壤风蚀间的关系，计算风速降低百分比（防风效能）与粗糙度。其计算公式为

$$S = \frac{V_0 - V_1}{V_0} \times 100\% \qquad (1-1)$$

式中：S 为风速降低百分比或防风效能（对防护林而言），%；V_0、V_1 分别为对照区与试验区同一高度的风速，m/s。

$$\lg Z_0 = \frac{V_1 \lg Z_2 - V_2 \lg Z_1}{V_1 - V_2} \qquad (1-2)$$

式中：Z_0 为地表粗糙度，cm；V_1、V_2 分别为同一时刻任意两个高度 Z_1（2.0m）、Z_2（0.2m）处的风速。

5. 风蚀物收集

与风速测定同步，在不同土地利用类型，安装仿制的万向集沙盒进行风蚀物的收集，收集高度为 200cm。集沙仪高度为 200cm，其上安置 12 个截面面积为 5cm×5cm、长度为 25cm 的小型集沙盒，集沙盒一端开口（朝向风向收集风蚀物），另一端封闭，在其上打孔并用多层纱网包裹，一方面利于气流通行，另一方面则利于拦截风沙流中的沙粒。12 个集沙盒分别设置在不同的高度并按顺序编号。在距离地面 0～50cm 层内，每间隔 5cm 安装 1 个，另两个分别安装在距离地面 150cm 和 200cm 处。在典型大风天气，使集沙盒开口垂直于主风向，每隔 30min 分层进行风蚀物收集，并按编号分别装入不同的自封袋，带回室内使用精细分析天平称量各分层风蚀物的质量。利用公式计算单位时间单位面积的输沙率（风蚀物的输移强度）：

$$q = \frac{Q}{tA} \qquad (1-3)$$

式中：q 为输沙率，g/(min·cm^2)；Q 为某时段内收集的风蚀物总量，g；t 为收集时间，min；A 为风蚀物收集口的面积，cm^2。

同时，按高度分层统计风蚀物的重量，并利用统计方法分析风蚀物在垂直高度上的分布规律。

称重后，将风蚀物带回室内，按上述土壤颗粒激光粒度测定方法对风蚀物进行预处理，然后使用 LS13320 激光粒径仪进行粒径测量，分析风蚀物粒径的垂直分布。

1.2.6　不同土地利用类型土壤的地物光谱特征测定

1. 土样制备

采集试验地不同用地类型 0～5cm 厚度土壤，带回实验室，自然风干处理，过 100 目土壤筛，去除杂质，采用 ASD FieldSpec 野外便携式高光谱仪进行不同土地利用类型土壤地物光谱的测量。

2. 光谱测量

ASD FieldSpec 野外便携式高光谱仪可在 350～1050nm 波长范围内进行连续测量，采样间隔为 1.4nm，光谱分辨率为 3nm。本书的光谱测量在一个能控制光照条件的暗室内进行。土壤样本放置于直径 10cm、深 2cm（光学上无限厚土样深度为 1.5cm）的盛样皿内，用直尺将土样表面刮平，摆放在传感器探头正下方。光源是功率为 50W 的卤素灯，距土壤样品表面 70cm，天顶角 60°。采用 8°视场角的传感器探头置于离土壤样本表面 15cm 的垂直上方，探头接收光谱的区域为直径 2.1cm 的圆，远小于盛样皿的面积，探头接收的均为土壤的反射光谱。测试之前先以白板进行定标，然后开始测定。每个土样采集10条光谱曲线，算术平均后得到该土样的实际反射光谱数据。

3. 不同土地利用类型土壤地物光谱特征曲线特征及其与有机质的关系

土壤用地类型不同，造成土壤有机质含量、水分含量以及土壤粒径的不同，在光谱特征曲线中表现出某些波段切线斜率的不同。在数据处理过程中，使用 ViewSpec 软件，查看光谱曲线。利用软件中自带的求导功能，对光谱曲线进行一阶导数及二阶导数处理，获得一阶导数曲线和二阶导数曲线，以便将一些波段特征的区别更好地体现出来。将原始光谱曲线及上述求导后曲线输出为 Excel 表格形式，以此获得不同特征波长处的反射率及反射率导数。选取合适波段或具体特征值，并对地物光谱数据及有机质含量进行倒数、对数等数据变换，建立与有机质含量（有时也需求倒数对数等）的关系式。

研究过程中，提取出 21 个的波段值，与土壤有机质进行 SPSS 向后回归法，建立不同样地原始反射率、反射率一阶、二阶导数，以及反射率倒数对数及其一阶、二阶导数与有机质含量之间的关系方程，探求有机质与地物光谱曲线波段特征之间的关系。上述地物光谱曲线特征波段的选择是根据前人在相关领域研究选择的出的波段，以及观察比较不同用地类型间地物光谱曲线的差异确定相应波段。其中 600nm 弓曲差指的是，550nm 波段处特征值与 650nm 波段处特征值间的均值，减去 600nm 处波段值。

1.3　黄泛沙地不同土地利用类型土壤风蚀规律

1.3.1　农业用地类型风蚀规律

1. 农业用地土壤风蚀总体变化规律

图 1-3 为不同农业用地当年 11 月至次年 4 月的土壤风蚀深度。由图 1-3 可看出，当年 11 月至次年 4 月的观测期间，不同农业用地土壤蚀积状况表现不同。总体上，撂荒地、花生地及农林间作地均处于风蚀状态，冬小麦地和玉米留茬地则处于堆积状态。不同农业用地中，对照撂荒地的平均风蚀深度为 0.94cm，而花生地的平均风蚀深度达 1.13cm，花生地风蚀深度是撂荒地的 1.21 倍。农林间作地的平均风蚀深度为 0.21cm，为撂荒地的 22.4%。而冬小麦地和玉米留茬地主要表现为风积，其堆积深度分别为 0.07cm 和 0.13cm。据水利行业标准 SL 190—2007《土壤侵蚀分类分级标准》中土壤风力侵蚀强度的划分标准分析，花生地风蚀深度

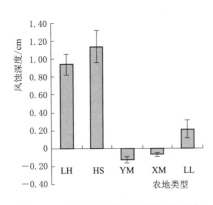

图 1-3　不同农业用地土壤风蚀深度

超过 10mm/a，属中度侵蚀；而撂荒地和农林间作地风蚀深度为 2～10mm/a，均属于轻度风蚀；冬小麦地和玉米留茬地为风积。

方差分析表明，5 个地类间风蚀深度差异极显著（$F = 200.487$，$P_{value} = 0.000$），Duncan 多重比较表明（表 1-3），除冬小麦地与玉米留茬地间差异不显著外，其他地类间差异显著。

表 1-3 不同农业用地间蚀积深度总体多重比较

用地类型	1	2	3	4
YM	−0.13			
XM	−0.07			
LL		0.21		
LH			0.94	
HS				1.13

注 表中数据指的是蚀积深度的平均值，单位为 cm。

不同农业用地的风蚀总量表明，撂荒裸地因地面无遮蔽而发生风蚀，花生地经秋季采收活动，地面被破坏扰动而显著增加了其土壤风蚀量；而玉米留茬地和冬小麦地因留茬或地面有植被覆盖，最终以风积为主而免于风蚀；农林间作虽然林地可在一定程度上减弱风蚀，但因其尚处于幼林阶段，因而也有风蚀的发生。由此看出，裸地易发生风蚀，采收、采挖、翻动等人为干扰可增加土壤风蚀，而留茬或地面覆盖可减弱风蚀。

2. 农业用地土壤风蚀量

利用不同农业用地的风蚀深度，结合农业用地的容重，可得各土地利用类型的风蚀量（图 1-4）。与风蚀深度变化规律相同，以花生地风蚀量最大，为 151.89t/hm²；撂荒地和农林间作地的风蚀量分别为 117.35t/hm² 和 23.52t/hm²；玉米留茬地和冬小麦地堆积量分别为 17.81t/hm² 和 7.49t/hm²。

冬小麦地的风蚀月变化过程表现为：虽然其地面有覆盖，但 11 月、12 月覆盖度在 20% 左右，高度 5cm，因而地表仍有风蚀出现，整体处于弱风蚀状态，风蚀深度分别为 0.09cm 和 0.06cm，1月风蚀为 0。随着地表覆盖度的增加和小麦高度的

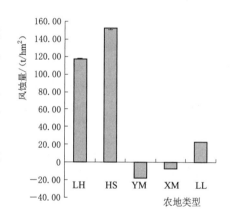

图 1-4 不同农业用地土壤风蚀量

增大，冬小麦由风蚀状态转变为风积，2 月、3 月和 4 月的风积深度分别为 0.04cm、0.08cm 和 0.10cm（图 1-5）。

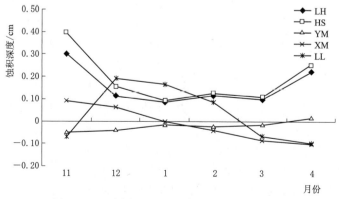

图 1-5 不同农业用地土壤风蚀的月变化动态

玉米留茬地的风蚀月变化动态整体上以风积为主，仅 4 月表现为弱度风蚀，风蚀深度为 0.02cm；风积从 11 月一直持续到 3 月，且风积深度以 11 月达到最大，为 0.05cm，此后风积深度逐渐降低，至 4 月出现风蚀。这主要与留茬与地表覆盖物的变化有关。11 月，玉米留茬地的留茬与秸秆覆盖的盖度在 50％左右，因而其风积最大，随着时间的推移，一些秸秆被人畜损坏，盖度下降，导致其风蚀状态发生变化，至 4 月转变为风蚀。

农林间作地风蚀的月变化动态较为复杂，整体看呈单峰曲线，6 个月中 11 月、3 月、4 月表现为风积，12 月至次年 2 月的 3 个月表现为风蚀。风蚀以 12 月达到最大，为 0.19cm，风积以 4 月最大，为 0.1cm。农林间作地风蚀的变化可归因于林地枝叶的变化而引起的防护作用的变动。11 月，杨树叶片尚未完全脱落，可起到降低风速的作用，土壤的风蚀被降低，甚至有风积存在，之后，随着叶片脱落，处于幼林状态的杨树不能完全防护土壤，使其处于风蚀状态，随着 3 月枝叶的萌动，幼林又开始发挥作用，从而使其由风蚀转变为风积。

不同农业用地的蚀积状况的时间变化不仅与用地类型有关，而且也受月季之间气候变化及人为因素的影响。2009 年 11 月，该地区降水较少，气候干旱，地表土质疏松，容易出现风蚀，导致撂荒地和花生地风蚀较重，小麦地则由于播种导致表土松散干燥因而也导致风蚀的发生。玉米地则主要因残茬覆盖导致风积，农林间作地因防护作用尚存致使其风积。各用地类型无论风蚀风积均在 1 月最小，主要与地表冻结、期间有降雪出现有关。降雪的覆盖及融化后的水分入渗使土壤水分含量较高，加之土壤冻结使地表紧实，风蚀需要更大的风速才能发生，因而使得其蚀积过程均变弱。2 月的情况与 1 月相差不大，蚀积过程变化各缓。3 月、4 月，春季降水稀少，土壤干旱而松散，致使蚀积过程进一步增强。

1.3.2 林业用地类型风蚀规律

人工造林是黄泛平原风沙区防风固沙的重要手段，研究区林业用地包括 1 年、3 年、5 年和 8 年林地，采用时间代替空间的方法，分析比较不同造林年限对土壤风蚀规律的影响。

1. 不同造林年限林地土壤风蚀总体变化规律

图 1-6 为 1 年、3 年、5 年和 8 年林地当年 11 月至次年 4 月的蚀积状况。由图 1-6 可知，不同造林年限的林地对土壤风蚀的控制作用却不相同，当年 11 月至次年 4 月的观测期间，不同造林年限的林地其土壤风蚀状况差异明显，且随着造林年限的增加，土壤风蚀强度降低，风蚀深度减少，并出现堆积。总体上，1 年和 3 年林地均处于风蚀状态，5 年林地则表现为蚀积平衡状态，而 8 年林地表现为堆积。

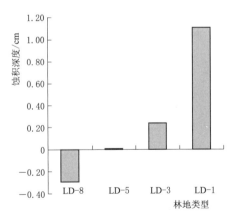

图 1-6 不同造林年限林地土壤蚀积深度

1 年林地的平均风蚀深度 1.11cm；3 年林地的平均风蚀深度为 0.25cm，仅是 1 年林地风蚀深度的 22.5％；5 年林地蚀积平衡，风蚀深度仅为 0.01cm，仅为 1 年林地风蚀深度的 0.9％；而 8 年林地主要表现为风积，其堆积深度为 0.29cm。

根据水利行业标准 SL 190—2007《土壤侵蚀分类分级标准》中土壤风力侵蚀强度的划分标准分析，1 年林地为中度风蚀；3 年林地为轻度风蚀；5 年林地无明显侵蚀，为微度风蚀；8 年林地为风积。方差分析结果表明，4 个林地间风蚀深度差异极显著（$F = 675.54$，$P_{value} = 0.000$），LSD 多重比较表明，4 个造林年限林地间土壤风蚀间差异极显著。

不同造林年限林地的风蚀现状表明，虽然造林能够有效降低风速，防治风蚀现象的发生，但在造林初期尚不能完全防止风蚀。这是因为新造林尚不能形成一定的郁闭，达不到一定的枝叶量，其防风控蚀作用较弱，加之 1 年林地因当年造林，林地地表土壤结构松散，抗蚀性差，因而其风蚀深度最大。随着造林年限的延长，杨树的根系网络和固持土壤作用增强，而且林分内开始出现枯落物的覆盖，土壤有机质含量相对较高，提高了土壤的团粒结构和黏质性，相应的增加了土壤的抗蚀性，使得风蚀大大减少。此外，由于杨树人工林的进一步生长，枝叶增多，树体的防风效应逐渐增强，不仅减弱了风蚀，而且开始能够拦蓄风沙。野外调查表明，5 年和 8 年林地内出现苔藓、地衣等结皮层，结皮层的出现主要与沉积细粒物质有关。

2. 不同林业用地土壤风蚀量

利用不同造林年限林地的风蚀深度，结合其容重，可得不同造林年限林地土壤的蚀量（图 1-7）。与风蚀深度变化规律相同，风蚀量以 1 年林地最大，达 148.74t/hm²；3 年和 5 年的林地的风蚀量分别为 30.32t/hm² 和 0.63t/hm²；8 年林地地表堆积量为 32.48t/hm²。

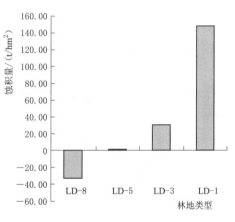

图 1-7　不同造林年限林地土壤风蚀量

3. 不同造林年限林地土壤风蚀的月际变化动态

由图 1-8 可知，不同造林年限林地在不同月份其蚀积表现差异明显。1 年林地在各个月份均为风蚀状态，且 11 月风蚀深度最大，次之为 4 月，而 2 月风蚀深度最小，11 月和 4 月的风蚀深度分别为 2 月风蚀深度的 4.38 和 3.85 倍。3 年林地在 11 月至次年 2 月处于风蚀状态，且以 12 月风蚀最大，3 月和 4 月处于风积状态。5 年林地在 11 月、3 月、4 月处于风积状态，而 12 月至次年 2 月一直为风蚀状态，且以 12 月风蚀深度最大。8 年林地仅在 1 月、2 月有轻微的风蚀现象，其他月份均处于风积状态。各个月份土壤蚀积深度上的变化，一方面与该地区风速的季节性变化有关，11 月、12 月、3 月和 4 月为该地区风速较大的月份，且风速差别不大，而 1 月和 2 月风速小，仅为 4 月风速的 71.4% 和 80.1%，因而因风速大小的不同而造成蚀积量在各月间的差异。另一方面，蚀积量也与树木的生长有较大关系，11 月叶子尚未完全落尽，仍能发挥一定削弱风速的作用，而在 4 月时，新叶开始展放，使其具有降低风速的作用。12 月至次年 3 月间仅有树体在发挥作用，由于不同造林年限林地的胸径断面积差别明显，造成了对风速作用的不同。但对于 1 年林地而言，因造林年限短，树体尚难发挥作用，因而与其他年限的林地有较大的差别。此外，1 月和 2 月蚀积量小还可能与温度低、地表冻结有关。

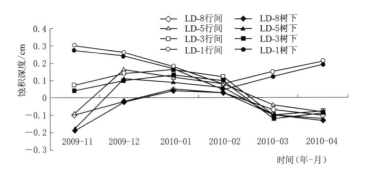

图1-8　不同造林年限林地土壤蚀积月际变化

1.4　黄泛沙地不同土地利用类型风蚀影响因子研究

1.4.1　土壤粒径组成对风蚀的影响

1. 不同土地利用类型土壤粒径组成

不同土地利用类型地表物质的粒度组成及质地见表1-4。由表可知，研究区各土地利用类型土壤质地均为砂壤质，且地表物质的粒度组成呈现较为一致的规律性。土壤颗粒的机械组成以粉砂（0.002～0.05mm）、极细砂（0.05～0.1mm）和细砂（0.1～0.25mm）为主，三种成分在不同土地利用类型中所占的比例分别为42.52％～51.25％、31.41％～36.05％T、13.32％～16.51％；小于0.002mm的黏粒所占比例为2.63％～3.46％、0.25～0.5mm（中砂）和0.5～1.0mm（粗砂）的粒径所占比例为0～1.72％和0～2.62％。方差分析表明，不同土地利用类型间机械组成差异显著，多重比较结果见表1-4。

表1-4　　　　　　　　不同土地利用类型地表物质的粒度组成及质地

土地利用类型	粒度组成体积比/％						土壤质地
	<0.002mm	0.002～0.05mm	0.05～0.1mm	0.1～0.25mm	0.25～0.5mm	0.5～1.0mm	
LL	2.93b	46.40d	36.05e	14.62c	0.00a	0.00a	砂壤土
XM	3.43d	50.14f	31.94ab	14.49c	0.00a	0.00a	砂壤土
YM	3.21c	47.75e	35.72e	13.32a	0.00a	0.00a	砂壤土
LH	3.13c	45.61c	32.42b	15.88e	1.34b	1.62b	砂壤土
HS	2.71a	42.52a	33.97cd	16.51f	1.67c	2.62d	砂壤土
LD-1	2.63a	44.10b	34.16d	15.22d	1.72c	2.17c	砂壤土
LD-3	2.92b	43.93b	33.60c	15.33d	1.69c	2.52d	砂壤土
LD-5	3.26c	50.56f	31.96ab	14.22c	0.00a	0.00a	砂壤土
LD-8	3.46d	51.25g	31.41a	13.88b	0.00a	0.00a	砂壤土

注：同一列中有一个字母相同者表示差异不显著。

2. 不同土地利用类型土壤粒径对风蚀的影响

由于不同粒径土壤颗粒间凝聚力、地表粗糙度与持水力等的不同，不同土壤粒径的风蚀临界风速值差异显著，使得其风蚀量差别极大。因此，由不同粒级的颗粒组成的质地不同的土壤，在同一级风力作用下的风蚀量大不相同。研究表明，粉砂土具有最大的团聚度和抗风蚀度，土壤中粉砂的比率越大，砂的比率越小，则风蚀度越低。在不同质地的土壤中，沙土和黏土是最易被风蚀的土壤；各类土壤的风蚀量相差悬殊，其中风蚀量以砂土最高、黏壤土最低（吴正等，2003）。

分别统计小于 0.002mm 的黏粒、0.002～0.05mm 的粉粒和 0.05～1.0mm 的砂粒含量（图 1-9），由图 1-9 可看出，农林间作地、撂荒地、花生地、1 年林地、3 年林地 5 种土地利用类型砂粒比例较大，分别为 50.67%、51.26%、54.77%、53.27% 和 52.15%，均超过了 50%，对应的土壤风蚀深度也较大，为 0.21～1.13cm；而砂粒含量低于 50% 的利用类型，其风蚀均较弱或表现为风积。这说明对于松散的土壤表面，地表物质的粒度组成特征与风蚀的关系十分密切，砂粒含量高的用地类型，其相应的风蚀量也较大，而砂粒含量低的用地类型，其风蚀相应较少。

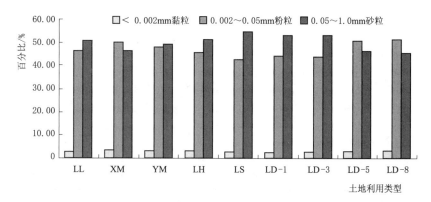

图 1-9 不同土地利用类型黏粒、粉粒和砂粒

对风蚀深度与不同土壤粒径含量进行回归分析，结果表明，风蚀深度与砂粒含量呈正相关线性关系，与黏粒含量、粉粒含量呈负相关线性关系（图 1-10），其线性方程及相关系数见表 1-5。由相关系数来看，砂粒与土壤风蚀的相关性要大于粉粒和黏粒与土壤风蚀的关系，这也说明，砂粒的存在及其比例的大小会影响土壤的风蚀；但线性方程的相关系数也显示，各粒径含量与风蚀深度之间未达到显著相关。这说明，砂粒是影响土壤风蚀的因素之一，但不是其中的唯一因素，仍然有其他因素在影响着土壤风蚀的大小。

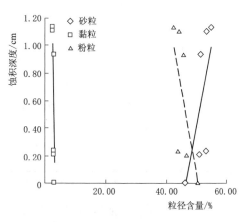

图 1-10 不同土壤粒径含量与蚀积深度相关曲线

表 1 - 5　　　　　　　风蚀深度与土壤颗粒含量间的回归方程与相关关系

变　　量	回　归　方　程	相关系数 R	显著性
D（风蚀深度）	$D = -1.3789X_c + 4.645$	0.6486	0.119
	$D = -0.1271X_f + 6.3925$	0.7033	0.118
	$D = 0.1196X_s - 5.5621$	0.7087	0.116

注：X_c、X_f、X_s 分别表示黏粒含量、粉粒含量和砂粒含量。

1.4.2　土壤紧实度对土壤风蚀的影响

由图 1 - 11 可看出，不同土地利用类型之间，土壤紧实度相差较大。$0\sim5$cm 厚度土

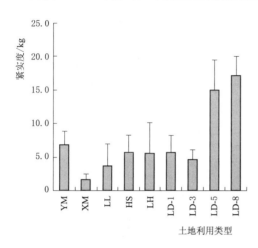

图 1 - 11　不同土地利用类型土壤紧实度

层内，以 8 年林地土壤紧实度最大，为 17.2kg；其次为 5 年林地，为 14.9kg；紧实度最小者为冬小麦地，仅为 1.6kg。方差分析表明，不同土地利用类型间紧实度差异显著，其多重比较结果见表 1 - 6。由多重比较可知，5 年和 8 年林地土壤紧实，两者间紧实度差异不明显，但与其他各地类间差异极显著；冬小麦地除与农林间作地、3 年林地差异不明显外，与其他各地类紧实度差异极显著，玉米留茬地与冬小麦地、5 年及 8 年林地差异极显著，其余地类间差异不明显。各土地利用类型间紧实度大小依次为 LD - 8＞LD - 5＞YM＞HS＞LH＝LD - 1＞LD - 3＞LL＞XM。

表 1 - 6　　　　　　　　　　不同土地利用类型土壤紧实度多重比较

土地利用类型	XM	LL	HS	LH	LD - 1	LD - 2	LD - 5	LD - 8
YM	5.19**	3.20	1.12	1.17	1.13	2.15	−8.15**	−10.40**
XM		−1.95	−4.03**	−3.98**	−4.02**	−3.00	−13.30**	−15.55**
LL			−2.08	−2.03	−2.06	−1.05	−11.35**	−13.60**
HS				0.05	0.17	1.03	−9.27**	−11.52**
LH					−0.03	0.98	−9.32**	−11.57**
LD - 1						1.17	−9.28**	−11.53**
LD - 3							−10.30**	−12.56**
LD - 5								−2.25

注：* 表示 $P<0.05$，差异显著；** 表示 $P<0.01$，差异极显著。

由不同土地利用类型紧实度的变化可知，紧实度主要受人为活动的影响较大。5 年、8 年林地、玉米留茬地和撂荒地土壤受人为活动影响较少，地表紧实；而农林间作地、花生地存在地表翻动现象，尤其是花生地，地表翻动特别厉害，而农林间作地还存在一部分翻动地块。冬小麦地作为当地冬季主要种植作物，播种后为利于小麦出苗，没有采取任何

措施进行压实等行为，因此地表十分疏松，表现出最低的土壤紧实度。

对土壤紧实度与土壤风蚀深度的关系进行分析发现，除冬小麦外，土壤紧实度大的用地类型，其风蚀相对较小或表现出风积状态，而土壤疏松的用地类型，土壤风蚀深度较大，两者呈负相关关系，但两者线性相关不显著。这说明，土壤紧实度可在一定程度上反映土壤风蚀，但两者间没有明显的数量关系，土壤紧实度不是影响土壤风蚀的主要因子。

1.4.3 土壤有机质含量对土壤风蚀的影响

有机质含量和分布直接影响土壤团聚体的大小和分布，间接影响土壤的孔隙度、持水性、通透性和抗蚀性，是土壤中各种营养元素如 N、P 等的重要来源。土壤有机质能够形成土壤团聚体，增大土壤颗粒之间的黏着性，有利于保土保肥。图 1-12 为不同土地利用类型土壤有机质平均含量。由图可知，有机质含量从大到小顺序为：8 年林地＞5 年林地＞3 年林地＞农林间作地＞玉米留茬地＞撂荒地＞冬小麦地＞1 年林地＞花生地。其中，8 年林地有机质含量最大，为 2.14%；花生地有机质含量值最小，数值为 0.78%。方差分析表明，不同用地类型之间，有机质含量差异显著，多重比较表明（表 1-7），除玉米留茬地与撂荒地、农林间作与玉米留茬地、冬小麦与 1 年林地间差异不显著外，其余各用地类型间有机质差异极显著。这表明，不同用地类型之间，有机质含量变化较大。

表 1-7　　　　　　　　　不同土地利用类型有机质含量多重比较

土地利用类型	HS	LL	YM	XM	LD-1	LD-3	LD-5	LD-8
LH	0.49**	0.1**	0.04	0.12**	0.14**	-0.34**	-0.61**	-0.97**
HS		-0.59**	-0.53**	-0.37**	-0.35**	-0.83**	-1.10**	-1.46**
LL			-0.06	0.22**	0.24**	-0.24**	-0.51**	-0.87**
YM				0.16**	0.18**	-0.30**	-0.57**	-0.93**
XM					-0.02	-0.46**	-0.73**	-1.09**
LD-1						-0.48**	-0.75**	-1.11**
LD-3							-0.27**	-0.63**
LD-5								0.36**

注：* 表示 $P<0.05$，差异显著；** 表示 $P<0.01$，差异极显著。

土壤有机质含量变化主要与用地类型、人畜活动、自然分解等活动有关。玉米留茬地在收获玉米过程中，产生大量秸秆碎落物，以及玉米生长过程中的有机肥使用都能够有效影响该地类有机质含量的变化。冬小麦地，在施入有机肥后，长期麦苗吸收利用使得有机质含量降低。花生在生长过程中，吸收土壤中施入的有机肥，在后期生长过程中，土壤有机质含量降低。不同年龄的林地则由于林内枯枝落叶腐烂分解而造成其有机质积累的差异，同时林内鸟类、牲畜等活动也会引起有机质的变化，而且，5 年以上的林地地面出现了苔藓及地衣结皮，而苔藓与地衣形成的生物结皮对土壤理化性质的改变和增加土壤有机质含量起着重要作用（Belnap J.，1995；李新荣等，2001），并能显著提高土壤的抗蚀性能（Belnap J.，2003）。具有增加土壤养分含量，改善表层土壤结构，增强表层土壤抗侵蚀性，调节土壤水分入渗、蒸发及径流等重要生态功能（Weber B et al.，2022）。

对土壤有机质含量（X_O，％）与蚀积深度（D，cm）进行回归分析，两者之间具有显著相关性，其关系符合线性相关，其线性方程为：$D=0.646-0.383X_O$（$R=0.819$）。这表明，作为风蚀影响因素之一的土壤有机质含量，对土壤风蚀具有显著影响，而土壤有机质含量既有来自自然干扰的因素，也属于人为可控性因素，因此，在当地风蚀治理过程中可以通过给土地中施入有机肥而增加土壤的抗蚀性能，这对于防治风蚀可以起到较为重要的作用。

1.4.4 土壤水分含量对土壤风蚀的影响

水分作为影响风蚀现象的重要因子，一般而言，水分含量大，则沙粒之间的黏着性大，所需启动风速就较大；反之，越干燥的沙地，其发生风蚀现象所需的启动风速就越小。研究中，通过测定同一时期不同土地利用类型水分含量及其蚀积量的变化来反映土壤水分与蚀积深度间的关系，以便寻找不同土地利用类型下，造成的土壤不同水分含量对风蚀现象的影响。

由图 1-13 可知，不同用地类型间土壤含水量差别较大，其水分含量从大到小顺序为：玉米留茬地＞花生地＞3 年林地＞5 年林地＞农林间作地＞8 年林地＞1 年林地＞撂荒地＞冬小麦地。其中，玉米留茬地土壤含水量最大，为 10.46％；冬小麦地土壤质量含水量最低，为 3.42％。冬小麦地由于地表疏松，土壤颗粒间空隙较大，容易引起水分损失；小麦成长过程中对水分的吸收利用，也导致冬小麦地土壤水分含量变低。玉米留茬地地表具有一定的覆盖物，以及留茬对近地表气流的影响，导致水分散失较少。地表留茬失去生命活力，对土壤水分的丧失不造成过多影响，在降水过程中，还能起到拦截降水，增加地表湿度的作用。因此，几种地类中，玉米留茬地的土壤水分含量较高，相应的，玉米留茬地的土壤侵蚀状况，以风积为主。

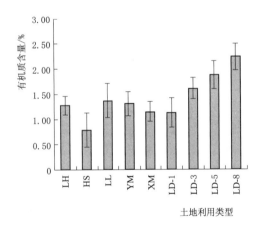

图 1-12　不同土地利用类型土壤有机质含量

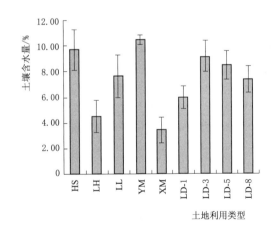

图 1-13　不同土地利用类型土壤质量含水量

表 1-8　　　　　　　　　　不同土地利用类型土壤含水量多重比较

土地利用类型	HS	LL	YM	XM	LD-1	LD-3	LD-5	LD-8
LH	5.18**	-3.11**	-5.94**	1.09*	-1.44**	-4.62**	-3.95**	-2.84**
HS		2.06**	-0.77	6.27**	3.73**	0.55	1.23*	2.33**

续表

土地利用类型	HS	LL	YM	XM	LD－1	LD－3	LD－5	LD－8
LL			−2.83	4.21**	1.67**	−1.51**	−0.84	0.27
YM				7.04**	4.50**	1.32**	1.99**	3.10**
XM					−2.54	−5.72**	−5.05**	−3.94**
LD－1						−3.18**	−2.51**	−1.40**
LD－3							0.67	1.78**
LD－5								1.11**

注：* 表示 $P < 0.05$，差异显著；** 表示 $P < 0.01$，差异极显著。

对不同用地类型土壤含水量进行差异性分析，LSD 多重比较结果表明（表 1－8），花生地与玉米留茬地及 3 年林地、农林间作地与 5 年林地及 8 年林地、3 年与 5 年林地间差异不显著，撂荒地与冬小麦地、撂荒地与花生地间差异显著，其余地类间差异极显著。这表明，不同土地利用方式可对土壤水分含量产生影响。

分析土壤质量含水量与蚀积深度均值之间的关系，发现两者之间关联性较低，$R = 0.3012$。因此，土壤含水量与土壤蚀积深度之间关系不显著。诸多研究结果表明，砂壤土在水分含量为 4% 时，一般不会出现风蚀；当土壤水分含量超过 4% 时即无风蚀发生，土壤风蚀的上限含水量为 4%（Bisal et al.，1966）。本书中的土壤含水量测定期间，含水量基本均在 4% 以上，因此，风蚀发生的可能性不大，因而使得含水量与风蚀间的关系不明显。

1.4.5 微地形对土壤风蚀影响

在造林过程及农作物种植过程中，会因生产活动本身而产生微地形的变化。对于林地而言，易产生行间垄地与树下洼地的微地形区别。一般垄地断面呈梯形形状，高度在 15cm 左右，下底一般宽度为 20～30cm，上底呈现不规则的平面，有的呈现缓坡形状。对于农田而言，会因种植作物而产生垄上与垄间的区别，垄上为作物本身，而垄间则为空地，农作中的除草、松土等过程主要围绕垄间进行。因为微地形的变化会导致水分运动、地表紧实度及风蚀变化的不同。

1. 林地微地形的土壤风蚀规律

由图 1－14 看出，不同造林年限行间与树下的蚀积状况差异较大。1 年、3 年林地行间与树下虽然均处于风蚀状态，但行间的风蚀量却高于树下，1 年、3 年林地行间风蚀深度分别是树下的 1.13 倍和 1.55 倍；5 年林地则表现为行间风蚀、树下堆积，总体上平衡的态势；而 8 年林地则行间和树下均表现为堆积，但行间的堆积深度却小于树下的堆积深度，后者是前者的 1.76 倍。

行间与树下的蚀积表现的差异可能与两者的微地形起伏及有无树体遮挡有关，行间地势稍高，且无树体的遮挡，风速流场畅通，因而风速就大；而树下则地势稍低，行间稍高的地势在其上风向形成了类似高垄的功能，可以起到降低风速的作用，而且因树体的遮挡与分流，风速在树体前减弱，因而风蚀降低甚至于会引起沉积。两者的共同作用使得行间风蚀深度略大于树下。1 年和 3 年林地的风蚀深度分别为行间的 88.1% 和 64.5%，分别较行间减小 11.9% 和 35.5%。

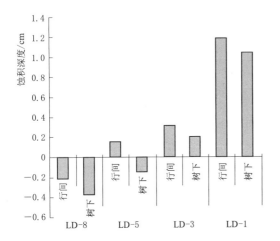

图 1-14 不同造林年限微地形的蚀积状况

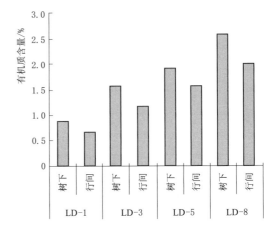

图 1-15 不同造林年限林地的土壤有机质

不同造林年限林地行间与树下在月份间的土壤蚀积规律相互一致，但在蚀积深度上有差别。风蚀发生时行间风蚀深度大于树下，堆积时则相反，树下的堆积较行间大。

2. 林地微地形土壤有机质含量及其对风蚀的影响

由图 1-15 看出，无论是行间还是树下，土壤有机质含量均随着造林年限的增加而增加，方差分析表明，造林能够有效提高土壤有机质含量，不同造林年限林地有机质含量差异显著；而从微地形的变化来看，树下洼地的有机质含量均高于行间垄地的有机质。有机质含量的差异归因于枯落物叶的积聚与苔藓、地衣的生长。碎裂落叶在风力影响下极易汇聚到低洼地，低洼地潮湿的环境易造成碎叶腐烂，同时更利于苔藓等植物的生长，为土壤输送大量有机质。随着造林年限的增加，林内枯枝落叶积聚增加，通过微生物分解作用而形成有机质，而且，林地在 5 年时地面出现苔藓和地衣结皮，而苔藓与地衣形成的生物结皮对土壤理化性质的改变和增加土壤有机质含量起着重要作用（Belnap J.，1995；李新荣等，2001），并能显著提高土壤的抗蚀性能（Belnap J.，2003）。对该区土壤养分、水分、土壤侵蚀、水土流失及植被恢复等具有不可忽略的影响（吉静怡等，2021）。结合不同造林年限林地风蚀深度的变化可知，有机质含量的增大有利于增大土壤水分含量，有利于增强土壤的抗蚀性能。

3. 林地微地形的土壤物理性质及其对风蚀的影响

林地微地形主要表现为垄地与洼地两者之间的区别。洼地 0～5cm 深度土壤紧实度均值为 12.11kg；垄地 0～5cm 深度内紧实度均值为 18.81kg。垄地紧实度大于洼地。这与垄地形成过程中，人为地拍实有关。人为影响形成树旁低洼地及树行间高垄地的微地形景观。受微地形的影响，林地内部不同地形位置的降水、枯物等的汇集表现出一定的差别。

使用空间代替时间的方式，通过研究同一林地内部不同树龄附近洼地及地垄理化性质的不同，得出不同微地形下土壤理化性质的区别及不同造林年限下微地形的不同对土壤改良作用的不同。

土壤容重与孔隙度是表征土壤物理性质的重要指标，可综合反映土壤结构性能和紧实程度，对土壤的透气性、入渗性能、持水能力以及土壤的抗侵蚀能力都有非常大的影响

（朱谧远等，2022）。不同造林年限的林地洼地的总孔隙度、毛管孔隙度、非毛管孔隙度数值小于垄地；土壤容重数值大于垄上；垄地的土壤含水量低于洼地；且随着林地林龄的增加，洼地与垄地的总孔隙度、毛管孔隙度和非毛管孔隙度间的差异逐渐减小，林地土壤含水量逐渐增加，土壤容重逐渐减小。随造林年限的增加，土壤容重减小、土壤总孔隙度、毛管孔隙度及含水量增加，非毛管孔隙度减小；而在达到 5 年时，容重及总孔隙度、毛管孔隙度和非毛管孔隙度的变化趋势减缓，数值上趋于稳定。

利用 SPSS 软件对各指标进行的方差分析表明，容重、总孔隙度、毛管孔隙度、非毛管孔隙和含水量差异明显。多重比较结果显示（表 1-9），1 年林地与其他林地在各物理性状指标上差异明显，容重、孔隙度与含水量等指标上均差异显著；3 年林地与 5 年林地除毛细孔隙度差异不显著外，其他指标均差异明显；3 年林地与 8 年林地在各指标上差异明显，但 5 年林地与 8 年林地在各指标上差异均不明显。这主要与随着树木的生长，其生物改良作用逐渐增强有关，造成其改良土壤能力增大。

表 1-9　　　　　　　　　　　　不同林龄林地微地形土壤物理性状

林地类型	位 置	容重/(g/cm³)	总孔隙度/%	毛管孔隙度/%	非毛管孔隙度/%	土壤含水量/%
LD-1	行间垄地	1.32±0.02	48.11±5.51	40.61±0.93	7.50±2.75	4.96±1.06
	树下洼地	1.36±0.08	47.07±0.92	41.47±4.03	5.60±1.32	5.57±2.45
LD-3	行间垄地	1.28±0.02	48.71±4.51	43.27±4.03	5.54±2.38	8.16±0.95
	树下洼地	1.29±0.08	48.03±0.92	43.01±0.93	5.03±0.37	8.37±3.95
LD-5	行间垄地	1.23±0.06	51.71±9.65	45.39±7.52	6.32±2.31	8.46±0.37
	树下洼地	1.25±0.07	49.62±1.72	45.06±2.75	4.56±1.53	9.66±2.46
LD-8	行间垄地	1.20±0.04	51.01±5.51	45.77±4.03	5.24±2.38	8.76±0.95
	树下洼地	1.24±0.06	50.51±0.92	45.67±0.93	4.84±0.37	10.37±3.95

从微地形的变化看，同一林龄的林地，容重和非毛管孔隙度差异性显著，其他指标在垄地与洼地间皆有差别，但差异不明显。造林早期人为耕作形成林地微地形的差异。洼地在造林时进行浇灌时形成，垄上则是由于洼地的形成以及林木较小时进行林间耕作形成。受地形影响，降水多向洼地集中，接近树干。但靠近树干周围是其主根生长范围，须根较少，对水分吸收能力弱于垄上位置。且树干周围受树冠遮阴明显重于垄上位置，地面正常蒸散量低于垄上，造成洼地土壤含水量高于垄上。造林初期，树干主根周围衍生出的须根及根系的正常死亡，加大土壤中孔隙的数量。造林年限增加，须根生长的主要部位转为侧根，树干周围须根数量减少。主根的生长产生的挤压作用大于侧根及须根的影响。因此容重随着种植年限的增加，数值增大。

结合林地不同微地形下的土壤蚀积状况与土壤物理性质分析，由于微地形的变化导致土壤理化性状发生了改变，特别是洼地有机质与土壤水分含量的提高，有助于提高土壤的抗蚀性能，使得风蚀减少，积累增加。

1.4.6　人为翻动对土壤风蚀的影响

农林间作地进行作物种植的地块，有较为强烈的人为地表翻动。对农林间作地翻耕与未翻耕地块的风蚀深度与风蚀量进行比较（图1-16），结果表明，未翻耕地土壤的总风蚀深度为0.21cm，而翻耕地土壤的总风蚀深度为0.87cm，后者是前者的4.14倍；就风蚀量来看，未翻耕与翻耕地的风蚀量分别为23.52t/hm²和93.56t/hm²，后者是前者的3.99倍。这说明，翻耕造成的土壤扰动会改变土壤的结构、紧实程度与物理性状均发生强烈的变化，进而造成对风蚀深度与风蚀量的影响。

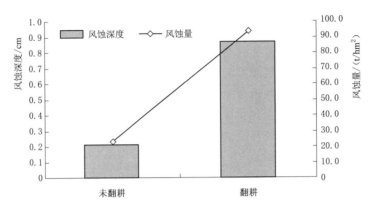

图1-16　农林间作地翻耕与未翻耕地块风蚀的比较

对于为翻动土壤对土壤风蚀的影响，农林间作地表现出翻动较未翻动的风蚀量大的规律，实际上，从撂荒地与花生地的风蚀深度与风蚀量也可以印证这一点。撂荒地未翻耕，而花生地在秋收时进行了采挖翻耕，从而造成了两种土地利用类型的风蚀深度与风蚀量产生较大的差异，撂荒地与花生地的风蚀深度为0.94cm和1.13cm，后者是前者的1.21倍；风蚀量分别为117.35t/hm²和151.89t/hm²，后者为前者的1.29倍。

1.4.7　不同土地利用类型风速变化及其对土壤风蚀的影响

地表沙粒在风力作用下，脱离地表，采取一定的运动方式离开原来位置，表示风蚀的开始。风力作为主要影响因素之一，对土壤风蚀具有重要影响。试验地在冬春季节属于大风频繁季节，但不同土地利用方式，因其地表覆盖物、生长作物或树木及粗糙度的不同，造成对风速的影响，使得风速变化规律有所差异。已有的研究表明，黄泛沙地土壤风蚀的平均风速为4.0m/s。为此，实验中，选择了当地典型大风日，采用多点风速自记仪测定了不同用地类型的风速变化，并从众多风速测定数据中选择20～25组风速大于起动风速的同一时间的测定值，分析其风速、地表粗糙度及风速降低百分比（防风效能）的变化，结合不同土地利用方式的土壤风蚀深度，解释当地不同用地类型下的风蚀现象的差异，并分析风速对风蚀的影响。

1. 农业用地的风速变化及其对土壤风蚀的影响

以撂荒地为对照，不同农业用地的风速变化见表1-10和图1-17。由图和表可知，0.2m和1.5m的平均风速均以撂荒地最大，分别为3.87m/s和4.97m/s。不同农业用地对1.5m处风速的减弱作用不明显，风速降低百分比幅度为0.74％～10.37％，其中以农林间作地对1.5m高处的风速降低作用最大，为10.37％；花生地最小，为0.74％。

表 1 - 10　　　　　不同农业用地风速、粗糙度及风速降低百分比比较　　　　单位：m/s

测试次数	LH 测定高度		XM 测定高度		HS 测定高度		YM 测定高度		LL 测定高度	
	0.2m	1.5m	0.2m	1.5m	0.2m	1.5m	0.2m	1.5m	0.2m	1.5m
1	3.63	4.75	2.07	4.62	3.67	4.69	2.73	4.56	3.18	4.27
2	3.47	4.49	2.24	4.37	3.47	4.52	2.46	4.44	3.02	4.20
3	3.40	4.45	1.91	4.41	3.39	4.42	2.49	4.31	3.02	4.20
4	3.89	5.12	2.22	4.84	4.06	5.07	2.75	5.04	3.21	4.48
5	3.71	4.85	2.22	4.79	3.81	4.86	2.81	4.77	3.19	4.37
6	3.43	4.49	2.04	4.42	3.49	4.47	1.72	4.31	2.97	4.13
7	3.61	4.73	1.97	4.68	3.71	4.68	1.82	4.65	3.16	4.37
8	4.23	5.40	2.22	5.35	4.14	5.35	2.45	5.28	3.33	4.54
9	3.74	4.75	2.33	4.66	3.61	4.68	2.24	4.77	3.19	4.41
10	4.55	5.78	2.58	5.67	4.55	5.75	3.20	5.68	3.71	5.14
11	3.81	4.83	2.24	4.77	3.89	4.90	3.33	5.08	3.30	4.55
12	4.03	5.19	2.42	5.14	4.00	5.21	3.46	4.90	3.16	4.42
13	3.86	4.93	2.13	4.90	3.75	4.87	4.01	4.55	3.04	4.20
14	3.40	4.25	2.11	4.20	3.44	4.34	2.50	4.17	2.77	3.88
15	4.28	5.44	2.25	5.38	4.10	5.35	3.41	4.84	3.22	4.49
16	3.72	4.79	2.16	4.70	3.71	4.73	3.43	4.88	3.22	4.48
17	4.55	5.76	2.88	5.64	4.49	5.67	3.28	5.81	3.85	5.39
18	4.17	5.25	2.64	5.21	4.03	5.15	3.23	5.08	3.30	4.59
19	3.86	4.92	2.29	4.87	3.68	4.79	2.92	4.50	3.00	4.14
20	3.81	4.92	2.29	4.84	3.71	4.87	2.92	4.77	3.16	4.37
21	3.75	4.89	2.57	4.83	3.82	4.90	2.41	4.79	3.15	4.37
22	3.75	4.89	2.57	4.84	3.84	4.86	2.41	4.80	3.22	4.51
23	3.58	4.64	2.53	4.61	3.57	4.61	2.94	4.59	3.04	4.21
24	3.81	4.97	2.33	4.83	3.84	4.93	3.81	5.01	3.02	4.28
25	4.58	5.81	2.70	5.75	4.51	5.73	3.53	5.71	3.81	5.42
V/(m/s)	3.87	4.97	2.32	4.89	3.85	4.94	2.89	4.85	3.21	4.46
S/%	0	0	40.07	1.58	0.36	0.74	25.25	2.40	16.95	10.37
Z_0/cm	0.00018		0.03268		0.00016		0.01030		0.00111	

注：V—风速测定平均值；Z_0—粗糙度；S—风速降低百分比，%。

　　不同农业用地对 0.2m 处的风速削弱作用差异较大，玉米留茬地、冬小麦地和农林间作地对风速的削弱作用明显，而花生地对近地表 0.2m 处的风速削减作用不明显。不同农业用地风速的变化与其 1.5m 和 0.2m 高处的植物生长与地面覆盖有关。农林间作地地面 1.5m 高处有林木遮挡，因此其不仅对高处的风速有降低作用，而且对近地面的风速也有

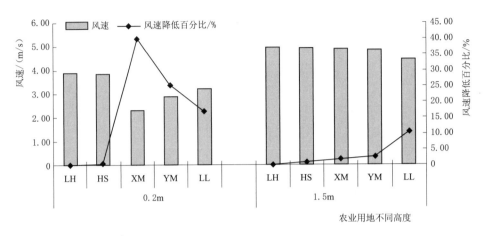

图 1-17　不同农业用地 0.2m 和 1.5m 的平均风速及风速降低百分比

明显的减弱作用。其余各地块都处于较为空旷的空间上，对 1.5m 处的风速减弱作用有限；但因近地表 0.2m 高处的作物生长与地面覆盖，使得其降低风速百分比差别较大。冬小麦地近地表有小麦生长，高度在 20cm 左右，因而对近地表风速降低作用最为明显，降幅为 40.07%，而玉米留茬地因留茬高度在 8cm 左右，因而对风速的降低作用较明显，降幅为 25.25%。

从粗糙度变化来看，也能反映出不同农业用地对风速的降低作用，撂荒对照的粗糙度为 0.00018cm，花生地的粗糙度与撂荒地相近，为 0.00016cm，农林间作地、冬小麦地和玉米留茬地因地表的作物生长和留茬等因素影响，使粗糙度明显增大，分别为 0.00111cm、0.03268cm 和 0.01030cm，分别为对照撂荒地的 5.35 倍、58.77 倍和 186.45 倍。

2. 林业用地的风速变化及其对土壤风蚀的影响

以林外不同高度旷野风速为对照，分别测定不同造林年限林地的风速变化，结果如表 1-11 和图 1-18 所示。由图中和表中可知，不同造林年限林地在两个高度处风速均较旷野风速有所降低，0.2m 高度处风速变化范围为 4.34～2.30m/s，风速降低百分比幅度变化为 10.28%～52.46%；1.5m 高处风速变化范围为 5.65～3.85m/s，风速降低百分比降低幅度为 9.55%～38.37%。不同造林年限林地的防风效能以 1 年林地最小，0.2m 和 1.5m 高处的防风效能分别为 10.28% 和 9.55%；以 8 年林地的防风效能最大，0.2m 和 1.5m 高处的防风效能分别为 52.46% 和 38.37%。

表 1-11　　　不同林业用地风速、粗糙度及风速降低百分比比较　　　单位：m/s

测试次数	林外 CK 测定高度		LD-1 测定高度		LD-3 测定高度		LD-5 测定高度		LD-8 测定高度	
	0.2m	1.5m	0.2m	1.5m	0.2m	1.5m	0.2m	1.5m	0.2m	1.5m
1	4.35	5.82	3.88	5.28	3.32	4.56	2.67	4.12	2.08	3.54
2	4.81	6.25	4.32	5.65	3.69	4.85	3.12	4.27	2.27	3.68
3	4.82	6.54	4.30	5.92	3.60	4.92	3.14	4.44	2.30	3.78
4	4.65	6.16	4.20	5.58	3.72	5.02	2.98	4.08	2.25	3.81

续表

测试次数	林外 CK 测定高度		LD-1 测定高度		LD-3 测定高度		LD-5 测定高度		LD-8 测定高度	
	0.2m	1.5m	0.2m	1.5m	0.2m	1.5m	0.2m	1.5m	0.2m	1.5m
5	4.79	6.12	4.31	5.54	3.83	5.00	3.08	4.25	2.31	3.89
6	4.48	5.86	4.08	5.35	3.48	4.68	2.92	4.16	2.13	3.68
7	5.40	6.87	4.86	6.22	4.02	5.22	3.45	4.86	2.53	4.26
8	4.78	6.12	4.32	5.58	3.74	4.99	3.06	4.33	2.19	3.86
9	4.86	6.36	4.42	5.82	3.71	4.90	3.12	4.57	2.25	3.77
10	4.38	5.62	3.94	5.08	3.40	4.45	2.77	3.88	2.13	3.48
11	4.55	5.78	4.03	5.22	3.53	4.60	2.89	4.02	2.20	3.59
12	5.18	6.56	4.60	5.96	3.92	5.05	3.31	4.52	2.40	4.15
13	5.32	6.79	4.75	6.12	4.02	5.24	3.36	4.65	2.48	4.12
14	5.22	6.76	4.65	6.08	4.05	5.30	3.30	4.62	2.47	4.26
15	5.12	6.52	4.56	5.86	3.81	4.92	3.30	4.55	2.36	3.87
16	4.90	6.22	4.42	5.62	3.75	4.79	3.16	4.35	2.36	4.02
17	4.68	6.02	4.22	5.42	3.58	4.68	3.00	4.12	2.20	3.74
18	4.56	5.78	4.11	5.22	3.55	4.61	2.93	4.03	2.22	3.53
19	4.67	5.97	4.14	5.35	3.57	4.62	3.04	4.20	2.25	3.72
20	5.28	6.81	4.73	6.12	4.05	5.25	3.38	4.66	2.62	4.22
$V/(m/s)$	4.84	6.25	4.34	5.65	3.72	4.88	3.10	4.33	2.30	3.85
Z_0/cm	0.00019		0.00025		0.00032		0.00127		0.01003	
$S/\%$	0	0	10.28	9.55	23.16	21.78	35.98	30.60	52.46	38.37

注 V—风速测定平均值；Z_0—粗糙度；S—防风效能，%。

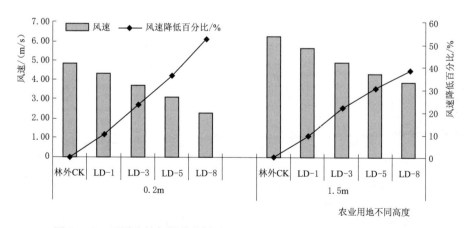

图 1-18 不同造林年限林业用地 0.2m 和 1.5m 的平均风速及防风效能

由此可见，随着造林年限的增加，树高、胸径和冠幅均增大，其防护功能增强，因而对风速的降低作用也明显增大。由于林木日渐茂盛，林木的结构也逐渐由透风结构向疏透结构和紧密结构转变，因而对近地表的风速的削弱作用逐渐加强，其防风效能逐渐增强，对近地表风蚀的控制能力也明显增强。结合不同造林年限林地风蚀深度与风蚀量的变化可知，1 年、3 年林地出现风蚀，5 年林地表现为弱风蚀，8 年林地表现为风积，这与林地的防风效能的变化成正相关关系。

从近地表粗糙度的变化看，旷野对照的地表粗糙度为 0.00019cm，与上述农业用地中的撂荒地相差不大，1 年、3 年、5 年和 8 年造林地的近地表粗糙度分别为 0.00025cm、0.00032cm、0.00127cm 和 0.01003cm，分别是旷野对照的 1.31 倍、1.70 倍、6.70 倍和 52.79 倍。

从不同林业用地风速和粗糙度的变化来看，造林措施可以增大地表粗糙度，减弱近地表风速，从而在一定程度上控制风蚀的发生，甚至可以使近地表风速降低至起动风速以下而产生风积。不同造林年限林地因其对近地表风速的减弱作用的差异而使得土壤风蚀也会产生差别。这一点可以从不同造林年限林地土壤蚀积深度上得到证实，1 年、3 年林地均产生了中度、轻度风蚀，5 年林地的蚀积基本相平，以弱风蚀为主，而 8 年林地则以风积为主。

3. 不同土地利用方式下的风沙流结构

风沙流结构可以反映出土壤风蚀颗粒在空中的垂直分布状况，以及单位时间内的输沙率的变化及其与高度之间的关系，也即可以揭示土壤风蚀物的垂直分布规律，这对于研究风沙流结构及防治措施中具有重要意义。

风沙流结构包括风蚀沙粒含量乃至机械组成随高度的变化，这种变化因土地利用方式的不同而表现出不同的特点。

在沙物质（风蚀物）收集过程中发现，在 150cm 及 200cm 几乎收集不到，而在 50cm 垂直范围内均有沙物质（风蚀物）存在。这就意味着在黄泛沙地，土壤风蚀主要发生于近地表 50cm 高度范围内，超过 50cm 高度的风蚀物极少或没有。

图 1-19 和图 1-20 分别为不同土地利用方式下风沙流特征及其与高度间的拟合曲线。

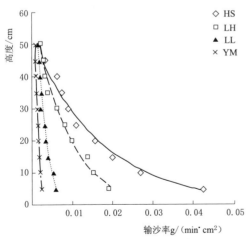

图 1-19　农业用地的风沙流特征及其与高度间的拟合曲线

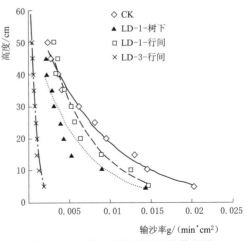

图 1-20　林业用地的风沙流特征及其与高度间的拟合曲线

由图可知，无论是农业用地还是林业用地，其沙物质主要存在于近地表50cm范围内，不同的土地利用方式，其输沙率大小相差较大。农业用地中，除冬小麦地在测定期间的风速条件下未收集到风沙流外，其余各地类均收集到数量不同的风蚀物。各地类中，以花生地的输沙率最大，近地表5cm范围内的输沙率可达0.0426g/(min·cm²)，以玉米留茬地的输沙率最小，为0.00232g/(min·cm²)。不同农业用地类型50cm高度内的平均输沙率由大到小依次为花生地［0.0144g/(min·cm²)］＞撂荒地［0.00851g/(min·cm²)］＞农林间作地［0.00321g/(min·cm²)］＞玉米留茬地［0.00139g/(min·cm²)］。

不同林业用地间的输沙率以对照最大，3年林地行间最小，3年林地树下、5年和8年林地树下与行间在测定期间的风速条件下未能收集到风沙流。近地表5cm范围内的输沙率以对照最大，为0.0203g/(min·cm²)，以3年林地行间最小，仅为0.00194g/(min·cm²)。50cm范围内的平均输沙率由大到小依次为对照［0.00841g/(min·cm²)］＞1年林地行间［0.00682g/(min·cm²)］＞1年林地树下［0.00494g/(min·cm²)］＞3年林地行间［0.00087g/(min·cm²)］。

对不同用地类型输沙率与高度进行拟合，结果表明，不同用地类型输沙率随高度的变化遵循$y=ae^{-bx}$指数函数关系，即输沙量随高度呈指数规律递减。但因近地表条件的差异，其指数方程及相关系数不尽相同（表1-12），越是近地表无覆盖或其他条件影响的用地类型，其输沙率随高度变化的相关性越好，且指数项b值越大。

表1-12　　　　　　　不同土地利用方式输沙率与高度的拟合方程及相关系数

土 地 利 用 类 型		拟　合　方　程	相关系数 R^2
农业用地	HS	$y=51.917e^{-57.732x}$	0.9877
	LH	$y=63.658e^{-121.47x}$	0.9719
	LL	$y=109.56e^{-491.08x}$	0.9576
	YM	$y=187.74e^{-1523.8x}$	0.9076
林业用地	CK	$y=63.466e^{-122.55x}$	0.9899
	LD-1-行间	$y=76.199e^{-177.9x}$	0.9710
	LD-1-树下	$y=55.668e^{-182.11x}$	0.9176
	LD-3-行间	$y=83.408e^{-1492.3x}$	0.9457

4. 输沙量分层重量比及其随高度的变化

对不同用地间的输沙量按高度分别求取平均值，并计算其平均重量比，结果如图1-21所示。由图可知，随高度的增加，输沙量的重量分布呈现递减的规律，总体曲线趋势可以近似使用幂函数进行描述，反映了以悬移质为主的风沙流的运动方式。这与赵宏亮（2006）等研究得出的规律一致。在0～10cm高度段内，呈现较为明显的下滑趋势，在10～50cm高度段内，坡度下降较为缓和。这表明，土壤风蚀物（输沙量）的搬运活动，主要发生在近地表，且活动状态较该高度以上更为活跃。风蚀物主要分布在0～10cm的高度段内，占总风蚀量的 44.31%。因此，进行风沙治理，主要是针对近地表风沙流采取措施。

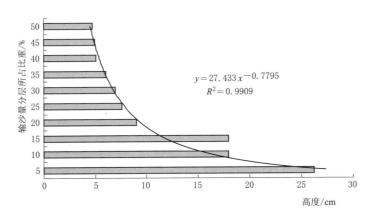

图 1-21　风沙流各层所占比重及其与高度的拟合曲线

5. 风沙流粒径随高度的变化特征

风蚀物以悬移质的形式在空气中运动，一般而言，同等风力下，小粒径的砂粒容易被搬运，而大粒径的黏粒颗粒不易被搬运。据前文可知，该区域地表土壤颗粒组成较细，主要由极细沙和粉沙组成。

由于风蚀物量较少，在实际测量时，进行了不同地类及不同高度间的分层合并，合并后的高度分布为 0~10cm、10~20cm、20~35cm、35~50cm。对以上 4 个高度的风沙流使用激光粒径仪进行粒径分析，结果如图 1-22 所示。由图可知，在各高度收集到的风蚀物中均无 0.25mm 以上的颗粒，其粒径主要集中分布于 0.01~0.05mm 的粉沙和 0.05~0.1mm 的极细砂两个粒级，其次集中分布于 0.1~0.25mm 的细砂粒级。从各粒径的高度变化来看，细砂主要集中分布于 0~10cm 层内，10~50cm 层内细砂的分布较为均匀。粉砂则在各层内分布较为均匀，且越细的颗粒，其分布有随高度而增加的趋势。这说明，在风蚀物粒度组成中，随高度增加，砂级颗粒含量减少而粉砂及黏土含量增多，风蚀物粒径逐渐变细，粒径范围不断收窄。

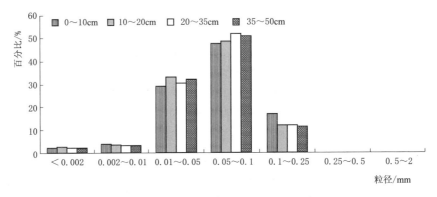

图 1-22　不同高度下风沙流粒径分布

1.5 黄泛沙地不同土地利用方式土壤光谱特征及其与风蚀的关系

光谱分析方法是近代发展起来的新兴技术之一。近红外分析法作为非破坏性分析方法，近年来受到各国科学家的广泛欢迎和关注。其基本原理为，物质受到外界光线照射，一部分发生镜面反射，另一部分则经折射后进入物质内部发生漫反射形成光谱曲线。受不同土壤有机质含量、粒径大小、水分含量的影响，在不同光谱特征值处，表现出反射率的不同。测量土壤光谱曲线，分析不同土壤因素引起的反射率特征值的不同，建立关系方程，能够快速有效测定土壤某一特征值（罗燕清等，2022）。

土壤有机质是评价土壤特性的重要参数，是土壤肥力及土壤抗风蚀性能的主要影响因素之一。土壤有机质是土壤中肥力的主要来源之一，有机质含量增加，能够增加土壤团聚体的含量，增大土壤颗粒之间的附着力，增强土壤抗风蚀性（Dotto A. C. et al.，2018）。传统测量土壤有机质含量的方法测定周期长、成本高，不能及时有效反映土壤实际有机质状况。采用光谱分析法可快速有效地测定土壤有机质含量，对于评价该地区土壤抗风蚀能力具有重要意义。

1.5.1 不同土地利用类型地物光谱特征

不同用地类型土壤原始光谱曲线反射率在一些波段曲线切线斜率不同。表现最为明显的波段有：1350～1500nm 处的凹槽，1900～2200nm 处的斜隆（图 1-23 和图 1-24）。与农业用地相比，林业用地之间在这两个处表现的差异更为明显。

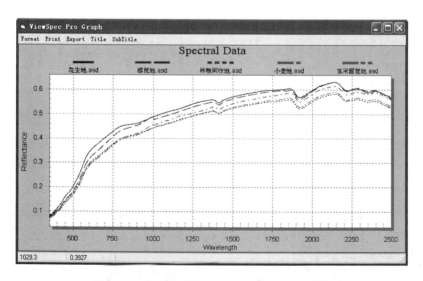

图 1-23 不同农业用地类型土壤原始光谱曲线

为了能够将一些波段中的差异更好地表现出来，对土壤原始光谱曲线进行了一阶导数和二阶导数处理。经过求导发现，农业用地与林业用地除在上述两个波段范围内仍保留差异外，在 500～750nm、1750～2000nm 波段表现出明显的曲线反射率数值差异（图 1-25～

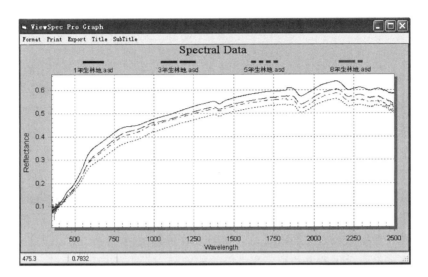

图 1-24　不同林业用地类型土壤原始光谱曲线

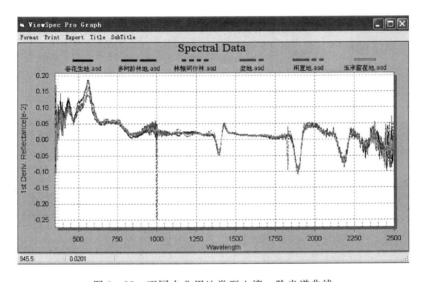

图 1-25　不同农业用地类型土壤一阶光谱曲线

图1-28）。通过导数变换，就能够更为有效地选择差异波段，进行与所研究土壤理化性质的关联性研究。此外，研究中也发现，1000nm波段处也出现了曲线差异，这是由仪器本身的原因引起的。

1.5.2　不同用地类型土壤有机质含量与地物光谱特征值的关系

探究不同用地类型土壤有机质与地物光谱特征值间的关系，以其中的农业用地类型之一的花生地为例，进行土壤有机质含量与地物光谱特征值间的关系分析。根据前人研究结果对有机质分析时采取的波段以及本研究中光谱曲线表现出的差别，从诸多波段中筛选了一些单波段与波段值，选定的各波段主要有：439nm、557nm、481～598nm、550～

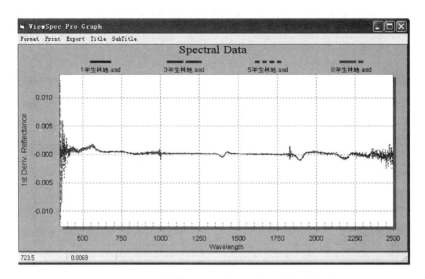

图 1-26 不同林业用地类型土壤一阶光谱曲线

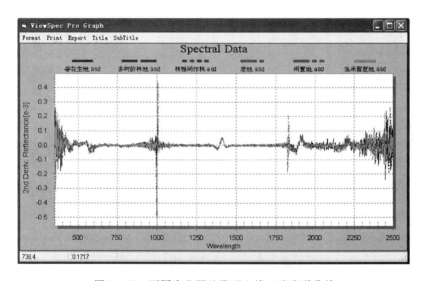

图 1-27 不同农业用地类型土壤二阶光谱曲线

770nm、816~932nm、1039~1415nm、1029nm、1720nm、1828nm、1889nm、2120nm、2180nm、2197nm、2307nm、2309nm、2365nm、2388nm、2439nm、2454nm、2496nm和 600nm 弓曲差等 21 个波段。对上述选定的 21 个波段，进行有机质含量与光谱特征、有机质含量倒数对数与光谱特征、有机质含量与光谱特征倒数对数、有机质含量倒数对数与光谱特征值之间，采用多元线性逐步回归分析方法，筛选合适波段建立有机质与波段特征值之间的拟合曲线方程，结果如下。

1. 花生地有机质含量与原始光谱特征及变换数据后建立的方程

有机质含量（C_O）与原始光谱特征值拟合方程为

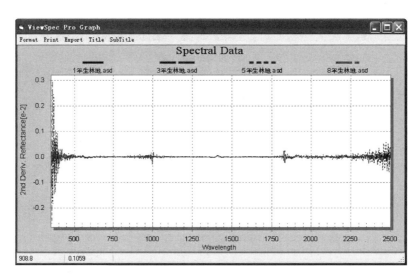

图1-28 不同林业用地类型土壤二阶光谱曲线

$$C_O = 0.02 - 0.301X_1 - 4.08X_2 - 0.805X_3 + 0.819X_4 + 0.384X_5 + 0.302X_6$$
$$R = 0.78, P_{(\alpha=0.05)} = 0.003$$

式中：X_1 为 550～770nm；X_2 为 1039～1415nm；X_3 为 2309nm；X_4 为 1029nm；X_5 为 2454nm；X_6 为 2496nm。

有机质含量对数与原始光谱特征值拟合方程为
$$LNC_O = -1.759 - 13.128X_1 - 45.554X_2 + 23.311X_3 + 18.608X_4 + 16.762X_5$$
$$R = 0.736, P_{(\alpha=0.05)} = 0.005$$

式中：X_1 为 2496nm；X_2 为 2454nm；X_3 为 2309nm；X_4 为 550～770nm；X_5 为 1029nm。

有机质含量与原始光谱特征值对数拟合方程为
$$C_O = 0.01 - 0.16X_1 + 0.336X_2 - 0.956X_3 + 0.456X_4 + 0.31X_5$$
$$R = 0.766, P_{(\alpha=0.05)} = 0.002$$

式中：X_1 为 550～770nm；X_2 为 1029nm；X_3 为 2388nm；X_4 为 2454nm；X_5 为 2496nm。

有机质对数与原始光谱特征值对数的拟合方程为
$$LNC_O = -1.168 - 10.064X_1 - 57.682X_2 + 23.806X_3 + 23.439X_4 + 19.599X_5$$
$$R = 0.751, P_{(\alpha=0.05)} = 0.003$$

式中：X_1 为 550～770nm；X_2 为 2309nm；X_3 为 1029nm；X_4 为 2454nm；X_5 为 2496nm。

综合上述拟合方程及相关系数得出，使用有机质含量与原始数据及变换数据建立的方程，相关系数最大的为有机质含量与原始光谱特征建立的方程所使用的波段：550～770nm、1029nm、1039～1415nm、2309nm、2454nm、2496nm，其方程形式为
$$C_O = 0.02 - 0.301X_1 - 4.08X_2 - 0.805X_3 + 0.819X_4 + 0.384X_5 + 0.302X_6$$
$$R = 0.78, P_{(\alpha=0.05)} = 0.003$$

2. 花生地有机质含量及其倒数对数与光谱特征一阶导数建立的方程

为进一步增加数据间的关联性，针对地物光谱原始数据进行一阶导数处理，并按上述

方法进行关联性验证。由于处理后的一阶导数据具有负值及零值，在数据处理过程中，只针对反射率一阶导数与有机质及有机质对数建立数据关系。

有机质含量及其变换数据与一阶导数光谱曲线特征波段建立的最佳关系式为，有机质含量对数与光谱数据一阶导数之间关系式：

$$LNC_O = -2.431 + 40.584X_1 + 4.711X_2 + 0.821X_3 + 8.121X_4 - 6.392X_5 - 2.538X_6$$
$$+ 2.35X_7 - 1.173X_8 - 1.738X_9 + 1.985X_{10} - 0.475X_{11} - 6.367X_{12}$$
$$R = 0.977, P_{(\alpha=0.05)} = 0.000$$

式中：X_1 为 816～932nm；X_2 为 600nm，弓曲差；X_3 为 1828nm；X_4 为 2120nm；X_5 为 2197nm；X_6 为 2307nm；X_7 为 2365nm；X_8 为 2388nm；X_9 为 2439nm；X_{10} 为 2454nm；X_{11} 为 2496nm；X_{12} 为 557nm。

3. 花生地有机质含量及其倒数对数与光谱特征二阶导数建立的方程

对地物光谱数据进行二阶导数处理，建立二阶导数据与有机质含量及有机质含量对数的关系式。相关系数最大的方程形式为

$$C_O = 0.013 - 16.481X_1 + 14.908X_2 - 57.871X_3 + 1.053X_4 + 0.391X_5 + 0.32X_6$$
$$- 0.464X_7 + 0.302X_8 - 0.075X_9$$
$$R = 0.876, P_{(\alpha=0.05)} = 0.001$$

式中：X_1 为 481～598nm；X_2 为 550～770nm；X_3 为 1039～1415nm；X_4 为 600nm，弓曲差；X_5 为 439nm；X_6 为 1889nm；X_7 为 2120nm；X_8 为 2307nm；X_9 为 2496nm。

4. 花生地有机质含量与光谱特征间最佳关系式

花生地地物光谱特征与有机质之间，最佳关系式为有机质含量与原始光谱特征值之间的关系式：

$$C_O = 0.02 - 0.301X_1 - 4.08X_2 - 0.805X_3 + 0.819X_4 + 0.384X_5 + 0.302X_6$$
$$R = 0.78, P_{(\alpha=0.05)} = 0.003$$

式中：X_1 为 550～770nm；X_2 为 1039～1415nm；X_3 为 2309nm；X_4 为 1029nm；X_5 为 2454nm；X_6 为 2496nm。

5. 其余用地类型有机质含量与光谱特征间最佳关系式

通过上述研究方法，对撂荒地、不同林龄地、冬小麦地、玉米留茬地及农林间作地进行光谱特征波段与有机质含量之间关系的研究，对于得出波段中相关性较差的波段进行剔除，得出结果如下。

（1）撂荒地最佳光谱特征与有机质含量关系，建立在反射率一阶导数与有机质含量倒数对数之间：

$$C_O = -3.286 + 15.985X_1 + 15.481X_2 + 76.374X_3 - 296.615X_4 + 54.039X_5$$
$$- 15.952X_6 + 23.855X_7 + 14.536X_8 + 29.306X_9 + 9.21X_{10} + 3.685X_{11}$$
$$+ 7.278X_{12} + 2.704X_{13} - 22.794X_{14}$$
$$R = 0.99, P_{(\alpha=0.05)} = 0.000$$

式中：X_1 为 439nm；X_2 为 557nm；X_3 为 816～932nm；X_4 为 1039～1415nm；X_5 为 1029nm；X_6 为 1889nm；X_7 为 2120nm；X_8 为 2180nm；X_9 为 2197nm；X_{10} 为 2309nm；X_{11} 为 2365nm；X_{12} 为 2388nm；X_{13} 为 2439nm；X_{14} 为 600nm 弓曲差。

（2）冬小麦地最佳光谱特征与有机质含量关系，建立在反射率一阶导数与有机质倒数对数之间：

$$C_O = -2.431 + 40.584X_1 + 4.711X_2 + 0.821X_3 + 8.121X_4 - 6.392X_5 - 2.538X_6$$
$$+ 2.35X_7 - 1.173X_8 - 1.738X_9 + 1.985X_{10} - 0.475X_{11} - 6.367X_{12}$$

$$R = 0.98, P_{(\alpha=0.05)} = 0.002$$

式中：X_1 为 816～932nm；X_2 为 600nm 弓曲差；X_3 为 1828nm；X_4 为 2120nm；X_5 为 2197nm；X_6 为 2307nm；X_7 为 2365nm；X_8 为 2388nm；X_9 为 2439nm；X_{10} 为 2454nm；X_{11} 为 2496nm；X_{12} 为 557nm。

（3）混交林地最佳光谱特征与有机质含量关系，建立在有机质含量倒数对数与反射率之间：

$$LNC_O = -1.43 - 25.633X_1 + 32.986X_2 + 79.822X_3 - 9.256X_4 + 14.343X_5$$
$$+ 15.704X_6 - 13.11X_7$$

$$R = 0.81, P_{(\alpha=0.05)} = 0.001$$

式中：X_1 为 557nm；X_2 为 439nm；X_3 为 600nm 弓曲差；X_4 为 1039～1415nm；X_5 为 816～932nm；X_6 为 1889nm；X_7 为 2439nm。

（4）农林间作地最佳光谱特征与有机质含量关系，建立在有机质含量倒数对数与原始光谱特征值之间：

$$LNC_O = -0.511 - 53.624X_1 + 0.766X_2 + 1.953X_3 - 13.916X_4 + 17.206X_5$$
$$- 22.412X_6$$

$$R = 0.84, P_{(\alpha=0.05)} = 0.001$$

式中：X_1 为 600nm 弓曲差；X_2 为 1720nm；X_3 为 2309nm；X_4 为 2120nm；X_5 为 2439nm；X_6 为 2454nm。

（5）玉米留茬地最佳光谱特征与有机质含量关系，建立在有机质含量与原始光谱特征值之间：

$$C_O = 0.021 + 0.571X_1 - 0.51X_2 + 0.982X_3 + 1.54X_4 - 1.788X_5 - 0.608X_6 - 0.144X_7$$

$$R = 0.74, P_{(\alpha=0.05)} = 0.000$$

式中：X_1 为 557nm；X_2 为 816～932nm；X_3 为 2307nm；X_4 为 2365nm；X_5 为 2439nm；X_6 为 2454nm；X_7 为 481～598nm。

综上所述，在不同用地类型中，通过 SPSS 软件，分析得出各用地类型不同的有机质相关性较大的波段，并得出适合于该用地类型的线性方程。由结果可知，不同土地利用方式下土壤有机质与光谱特征值间呈多元线性相关关系，但各拟合方程中涉及的特征波段并不相同。根据方程涉及的波段及有机质的数据变换形式可归纳为三种类型：①有机质含量与原始光谱相关型，如花生地、玉米留茬地；②有机质含量对数与光谱一阶导数相关型，如撂荒地、冬小麦地；③有机质含量对数与原始光谱相关型，如农林间作地、不同林龄林地。通过拟合方程，针对当地的用地类型，可快速拟合不同用地类型的有机质含量。上述不同用地类型选择得出的不同波段，表明不同用地类型对土壤的理化性质具有一定影响，两者之间能够相互代表。

通过上述用地类型的有机质与地物光谱波段值之间的关系，同时联系不同用地类型的有机质含量与蚀积深度之间的关系，得出有机质地物光谱特征值与蚀积深度间的关系。

1.6 讨论

1.6.1 黄泛沙地不同土地利用类型的光谱特征及其相关性

黄泛沙地不同土地利用类型的光谱特征曲线表现出一定差异，这种差异主要是由人为各种活动的介入，造成的土壤理化性质的变化引起的。关于不同土地利用类型或者不同土壤类型引起的地物光谱特征曲线的变化，在国内外学者中都有大量研究，但这些研究往往集中在某一种因素引起的变化，针对不同土壤类型或者同种土壤不同因素间的研究还较少。较为全面地分析土地利用类型或者土壤类型，带来的地物光谱特征的变化，较为全面地分析土壤光谱曲线特征的变化，获取不同土壤理化特征对应的地物光谱波段值，并分析其与土壤理化性质的相关性，是一种较为全面的研究方式。

在分析不同土地利用类型有机质含量与地物光谱特征之间关系时，关键点在于波段的选择。根据前人研究结果，及有机质含量差别较大土壤间光谱曲线的比较，选出部分波段进行相关性研究，使用最终的相关性作为衡量波段是否能够表征研究特征的依据，这种选取方法较为常用。众多学者关于有机质含量与光谱特征间关系的研究方法中，彭杰（2006）等的研究，采取去除有机质的方法进行前后光谱特征曲线的变化，确定有机质对应的光谱特征，是一种较为合理的方法。但是，在操作中，是否会对有机质含量之外的其他成分造成影响，进而引起光谱特征的变化，还有待于研究。因此，通过同一种土壤类型有机质含量差别较大的光谱曲线对比研究，尽可能维持土壤原状得情况下，得出土壤光谱曲线，应该能够较为真实地反映出土壤的特性，对于选择出的波段，再进行相关性研究，得出波段和特征之间的关联性，起到验证波段选择的作用。对于不同的波段选取方法，对于相关研究具有重要意义，应该作为研究的一个重点。

1.6.2 黄泛沙地不同土地利用类型的光谱特性与土壤风蚀关系

本书重点在于探讨光谱特性与土壤风蚀之间的关系，期望通过土壤光谱特性在不同土地利用类型之间的变化对比，得出由于不同利用方式带来的土壤蚀积与光谱特征间的关系。而目前，众多学者的研究，针对这个层面得出的成果较少。大多是针对土壤某一特征进行其与土壤光谱曲线间的研究。如针对有机质含量、氧化铁含量等特征，建立其与某一曲线特征间的关系。而针对土壤风蚀与土壤某一特征的研究较为成熟。作为土壤风蚀的影响因了，在风蚀研究开展以来，一直是一个研究的重点。而针对光谱特性与风蚀之间的研究较少。因此，在本研究中，选取土壤有机质含量作为桥梁，建立光谱特性与风蚀间的关联。在本研究区，土壤条件较为一致，有机质含量都偏低，各种风蚀影响因素起到的影响作用，都没有形成显著影响。在这种条件下，选择有机质含量作为主要的研究对象，建立其与土壤光谱特征曲线间的关系，是因为有机质含量可以通过使用有机肥、秸秆还田等措施进行调控，对于黄泛沙地土壤进行风蚀防治具有一定意义。

1.7　小结

1.7.1　黄泛沙地不同土地利用类型土壤风蚀规律

1. 不同土地利用类型土壤蚀积状况表现不同

摞荒地、花生地及农林间作地均处于风蚀状态，冬小麦地和玉米留茬地则处于堆积状态。花生地风蚀深度为 1.13cm，属中度风蚀，风蚀量为 151.89t/hm²；摞荒地及农林间作地的风蚀深度分别为 0.94cm 和 0.21cm，属于轻度风蚀，风蚀量分别为 117.35t/hm² 和 23.52t/hm²；冬小麦地和玉米留茬地堆积深度分别为 0.07cm 和 0.13cm，堆积量分别为 17.81t/hm² 和 7.49t/hm²。5 个地类间除冬小麦地与玉米留茬地间土壤风蚀差异不显著外，其他地类间风蚀差异显著。

不同造林年限林地的土壤风蚀间差异极显著，且土壤风蚀强度随着造林年限的增加降低。1 年林地风蚀深度和风蚀量分别为 1.11cm 和 148.74t/hm²，为中度风蚀；3 年林地的风蚀深度和风蚀量分别为 0.25cm 和 30.32t/hm²，为轻度风蚀；5 年林地蚀积基本平衡，风蚀深度和风蚀量分别为 0.01cm 和 0.63t/hm²，为微度风蚀；8 年林地处于风积状态，其堆积深度和堆积量分别为 0.29cm 和 32.48t/hm²。

2. 不同土地利用方式风蚀的月变化动态差异较大

花生地、摞荒地和 1 年林地在整个冬、春季节均处于风蚀状态，且风蚀呈现 V 形变化规律，第一峰值和第二峰值分别出现于 11 月和次年 4 月。玉米留茬地的风蚀月变化动态整体上以风积为主，风积从 11 月一直持续到次年 3 月，仅 4 月表现为弱度风蚀。农林间作地风蚀的月变化动态较为复杂，呈单峰曲线，峰值出现于 12 月，11 月至次年 3—4 月表现为风积，12 月至次年 2 月表现为风蚀。3 年林地在 11 月至次年 2 月处于风蚀状态，且以 12 月风蚀最大，3、4 月处于风积状态。5 年林地在 11 月至次年 3 月、4 月处于风积状态，而 12 月至次年 2 月一直为风蚀状态，且以 12 月风蚀深度最大。8 年林地仅在 1 月、2 月有轻微的风蚀现象，其他月份均处于风积状态。

1.7.2　黄泛沙地不同土地利用方式土壤风蚀影响因子及其关系

1. 土壤理化性质对风蚀的影响

不同土地利用方式土壤质地均为砂壤，机械组成均以粉砂（0.002～0.05mm）、极细砂（0.05～0.1mm）和细砂（0.1～0.25mm）为主，但不同土地利用类型间机械组成差异显著。地表物质的粒度组成特征与风蚀的关系密切，风蚀深度与砂粒含量呈正相关线性关系，与黏粒含量、粉粒含量成负相关线性关系，但各粒径含量与风蚀深度之间未达到显著相关。各地类中，砂粒含量高的用地类型，其相应的风蚀量也较大，而砂粒含量低的用地类型，其风蚀相应较少。

不同土地利用类型间紧实度差异显著，各土地利用类型间紧实度大小依次为 8 年林地＞5 年林地＞玉米留茬地＞花生地＞摞荒地＝1 年林地＞3 年林地＞农林间作地＞冬小麦地。土壤紧实度大的用地类型其风蚀量相应较小，两者呈负相关关系，但无明显数量关系。

不同用地类型之间有机质含量差异显著，除玉米留茬地与撂荒地、农林间作与玉米留茬地、冬小麦与1年林地间差异不显著外，其余各用地类型间有机质差异极显著，从大到小顺序为：8年林地＞5年林地＞3年林地＞林农间作地＞玉米留茬地＞撂荒地＞冬小麦地＞1年林地＞花生地。土壤有机质含量（X_O）与蚀积深度（D）呈显著负相关，其变化遵循方程 $D = 0.646 - 0.383X_O$。基于此，当地农业耕作中可通过施加有机质而提高土壤的抗蚀性。

不同用地类型间土壤含水量从大到小顺序为：玉米留茬地＞花生地＞3年林地＞5年林地＞农林间作地＞8年林地＞1年林地＞撂荒地＞冬小麦地。不同用地类型土壤含水量差异显著。土壤含水量高的用地方式其风蚀降低，两者间呈一定的负相关，但关系不显著。

2. 微地形变化对土壤风蚀的影响

不同造林年限行间与树下的蚀积状况差异较大。1年、3年的林地行间与树下均处于风蚀状态，行间的风蚀量却高于树下；5年林地则表现为行间风蚀、树下堆积；而8年林地则行间和树下均表现为堆积，但行间的堆积深度却小于树下的堆积深度。行间与树下土壤蚀积的月际变化规律一致，但在蚀积深度上有差别。风蚀发生时行间风蚀深度大于树下，堆积时则相反。

土壤有机质含量均随着造林年限的增加而增加，不同造林年限林地有机质含量差异显著，树下洼地的有机质含量均高于行间垄地的有机质。有机质含量高的微地形其抗蚀性能也大，两者呈正相关关系。

受微地形变化的影响，导致土壤理化性质产生差异，洼地的总孔隙度、毛管孔隙度、非毛管孔隙度数值小于垄地，容重则相反。受土壤理化性质特别是有机质在微地形上的变化，林地土壤风蚀呈现洼地风蚀弱于垄地，风积强于垄地；而且，随着造林年限的增加而土壤风蚀减小，风积作用增强。

3. 人为翻动对土壤风蚀的影响

人为翻动造成土壤结构、理化性质发生变化，使得风蚀相应增大，翻动地的风蚀深度和风蚀量是未翻动地的4.14倍和3.93倍。

4. 风速变化对土壤风蚀的影响

对照撂荒地在0.2m和1.5m高度处的平均风速最大，不同农业用地对1.5m处风速的减弱作用不明显，风速降低百分比幅度为0.74%～10.37%，以农林间作地降低幅度最大；对0.2m处的风速削弱作用差异较大，农林间作地、玉米留茬地和冬小麦地对风速的削弱作用明显，风速降低百分比分别为16.95%、25.25%和40.07%。花生地与撂荒地近地表粗糙度相近，分别为0.00016cm和0.00018cm，农林间作地、玉米留茬地和冬小麦地分别为对照撂荒地的5.35倍、58.77倍和186.45倍。地表留茬、作物种植和造林等措施可以增大地表粗糙度，减弱近地表风速，不同农业用地类型间风蚀随风速降低百分比与近地表粗糙度的增大而减小。

不同造林年限林地在0.2m和1.5m两个高度处风速均较旷野风速有所降低，0.2m高度防风效能的变化幅度为10.28%～52.46%；1.5m高处为9.55%～38.37%。从近地表粗糙度的变化看，旷野对照的地表粗糙度为0.00019cm，1年、3年、5年和8年造林地的近地表粗糙度分别为旷野对照的 1.31 倍、1.70 倍、6.70 倍和 52.79 倍。造林措施可以增大地表粗糙度，减弱近地表风速，减缓或控制风蚀的发生，不同林地随着造林年限的增加其的防风效能提高，风蚀作用减弱而风积作用增强。

5. 不同土地利用方式下风沙流结构变化及特征

不同用地类型风蚀的沙物质主要存在于近地表 50cm 范围内，各地类间输沙率大小相差较大。不同农业用地类型中，冬小麦地在测定期间的风速条件下未收集到风沙流，其余地类 50cm 高度内的平均输沙率由大到小依次为花生地 $[0.0144\text{g}/(\text{min}\cdot\text{cm}^2)]$＞摆荒地 $[0.00851\text{g}/(\text{min}\cdot\text{cm}^2)]$＞农林间作地 $[0.00321\text{g}/(\text{min}\cdot\text{cm}^2)]$＞玉米留茬地 $[0.00139\text{g}/(\text{min}\cdot\text{cm}^2)]$。

不同林业用地间的输沙率以对照最大，3 年林地行间最小，3 年林地树下、5 年和 8 年林地树下与行间在测定期间的风速条件下未能收集到风沙流。50cm 范围内的平均输沙率由大到小依次为对照 $[0.00841\text{g}/(\text{min}\cdot\text{cm}^2)]$＞1 年林地行间 $[0.00682\text{g}/(\text{min}\cdot\text{cm}^2)]$＞1 年林地树下 $[0.00494\text{g}/(\text{min}\cdot\text{cm}^2)]$＞3 年林地行间 $[0.00087\text{g}/(\text{min}\cdot\text{cm}^2)]$。

不同用地类型输沙率随高度的变化遵循 $y=a\text{e}^{-bx}$ 指数函数关系，即输沙量随高度呈指数规律递减。随高度的增加，输沙量的重量分布呈现递减的规律，总体曲线趋势可以近似使用幂函数进行描述。风沙流主要发生在近地表 0～10cm 的高度段内，占总风蚀量的 44.31%。

风沙流的粒度组成中无 0.25mm 以上的颗粒出现，其粒径主要集中分布于 0.01～0.05mm 的粉砂和 0.05～0.1mm 的极细砂两个粒级，其次集中分布于 0.1～0.25mm 的细砂粒级。粒径随高度的分布表现为：细砂主要集中分布于 0～10cm 空间内，粉砂则在各层内分布较为均匀，随高度增加，砂级颗粒含量减少而粉砂及黏土含量增多，风蚀物粒径逐渐变细。

1.7.3 黄泛沙地不同土地利用方式土壤光谱特征

（1）不同土地利用方式其土壤光谱特征曲线差别明显，主要差别发生于 500～750nm、1350～1500nm、1750～2000nm 和 1900～2200nm 处，且林业用地间的差异较农业用地更为明显。

（2）不同土地利用方式下土壤有机质与光谱特征值间呈多元线性相关关系，但各拟合方程中涉及的特征波段并不相同。根据方程涉及的波段及有机质的数据变换形式可分为 3 种类型：有机质含量与原始光谱相关型，如花生地、玉米留茬地；有机质含量对数与光谱一阶导数相关型，如摆荒地、冬小麦地；有机质含量对数与原始光谱相关型，如农林间作地、不同林龄林地。通过拟合方程可快速拟合不同用地类型的有机质含量，进而通过有机质与风蚀间的相关方程得到不同用地类型的蚀积深度变化。

2 黄泛沙地农林复合种植促进土壤团聚结构形成及有机碳累积的机制

2.1 概述

全球土壤碳库大约为 2500Gt，是大气碳库（760Gt）的 3.3 倍，是生物碳库（560Gt）的 4.5 倍。土壤作为生物圈中最大的陆地有机碳库，在全球碳循环中起着至关重要的作用。土壤有机碳（SOC）输入或输出的变化会影响土地碳库的储存，并可能改变陆地生态系统的功能及其作为碳源或碳汇的能力。然而，土壤作为碳汇或碳源能力的高低取决于管理措施，采用可持续管理措施有可能在未来 50～100 年内在土壤中封存 40～80Pg 的碳。农林复合经营模式作为可持续管理措施的一种方式可用于许多不同的环境中，以期提高环境资源的利用效率和增加传统农业系统的弹性。因此，探索农林复合模式对土壤有机碳的积累及其稳定机制，对土壤质量与环境的改善具有重要的现实意义。

土壤团聚体作为土壤结构的基本单元（Lehmann et al.，2020），其数量和分布能够反映土壤通气状况、水分条件和结构性状等，可以直接或间接地对植物生长的环境产生影响。作为土壤的主要组成成分，土壤团聚体在维持土壤结构，保持土壤养分，提高土壤的生产能力和抗侵蚀能力等方面具有重要作用，是衡量土壤质量的重要指标。研究表明，土壤团聚体对土壤有机碳具有物理保护作用，良好的团聚体结构能促进土壤有机碳的积累，而土壤有机碳则是土壤团聚体形成的主要胶结剂。

黄泛沙地是黄河历次泛滥、改道、淤积及黄河泥沙被风力搬运沉积在河流沿岸形成的堆积沙地，其土壤类型以风沙土、砂质潮土为主，质地粗而松散，结构性差，有机质含量低。以往针对黄泛沙地人工林改善小气候效应、经济效益及农林间作增产效应等进行了研究，其在区域生态环境的改善、风沙土的改良等方面取得了一定效果。然而，有关农林系统对土壤团聚体与有机碳影响的研究较为薄弱，不同农林复合模式对土壤团聚体稳定性及有机碳库的影响机制尚不清晰。

近年来，关于土壤有机碳组分的研究日益增多，且主要集中在土地管理措施、不同林龄以及不同植被类型等方面（Ma et al.，2021；Wang et al.，2021），因此研究不同农林复合模式下土壤团聚体与有机碳组分分布特征对揭示农林复合模式对土壤碳库的影响具有重要意义。本书以山东省东明国有林场白蜡人工纯林为对照，选取白蜡＋大豆（AS）、白蜡＋花生（AP）、白蜡＋菊花（AC）3种农林复合种植模式为研究对象，并以白蜡纯林（CK）为对照，探讨该地区农林复合模式下土壤团聚体与有机碳组分的变化，旨在：①揭示不同农林复合经营模式对土壤团聚体的影响；②阐明不同农林复合经营模式对土壤有机碳组分及土壤碳库的影响；③解析土壤理化性状与有机碳组分及土壤碳库的相关性，为黄泛沙地土壤改良与人工林的合理经营提供基础数据和理论依据。

2.2 材料与方法

2.2.1 研究区概况

研究区位于山东省国有东明林场（115°5′~115°7′E，35°9′~35°14′N），地处淮河流域黄泛平原风沙区。林场始建于1960年，场部坐落于东明集镇，总面积446hm²，林地面积366.7hm²。研究区地貌属于黄河冲积平原，为黄河多次决口形成的决口扇形地，地势较为平坦，以缓平坡地为主。研究区属于暖温带季风性半湿润气候，多年平均气温15.5℃，年最高气温38.8℃，最低气温－15℃；多年平均降水量为609.3mm，多集中在6~9月，雨热同季，无霜期215d。春夏季盛行南风，秋冬季盛行北风，年均风速3m/s，春季最大风速达15m/s。土壤成土母质为黄河冲积物，土壤类型为砂质潮土，植被类型属暖温带落叶阔叶林。土壤风蚀与风沙化是林场的主要问题，为控制区域土地沙化、发展生产和开发利用风沙化土地，东明林场营建了以杨树、国槐、白蜡等为主体的人工林。在人工林建设的1~3年期间，为增加地表植被覆盖、改善地力和达到以耕代抚的目的，普遍采用了区域内农林复合经营模式，林下种植的作物主要以小麦、大豆、花生、油菜等，近些年来随着多种经营的兴趣，林下种植种类增加，如菊花、决明子等药物，洋葱、菠菜等蔬菜以及苜蓿、黑麦草等牧草。

2.2.2 研究内容

本书以山东省东明国有林场不同农林复合种植模式下的白蜡人工林和林下作物为研究对象，选取白蜡＋大豆（AS）、白蜡＋花生（AP）、白蜡＋菊花（AC）3种农林复合种植模式，并以白蜡纯林（CK）为对照，采用野外定点采样、室内定量分析相结合的方法，探讨该地区不同农林复合模式下土壤团聚体与有机碳组分的特征，从而进一步揭示农林复合模式对该地区土壤团聚体与有机碳组分的影响，为黄泛沙地不同农林复合模式土壤质量的评价与模式的选择提供评价依据。

1. 黄泛沙地不同农林复合模式土壤理化性质变化特征

研究不同农林复合模式下土壤容重、机械组成（黏粒、粉粒、砂粒含量）、有机碳、全氮、pH、总孔隙度、毛管孔隙度、非毛管孔隙度的变化特征。

2. 黄泛沙地不同农林复合模式土壤团聚体特征

采用改进后的Elliot湿筛法测定不同农林复合模式的土壤粒径大于2mm的团聚体，粒径为2~0.25mm的团聚体、粒径为0.25~0.053mm的微团聚体和粒径为小于0.053mm的黏粒，通过计算MWD、GMD和D，分析不同农林复合模式的土壤团聚体稳定性的变化特征。

3. 黄泛沙地不同农林复合模式土壤有机碳特征

通过分析不同农林复合模式下土壤易氧化碳、颗粒有机碳、可溶性有机碳、微生物量碳等不同组分有机碳的含量及分布特征，计算土壤碳库管理指数，探讨土壤有机碳组分与不同理化性质间的相关关系，揭示不同农林复合模式下土壤有机碳的影响因素。

4. 黄泛沙地不同农林复合模式土壤有机碳组分与团聚体的作用关系

分析土壤团聚体粒级分布、稳定性和土壤各碳组分与理化性质的相关关系，阐明作用土壤团聚体和有机碳组分的影响因子，揭示黄泛沙地土壤有机碳的稳定机制。

2.2.3 样地的选择和土壤样品采集

2020 年 7—10 月，在山东省菏泽市东明林场选择海拔、坡向等接近的林地，选取白蜡纯林以及进行农林复合间作 3 年的白蜡＋大豆复合林、白蜡＋花生复合林、白蜡＋菊花复合林进行土壤采集，测量并记录基本概况（表 2-1）。

表 2-1   研究区样地的基本概况

农林复合类型	海拔/m	地 理 坐 标	平均胸径/cm	平均树高/m	含水量/%	孔隙度/%
白蜡纯林（CK）	70	115°5′53.36″E35°10′18.5″N	6.27	7.54	11.59	38.26
白蜡＋大豆（AS）	67	115°5′41.81″E35°9′45.02″N	6.81	7.86	16.51	38.47
白蜡＋花生（AP）	69	115°5′30.36″E35°10′56.45″N	5.56	7.74	8.13	36.05
白蜡＋菊花（AC）	72	115°6′27.40″E35°10′22.34″N	5.40	6.62	6.58	38.28

在每个处理的地块内设置 100m×100m 的标准样地，其中白蜡林株行距 4m×5m，均为 5 年生。以白蜡林下不种植作物的纯林作为 CK 处理，在白蜡林下种植大豆（简记为 AS，下同）、花生（简记为 AP，下同）和菊花（简记为 AC，下同）。花生和菊花在 3 月播种，大豆在 4 月播种。花生和大豆种植在宽 40cm、长 15cm 的双行垄上，菊花种植在长 30cm、宽 30cm 的垄上。在 9—10 月收割林下经济作物。为消除不同施肥和灌溉措施对土壤理化性质的影响，种植期间采用统一管理。

本试验采用完全随机区组设计，每个样地选取 3 个典型样点作为重复，每个样点共采集土样 9 个。去除表层枯落物后挖掘土壤剖面，按 0～20、20～40、40～60cm 分层采集原状土样约 1kg 于硬质塑料盒中，带回实验室后，用手轻轻沿其自然缝隙剥成直径约 1cm 的小块后，去除石块和植物残体，置于阴凉通风处风干，供土壤团聚体测定使用。同时，分层采集新鲜土壤样品 1kg 左右保存在冰袋中，带回实验室 4℃保存，经去除石块根系、风干、磨碎、过筛处理后，进行土壤有机碳组分的测定；此外，在剖面上分层采集环刀、铝盒样品测定土壤容重、孔隙度及含水量等物理指标，所有采样均重复 3 次。

2.2.4 土壤基本理化性质测定

主要土壤理化指标采用常规方法测定：环刀法测定土壤容重；土壤有机碳采用重铬酸钾容量法-外加热法测定；土壤 TN 采用凯氏定氮法测定；土壤 pH 值采用 pH 计测定，按照水：土＝2.5：1 测定土壤 pH 值；土壤机械组成采用激光粒度分析仪。

根据各土层有机碳含量、厚度和容重计算土壤碳储量，计算公式为

$$SOC_s = \sum 0.1 B_i D_i C_i \tag{2-1}$$

式中：SOC_s 为土壤层碳储量，t/hm^2；B_i 为第 i 层土壤容重，g/cm^3；D_i 为第 i 层土层厚度，cm；C_i 为第 i 层土壤有机碳含量，g/kg。

2.2.5 土壤团聚体的测定

土壤团聚体分级采用改进后的 Elliot 湿筛法测定。将土壤样品过 8mm 筛后，称取 50g 放置于水稳性团聚体分析仪的套筛中，套筛自上而下依次为 2mm、0.25mm 和 0.053mm。将套筛缓慢放于湿筛仪桶内，水面保持低于最上方筛边缘，浸泡 5min 之后上下振荡 2min（振幅 3cm，频率 30 次/min），振荡时要保证最上层的筛子浸没在水中。筛分完成后，收集各粒径筛内土样，于 50℃下烘干并称重，计算各级团聚体的质量百分比。

（1）团聚体平均重量直径 MWD（Mean Weight Diameter）计算公式为

$$MWD = \sum_n X_i W_i \tag{2-2}$$

（2）团聚体几何平均直径 GMD（Geometric Mean Diameter）计算公式为

$$GMD = \exp\left[\frac{\sum_n (W_i \ln X_i)}{\sum_n W_i}\right] \tag{2-3}$$

式中：n 为粒径分组的组数；X_i 为该粒径团聚体平均直径，mm；W_i 为该粒径团聚体质量占土壤质量的百分数，%。

（3）团聚体分形维数 D（Fractal Dimension）计算公式为

$$\frac{M(r < X_i)}{M_T} = \left(\frac{X_i}{X_{\max}}\right)^{3-D} \tag{2-4}$$

两边同时取对数可得

$$\lg\left[\frac{M(r < X_i)}{M_T}\right] = (3-D)\lg\left(\frac{X_i}{X_{\max}}\right) \tag{2-5}$$

以 $\lg\left[\frac{M(r < X_i)}{M_T}\right]$ 和 $\lg\left(\frac{X_i}{X_{\max}}\right)$ 为坐标轴，通过数据拟合，得到 D。 $\tag{2-6}$

式中：X_i 表示第 i 级团聚体的平均直径，mm；$M(r < X_i)$ 为粒径小于 X_i 的团聚体的重量；M_T 为团聚体的总重量，g；$X_{\max}$ 为团聚体的最大直径。

2.2.6 土壤不同组分有机碳测定

土壤易氧化碳 EOC（Easily Oxidizable Carbon）：称取过 0.25mm 的风干土样（其中含碳 15～30mg）于 100mL 离心管内，加入 333mmol/L 的高锰酸钾（$KMnO_4$）溶液 25mL，同时设置空白，即离心管内不加土壤样品，密封瓶口，以 250r/min 的转速振荡 1h。振荡后的样品，在 4000r/min 的速率下离心 5min，然后取离心管内的上清液用去离子水按 1∶250（液∶水）稀释。将稀释后的溶液在分光光度计上进行比色（565nm 波长），根据绘制的高锰酸钾溶液标准曲线计算得到土壤易氧化碳的含量。

土壤颗粒有机碳 POC（Particulate Organic Carbon）：称取过 2mm 筛的风干土样 10g，并将其倒入 50mL 离心管中，向离心管中加入 30mL 浓度为 5g/L 的六偏磷酸钠 $[(NaPO_3)_6]$ 溶液，手摇使其混合，振荡 15h。振荡后的土壤悬液过 0.053mm 筛，并用去离子水反复冲洗至筛上无溶液残留，对留在筛上的物质进行收集，在 50℃温度下进行烘干，称重。烘干后的土壤样品过 0.15mm 筛，颗粒有机碳含量采用重铬酸钾容量法-外加热法测定得到。

土壤可溶性有机碳 DOC（Dissolved Organic Carbon）：称取过 2mm 筛的鲜土 5g，并将其倒入 50mL 离心管中，向离心管中加入 20ml 浓度为 0.5mol/L 的硫酸钾（K_2SO_4）溶液，振荡 30min 后用定量滤纸过滤，通过 $0.45\mu m$ 滤膜，将浸提液置于总碳分析仪测定土壤可溶性有机碳。

土壤微生物量碳 MBC（Microbial Biomass Carbon）：称取过 2mm 筛的鲜土 5g，置于培养皿中。将培养皿、去乙醇氯仿一同放入真空干燥器中，干燥器底部加少量水保持湿度。用真空泵抽干燥器真空，使氯仿剧烈沸腾 3～5min。关闭真空干燥器阀门，于 25℃ 黑暗条件下熏蒸 24h。熏蒸完毕后，将熏蒸后的土壤倒入 50mL 离心管中，向离心管中加入 20mL 浓度为 0.5mol/L 的硫酸钾（K_2SO_4）溶液，振荡 30min 后用定量滤纸过滤。同时做 3 个不加土壤的试剂空白。通过熏蒸与未熏蒸土样中的含碳量，计算土壤微生物碳含量。

土壤难氧化有机碳 NOC（Non-Easily Oxidizable Carbon）：NOC 是指不能被 $KMnO_4$ 氧化的 C 含量，由每个样品的 SOC 和 EOC 浓度的差值来表示，$NOC=SOC-EOC$。

土壤矿物结合有机碳 MAOC（Mineral-Associated Organic Matter）：称取过 2mm 筛的风干土样 10g，并将其倒入 50mL 离心管中，向离心管中加入 30mL 浓度为 5g/L 的六偏磷酸钠 $[(NaPO_3)_6]$ 溶液，手摇使其混合，振荡 15h。振荡后的土壤悬液过 0.053mm 筛，并用去离子水反复冲洗至筛上无溶液残留，对过筛的物质进行收集，在 50℃ 温度下进行烘干，称重，取部分土样总碳分析仪测定，根据称重、计算所得比例测得的有机碳含量，从而得到矿物结合有机碳的含量（Chen et al.，2020）。

土壤活性有机碳库（C_a）主要包括 MBC、DOC、POC 和 EOC，而土壤惰性有机碳库（C_r）主要由 NOC 和 MAOC 组成。

2.2.7　碳库管理指数（Carbon Pool Management Index，CPMI）

$$CPMI=CPI\times LI\times 100 \qquad (2-7)$$

式中：CPI 为 C 池指数；LI 为 C 库不稳定指数。

CPI 和 LI 的计算公式如下：

$$CPI=SOC_T/SOC_{CK} \qquad (2-8)$$

$$LI=L_T/L_{CK} \qquad (2-9)$$

$$L=EOC/NOC \qquad (2-10)$$

式中：SOC_T 为给定处理（AS、AP、AC 和 CK）土壤中 SOC 含量；SOC_{CK} 为 CK 土壤中 SOC 含量；L_T 为某一处理土壤 C 库的不稳定性；L_{CK} 为 CK 土壤 C 库的不稳定性；EOC 为高锰酸盐可氧化的 C 库含量；NOC 为非活性有机碳含量，即有机碳含量与 EOC 含量的差值。

2.2.8　数据处理及分析

采用 SPSS 26.0 软件，运用单因素方差分析对不同农林复合模式和不同土层之间的土壤各组分（POC、MAOC、MBC 和 DOC）进行差异显著性检验，并采用最小显著差异检验（LSD）分析各水平间的差异。采用 Pearson 相关性分析对土壤各理化性质与土壤组分变量进行相关性分析，以上分析的显著性水平为 $P<0.05$。

利用 CANOCO 软件 5.0（Biomeics，Netherlands）对有机碳组分和不同农林复合模式进行冗余分析（RDA）。采用结构方程模型（SEM）建立土壤团聚体、土壤有机碳组分与土壤碳储量之间的关系，并采用 Amos 26.0 软件进行建模。全文图件运用 Origin 2021作图。

2.3 黄泛沙地不同农林复合模式土壤理化性质变化特征

2.3.1 不同农林复合模式土壤物理性质变化特征

农林复合模式显著影响黄泛沙地土壤机械组成、pH 值、容重、总孔隙度、毛管孔隙度和非毛管孔隙度（表 2-2）。从表可以看出，砂粒是黄泛沙地主要的土壤颗粒组成，平均占比达到 79.13%。在各个土层中，AS 的砂粒含量均为最低，AP 的砂粒含量均为最高；黏粒含量最低，变化范围为 0.05%～3.46%。在 20～40cm 土层，AS 的粉粒含量达到 45.25%，显著高于其他 3 种模式。在 40～60cm 土层，不同农林复合模式的粉粒和砂粒含量无显著差异。

土壤 pH 值随土层深度的增加呈不断升高的趋势，且各农林复合模式的 pH 值为 AP>AC>AS>CK，其中 AP 的土壤 pH 值显著高于其他模式，CK 的土壤 pH 值显著低于其他模式。

在 0～20cm 与 40～60cm 土层各农林复合模式的土壤容重、总孔隙度与毛管孔隙度无显著差异（$P>0.05$），在 20～40cm 土层，AS 模式的土壤容重最高（1.69g/cm³），CK 的总孔隙度与毛管孔隙度最高，分别为 38.26% 和 32.61%；在 0～60cm 土层，不同农林复合模式土壤非毛管孔隙度均无显著差异（$P>0.05$）。

2.3.2 不同农林复合模式土壤化学性质的变化特征

由图 2-1 可知，黄泛沙地不同农林复合模式土壤养分差异显著（$P<0.05$）。土壤有机碳、全氮含量变化范围为 1.78～8.15g/kg 和 0.23～0.93g/kg，其中，AS 有机碳、全氮含量最高，显著高于 CK（$P<0.05$）。

在 0～60cm 土层，4 种处理的 SOC 含量表现相同，呈现 AS>CK>AP>AC 的趋势，但随着土层深度增加，不同土地利用类型之间的差异逐渐减弱。在 0～20cm 土层，AC 处理的 SOC 含量显著低于 CK、AS 和 AP 处理（28.45%、37.06% 和 18.18%）。在 20～40cm 土层，AS 有机碳含量分别是 CK、AP 和 AC 的 1.33 倍、1.65 倍和 1.84 倍。在 40～60cm 深度，AP 与 AC 处理有机碳含量没有显著差异。不同土层间，4 种农林复合模式垂直剖面上随土壤深度增加 SOC 含量逐渐降低。

AP 的 TN 含量低于其他三种模式，总体呈现 AS>CK>AC>AP 的趋势。在 0～20cm 土层，CK、AS 与 AC 的 TN 含量无显著差异，分别为 0.85g/kg、0.84g/kg 和 0.86g/kg。在 20～40cm 土层，AP 的 TN 含量分别比 CK、AS 和 AC 低 105.86%、119.74% 和 72.79%。

表2-2　不同农林复合模式土壤物理性质分析

土层深度/cm	农林复合	土壤机械组成/%			pH值	容重/(g/cm³)	总孔隙度/%	毛管孔隙度/%	非毛管孔隙度/%
		黏粒(<2μm)	粉粒(2~20μm)	砂粒(20~2000μm)					
0~20	CK	2.03±0.54a	32.30±5.76a	65.45±6.00b	7.40±0.06c	1.46±0.10a	38.13±0.07a	29.27±0.05a	8.85±0.02a
	AS	2.54±0.34a	33.27±3.24a	64.20±3.58b	7.65±0.11b	1.38±0.05a	44.21±0.02a	36.47±0.01a	7.74±0.01a
	AP	0.32±0.28b	10.03±2.46b	89.65±2.71a	8.02±0.01a	1.58±0.05a	36.95±0.05a	28.29±0.02a	8.66±0.03a
	AC	0.61±0.31b	11.60±3.90b	87.79±4.20a	7.95±0.05a	1.49±0.04a	43.24±0.01a	32.76±0.01a	10.48±0.02a
20~40	CK	0.38±0.38b	11.60±4.71b	88.03±5.07a	7.61±0.15c	1.54±0.01b	38.93±0.01a	35.72±0.02a	3.20±0.00a
	AS	3.46±0.48a	45.25±6.22a	51.29±6.69b	7.70±0.07bc	1.69±0.06a	33.16±0.01b	30.37±0.01bc	2.78±0.01a
	AP	0.33±0.31b	9.75±2.39b	89.92±2.68a	8.36±0.06a	1.69±0.02b	34.50±0.02ab	28.81±0.00c	5.69±0.02a
	AC	0.90±0.06b	17.77±0.61b	81.33±0.62a	7.99±0.09b	1.59±0.05b	35.39±0.01ab	32.93±0.01ab	2.43±0.00a
40~60	CK	1.03±0.58b	22.49±7.60a	76.48±8.18a	7.50±0.21c	1.51±0.02a	37.74±0.01a	32.84±0.01a	4.90±0.01a
	AS	2.36±1.23a	23.04±6.52a	74.60±7.40a	7.79±0.10bc	1.62±0.06a	38.05±0.04a	35.43±0.02a	2.62±0.02a
	AP	0.05±0.05b	6.86±1.82a	93.09±1.87a	8.55±0.08a	1.59±0.04a	36.71±0.03a	31.61±0.01a	5.10±0.03a
	AC	0.45±0.45b	11.82±4.94a	87.74±5.39a	8.02±0.07b	1.51±0.02a	36.20±0.01a	35.03±0.01a	1.17±0.00a

注：不同小写字母表示同一土层不同农林复合模式土壤存在显著性差异（$P<0.05$），下同。

土壤有机碳储量变化趋势与有机碳含量变化趋势相似，总体呈现 AS＞CK＞AP＞AC。AS 处理在 3 个土层碳储量均为最高，分别为 11.26t/hm²、10.80t/hm² 和 8.28t/hm²。在 0～20cm 土层，AC 处理土壤有机碳储量显著低于其他 3 种处理，为 7.65t/hm²；在 20～40cm 与 40～60cm 土层，CK 处理较 AS 处理分别降低 3.42t/hm² 和 2.02t/hm²，而 AP 与 AC 处理显著低于 CK 处理（$P＞0.05$），且 AP 处理略高于 AC 处理。

由图 2-1（d）可知，土壤 C/N 在不同土层不同农林复合模式之间有显著差异（$P＜0.05$）。在 0～20cm 土层，土壤 C/N 的变化范围为 5.99～8.41。在 20～40cm 土层，变化范围为 6.21～11.99。在 40～60cm 土层，AP 模式的 C/N 最高，显著高于其他处理，为 16.35；AC 模式最低，为 8.18。

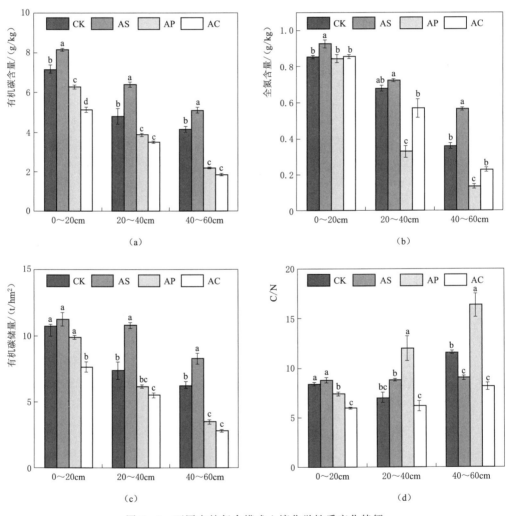

图 2-1　不同农林复合模式土壤化学性质变化特征

注：不同小写字母表示同一土层不同农林复合模式土壤存在显著性差异（$P＜0.05$），下同。

2.3.3　不同农林复合模式土壤理化性质特征分析

土壤理化性质是衡量土壤质量状况的重要指标之一，不同土地利用类型对土壤理化性质有不同程度的影响（赵雯等，2022）。土壤水、肥、气、热受到土壤颗粒直径大小的直接影响，土壤的机械组成决定着土壤物理、化学和生物学特性。本研究中砂粒是黄泛沙地主要的土壤颗粒组成，平均占比达到79.13%，表明研究区土壤组成较粗，以沙砂粒为主，加之本区风力侵蚀的影响，使得细粒物质吹失，颗粒有粗化的趋势，导致土壤孔隙增大，渗透性增强，漏水漏肥，不利于植物生长发育。该研究结果说明，AS的砂粒含量最高，其对土壤的改良效果较好，土壤状况得到改善。pH值是影响微生物群落结构和功能的主要因素，通过调节微生物群落活动来影响植物的生长发育。在本研究中，不同农林复合模式土壤的pH值均随着土层深度的增加而增加，这可能是因为表层土壤凋落物有机质的分解过程中产生了较多的有机酸、单宁等中间产物，导致表层土壤碱性降低。土壤容重在一定程度上反映土壤结构状况，是衡量土壤孔隙度的重要指标，其值越小，土壤孔隙度越大，渗透能力越强。在本研究中，0～60cm土层土壤容重、总孔隙度、毛管孔隙度、非毛管孔隙度无显著差异，表明不同农林复合模式对土壤容重、总孔隙度、毛管孔隙度、非毛管孔隙度改善状况不明显。

C、N元素是土壤养分的重要组成部分，其含量能够表征土地利用方式对土壤质量的影响。与单一树种主导的林地相比，混合物种主导的人工林的有机碳、微生物碳和氮含量更高。本研究发现，AS处理的SOC含量高于CK，这可能是由于大豆与花生的种植密度较菊花略高，树木及林下作物通过凋落物分解与根系生物量的产生增加了土壤有机碳输入，使土壤有机碳积累增加。此外，与花生和菊花相比，大豆作为豆科植物能够和根瘤菌共生，利用根瘤菌固定自然界中的氮素，因此增加了土壤中氮的输入。因此，与白蜡纯林相比，白蜡与大豆农林复合模式能够提高土壤有机碳和全氮含量。

土壤C/N通常用来反映土壤质量的敏感程度，其大小与有机质分解速率呈反比，土壤C/N较高，会可能会降低土壤腐殖化程度，进而抑制微生物对有机质的分解活动，从而使土壤有机质和养分增加。研究发现，黄泛沙地土壤C/N在不同农林复合模式之间具有显著差异（$P < 0.05$），AC处理的土壤C/N显著低于其他处理（图2-2），表明白蜡＋菊花的农林复合模式与其他农林复合模式相比土壤的矿化速率较高，不利于土壤有机质的积累。同时，AS处理土壤C/N较低的原因在于在植物的生长过程中C的矿化分解速率大于N的分解程度（盘礼东等，2022），并且大豆与根瘤菌互利共生，能够提高大豆生长过程中自身的固氮能力，供给充足的氮素。

2.4 黄泛沙地不同农林复合模式土壤团聚体特征

2.4.1 不同农林复合模式土壤团聚体组成的分布特征

不同农林复合模式和土层对土壤团聚体粒级分布的双因素方差分析（表2-3）表明，土壤团聚体在黄泛沙地的分布受农林复合模式以及农林复合和土层的交互影响极显著，受土层的影响显著，土层对于大团聚体、微团聚体、MWD和GMD的影响为极显著（$P < 0.001$），对粉黏粒的影响为显著（$P < 0.05$），而对D的影响不显著（$P > 0.05$）。

表2-3 农林复合与土层对土壤团聚体粒级分布和稳定性影响的双因素方差分析

团聚体特征	农林复合（A）		土层（SD）		A×SD	
	F	P	F	P	F	P
大团聚体	60.438	<0.001	29.692	<0.001	42.575	<0.001
微团聚体	145.314	<0.001	39.330	<0.001	88.044	<0.001
粉黏粒	13.494	<0.001	4.775	0.010	20.768	<0.001
MWD	102.676	<0.001	95.381	<0.001	75.940	<0.001
GMD	163.229	<0.001	53.590	<0.001	53.338	<0.001
D	16.597	<0.001	2.481	0.085	17.363	<0.001

　　各粒级土壤团聚体百分含量在黄泛沙地不同农林复合模式下有显著差异（$P<0.05$）。由表2-4可知，在0～60cm土层，大团聚体（>0.25mm）为黄泛沙地的主要团聚体，其变化范围为60.58%～93.32%。在0～20cm土层，AS模式大于2mm粒级的团聚体含量最高，占比为34.25%；CK、AP和AC模式2～0.25mm粒级的团聚体含量较高分别为63.56%、66.18%和74.55%，而AS模式2～0.25mm粒级的团聚体含量较低，只有31.71%。在20～40cm土层，CK模式的大团聚体（>0.25mm）含量最低，显著低于其他三种模式；土壤团聚体粒级大于2mm的含量在AS模式达到最高，为31.14%，分别比CK、AP和AC模式高20.98%、27.09%和27.75%。在40～60cm土层，土壤黏粉粒组分（<0.053mm）在CK模式显著高于其他三种模式（$P<0.05$）。

表2-4 不同农林复合模式土壤团聚体组成

土层深度/cm	模式	团聚体组成/%				
		>2mm	2～0.25mm	0.25～0.053mm	<0.053mm	>0.25mm
0～20	CK	7.60±0.43Bb	63.56±1.26Ab	23.81±0.62Ba	5.02±0.67Cb	71.16±1.06Ac
	AS	34.25±1.44Ba	31.71±1.29Bc	20.04±0.59Ab	14.00±1.48Aa	65.95±0.95Bd
	AP	8.34±1.27Ab	66.18±0.52Cb	17.63±0.14Ac	7.85±0.77Ab	74.52±0.86Cb
	AC	6.20±0.41Ab	74.55±0.47Ba	9.83±0.79Ad	4.41±1.05Ab	80.75±0.39Ba
20～40	CK	10.43±1.17Bb	50.15±1.52Ab	29.71±0.87Aa	9.71±1.64Ba	60.58±2.33Bc
	AS	31.41±1.28Ba	57.22±1.68Ab	8.76±0.91Bc	2.61±0.44Bb	88.63±0.49Aa
	AP	4.32±1.26ABc	78.05±0.83Ba	14.39±0.43Bb	3.25±0.35Bb	82.36±0.60Bb
	AC	3.66±1.07ABc	79.75±0.65Aa	14.86±0.54Bb	1.74±0.54Ab	83.41±0.43Ab
40～60	CK	40.23±1.34Ab	23.15±2.32Cc	20.05±0.23Cb	16.57±1.44Aa	63.37±1.54Bd
	AS	60.41±1.61Aa	26.82±0.79Cc	8.76±1.46Bc	4.00±1.32Bb	87.85±0.85Ab
	AP	0.83±0.83Bc	92.49±0.37Aa	3.57±0.33Cd	3.11±0.72Bb	93.32±0.54Aa
	AC	2.20±0.54Bc	64.82±1.19Cb	26.21±1.58Aa	6.77±2.34Ab	67.02±0.78Cc

注：不同的大写字母表示同一农林复合模式不同土层之间存在显著差异（$P<0.05$）；不同小写字母表示同一土层不同农林复合模式土壤存在显著性差异（$P<0.05$），下同。

2.4.2 不同农林复合模式对土壤团聚体稳定性的影响

　　由图2-2可知，不同农林复合模式土壤团聚体平均重量直径（MWD）的均值分别为

1.52mm、2.56mm、1.13mm 和 1.05mm。在 0～20 和 20～40cm 土层，AS 模式的 MWD 显著高于其他 3 种处理（$P<0.05$），分别为 2.10mm 和 2.23mm，而 CK、AP 和 AC 处理之间无显著差异，变化范围为 1.10～1.19mm。在 40～60cm 土层，土壤团聚体 MWD 的变化范围最广，4 种处理呈现为 AS＞CK＞AP＞AC，AS 处理最高，为 3.34mm，而 AC 处理最低，为 0.88mm。在 CK 与 AS 两种处理中，土壤团聚体 MWD 随土层深度的增加而增大，即土壤更稳定。

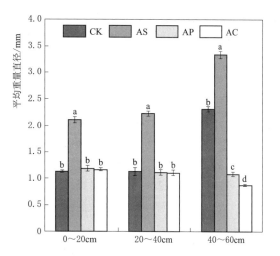

图 2-2　不同农林复合模式土壤团聚体 MWD

由图 2-3 可知，不同农林复合模式土壤团聚体几何平均直径（GMD）在 3 个土层的变化范围分别为 0.80～0.93、0.74～1.15 和 0.76～1.35。与土壤团聚体 MWD 相同，GMD 也是在 40～60cm 土层变化范围最广，土壤团聚体稳定性差异最大。在 0～20cm 土层，AC 处理的土壤团聚体 GMD 值最高，CK 处理的 GMD 值最低，两者相差 0.03。在 20～40cm 土层，AP 与 AC 处理的土壤团聚体 GMD 值为 0.91 和 0.92，显著高于 CK 处理（0.74），在 40～60cm 土层，土壤团聚体 GMD 在不同农林复合模式下呈现 AS＞AP＞CK＞AC 的趋势，AS 处理 GMD 值达到最高，为 1.35。除 AC 处理外，土壤团聚体 GMD 基本随土层深度的增加而增大，即土壤更为稳定。

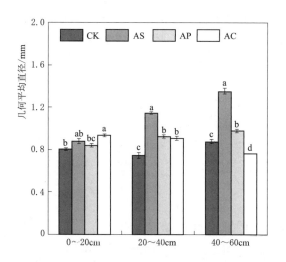

图 2-3　不同农林复合模式土壤团聚体 GMD

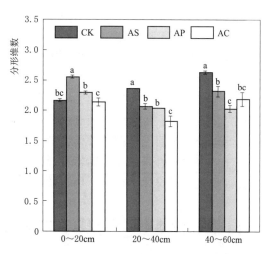

图 2-4　不同农林复合模式土壤团聚体 D

D 的变化趋势与 MWD 和 GMD 相反，在 20～40cm 土层，AC 处理最低，为 1.83，土壤稳定性最高。在 40～60cm 土层，CK 的 D 值最高，为 2.63，土壤稳定性最低。双因素方差分析（表 2-3）结果显示，土层对 D 值的影响不显著。

2.4.3 不同农林复合模式土壤团聚体分布及稳定性特征分析

土壤大团聚体（>0.25mm）是土壤团粒结构的重要组成部分，其含量越高，表征土壤结构稳定性越好。已有研究指出，种植类型能够通过改变土壤颗粒、总氮积累、有机质胶结等微生态环境进而影响土壤团聚体的含量及分布特征。本书发现，白蜡纯林0～60cm土层大团聚体含量显著低于其他三种农林复合模式，微团聚体则呈现相反规律。在白蜡林下种植经济作物，作物种类的增加，改变了微生态环境，根系之间的物理缠绕作用、根系分泌物以及根系可以间接地对土壤微生物产生影响使土壤颗粒黏结在一起形成大团聚体等途径来提高土壤团聚体的数量和稳定性。地表有植被覆盖能够有效阻挡降雨时雨水动能冲击以及径流的冲刷侵蚀，为大团聚体的形成提供有利条件。陈琳（2020）等的研究结果与本研究一致，即径流、降雨等水流作用会破坏分散大团聚体，沉积聚集微团聚体，进而影响团聚体稳定性。

土壤团聚体MWD、GMD是反映土壤团聚体重量与数量分布状况的综合指标，其数值越大，说明土壤团聚体越稳定；D是分形维数，反映土壤粒径大小组成与颗粒质地的粗细程度，D的数值越小，表明土壤的稳定性越好。研究发现，农林复合类型影响土壤团聚体的MWD、GMD和D，AS处理的MWD和GMD显著高于其他3种处理，说明四种土地利用方式下AS处理土壤团聚体最稳定。随着林下作物的种植，增加了地上植被覆盖度，这将有助于减少表层土壤的蒸发，并通过凋落物分解增加有机质输入。其次，由于土壤有机质的输入，土壤的理化性质得到改善，增强土壤团聚体的稳定性，这与以往的研究结果一致。而在0～60cm土层，其他三种土地利用方式的MWD、GMD显著低于AS处理，且白蜡纯林相较白蜡＋花生与白蜡＋菊花土壤团聚体稳定性略低。秦丽等（2020）研究发现，不同种植模式能够影响根系分泌物的分布。植物的根际效应是指植物根系的细胞组织脱落物与根系分泌物从根中释放，作用于根际微环境。可能是农林复合模式使得根系分泌的多糖类次级代谢物含量高于白蜡纯林，使土壤颗粒胶结形成大团聚体，提高了土壤团聚体稳定性。因此，农林复合模式能够提高土壤团聚体稳定性，改善土壤结构，有利于作物生长。

随着土层的加深，研究地土壤团聚体稳定性与0～20cm相比略有上升，这与前人的研究结果不一致。可能的原因有：①研究地所在林场范围内，受到人为活动干扰较多，踩踏等活动使得表层土壤团聚体稳定性下降；②研究地所处黄泛沙地，土壤受侵蚀较为严重，土壤中砂粒含量较高，黏粉粒含量较低，土壤孔隙度大，深层土壤受侵蚀程度较小，因此底层土壤团聚体较表层土壤相对稳定。

2.5 黄泛沙地不同农林复合模式土壤有机碳组分分布特征

2.5.1 土壤易氧化碳分布特征

4种处理的土壤易氧化碳（EOC）含量变化范围为0.75～2.45g/kg，且各农林复合模式随土壤深度增加EOC含量逐渐降低。不同农林复合模式在0～60cm土层，土壤EOC含量均表现为AS＞CK＞AP＞AC，AS处理的EOC含量显著高于其他处理（$P<$

0.05），其他处理间的差异性在不同土壤层次间的表现不同。在 0～20cm 土层，AS 处理的 EOC 含量显著高于其他 3 种处理（$P<0.05$），CK 和 AP 无显著差异；在 20～40cm 土层，CK 的 EOC 含量为 1.13g/kg，较 AS 处理降低 22.70%，AP 和 AC 处理无显著差异；在 40～60cm 土层，AS 与 CK 处理土壤 EOC 含量显著高于 AP 与 AC（$P<0.05$）。

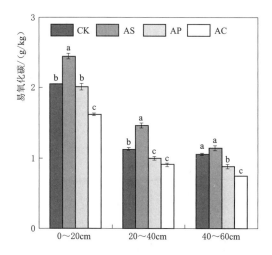

图 2-5　不同农林复合模式土壤易氧化碳含量　　　图 2-6　不同农林复合模式土壤颗粒有机碳含量

2.5.2　土壤颗粒有机碳分布特征

对黄泛沙地不同农林复合模式土壤颗粒有机碳（POC）含量进行分析，由图 2-6 可知，POC 含量的变化范围为 0.42～2.07g/kg，且各农林复合模式随土壤深度增加 POC 含量逐渐降低。在整个剖面上，AS 土壤 POC 含量保持了一个相对较高的水平，平均含量大小以 AS 处理最高，其数值为 1.60g/kg，其次为 CK 和 AP 处理，AC 处理最低，其含量为 0.62g/kg。其中表层土壤，AS 处理的 POC 含量最高，达到 2.07g/kg，其次是AP、CK 和 AC，分别是 AS 处理的 17.20%、14.35% 和 41.94%；在 20～40cm 土层，CK 的 POC 含量为 1.19g/kg，比 AP 处理高出 0.21g/kg；在 40～60cm 深度，AP 与 AC处理没有显著差异，但两者显著低于 AS 和 CK 处理（$P<0.05$）。

2.5.3　土壤可溶性有机碳分布特征

由图 2-7 可知，土壤可溶性有机碳（DOC）含量在不同农林复合模式下存在一定差异，其中在 0～20cm 土层，4 种农林复合模式土壤 DOC 含量分布较为平均，CK 处理DOC 含量最高（34.09mg/kg），AS 处理土壤的 DOC 含量（34.07mg/kg）略低于 CK，两者间无显著差异（$P>0.05$），呈现 CK>AS>AP>AC 的趋势；在 20～40cm 土层，AS 处理土壤 DOC 含量达到 30.38mg/kg，高于 CK、AP 和 AC 处理 2.96mg/kg、6.09mg/kg 和 7.39mg/kg；在 40～60cm 深度，AC 处理 DOC 浓度显著低于其他 3 种处理（32.72%、34.49% 和 48.57%）。

2.5.4　土壤微生物量碳分布特征

农林复合措施显著改变了土壤微生物量碳（图 2-8），且随着土层的加深，微生物生物量均有所降低。在 0～20cm 土层，与 CK（31.32mg/kg）相比，AS 的 MBC 含量（41.49mg/kg）显著增加（$P<0.05$），AP 与 AC 的 MBC 含量（27.31mg/kg 和 19.79mg/kg）有所降低；微生物量碳在 20～40cm 土层中变化趋势与 0～20cm 相同，AS＞CK＞AP＞AC，AC 处理 MBC 浓度显著低于其他 3 种处理（51.43％、55.63％和 48.57％）；在40～60cm 深度，AP 处理 MBC 浓度（14.84mg/kg）最高，略高于 AS（14.00mg/kg）处理，且与 CK、AS 处理之间没有显著差异。

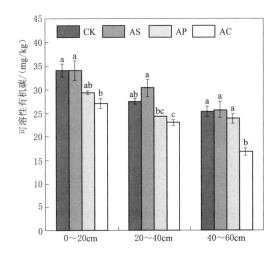

图 2-7　不同农林复合模式土壤可溶性有机碳含量

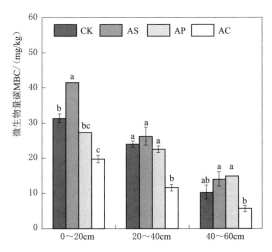

图 2-8　不同农林复合模式土壤微生物量碳

2.5.5　土壤难氧化碳分布特征

4 种处理的土壤难氧化有机碳（NOC）含量变化范围为 1.12～5.71g/kg。不同农林复合模式在 0～60cm 土层，土壤 NOC 含量 AS＞CK＞AP＞AC，其中在表层土壤，AS处理的 NOC 含量显著高于其他 3 种处理（$P<0.05$）；在 20～40cm 土层，CK 的 NOC 含量为 3.66g/kg，较 AS 处理降低 25.61％，AP 和 AC 处理无显著差异；在 40～60cm 土层，AS 与 CK 处理土壤 NOC 含量显著高于 AP 与 AC（$P<0.05$），且各农林复合模式随土壤深度增加 NOC 含量逐渐降低。

2.5.6　土壤矿物结合有机碳分布特征

农林复合措施显著改变了土壤矿物结合有机碳（MAOC），且随着土层的加深，MAOC 含量均有所降低，且在 0～60cm 土层，MAOC 含量均表现为 AS＞CK＞AP＞AC（图 2-10）。在 0～20cm 土层，AS 处理的 MAOC 浓度显著高于其他处理（23％、41％和57％）。在 20～60cm 深度，AS 处理对 MAOC 浓度的影响最为显著，AP 和 AC 处理对MAOC 浓度的影响不显著。

2.5.7　不同农林复合模式土壤有机碳组分特征分析

通过对 4 种农林复合模式下土壤各有机碳组分分析可看出，农林复合对土壤中有机碳组分含量具有显著影响，这与前人的研究结果类似。土壤有机碳组分不仅受到土地利用方式、植被变化的影响，还与温度、水分等气候因子的综合作用有关。本实验中 4 种农林复合模式土壤中有机碳组分含量存在显著差异，不同林下作物组成的植被组合向土壤输入的凋落物量与凋落物本身所有的营养元素含量不同，形成的植被空间格局与土壤微生态环境也有所不同，因此会造成不同农林复合模式有机碳组分差异（郭雨桐，2019）。相关研究表明，SOC 与 DOC、POC、MBC、EOC 具有显著正相关关系，即 SOC 会影响土壤活性有机碳含量，两者具有正向转化的关系，这与本研究结果一致（表 2-5）。

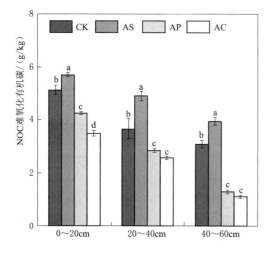

图 2-9　不同农林复合模式土壤难氧化有机碳

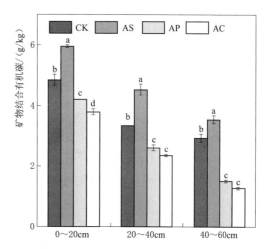

图 2-10　不同农林复合模式土壤矿物结合有机碳

易氧化有机碳作为活性有机碳中一种重要的组分，在有机碳含量中占较大比例，周转时间短，能敏感地反映土壤有机碳动态变化。在本书中土壤 EOC 在不同农林复合模式下整体呈现 AS＞CK＞AP＞AC 的趋势。AS 处理 EOC 含量比 CK 结果高，可能原因为其地上生物量较多，为土壤微生物提供更多碳源物质，土壤中参与碳循环的酸水解酶活性较高（Wang et al.，2021），加速了土壤中有机质分解，进而使 EOC 浓度升高。然而，AP 与 AC 处理的 EOC 含量低于白蜡纯林，可能的原因是：总有机碳含量的高低在一定程度上决定了活性有机碳含量高低，同时，不同林下作物产生的根系分泌物类型不同，因此 EOC 含量会存在差别。

土壤颗粒有机碳（POC）主要来源于植物体内，真菌和凋落物破碎和分解产生的碎屑，以及之前存在的破碎的土壤团聚体中，该来源有机碳在土壤中所占比例直接影响土壤有机质的稳定性。不同耕作措施、土地利用方式等人为活动会对土壤 POC 含量的变化产生较大影响。POC 含量随土层深度的增加而减少，土壤有机物投入量小于矿化损失量。相关研究表明，土壤颗粒有机碳含量与团聚体分布与稳定性有显著相关关系，土地长期耕作会破坏大团聚体，分解、矿化 SOC，从而使 POC 含量降低。

DOC 是有机碳中流动性最强的部分，易在土壤中矿化为二氧化碳释放或随水流失，土壤有机碳损失的主要途径之一就是可溶性有机碳的淋失。本书中 4 种处理土壤 DOC 含量较低，随土层加深，DOC 含量降低，CK、AS、AP 的 DOC 含量无显著差异，AC 处理 DOC 含量显著低于其他 3 种处理，可能原因是土壤水分状况会改变微生物的代谢强度，菊花相比大豆与花生更喜水，其土壤湿润程度较其余 3 种更低，相关研究表明土壤水分含量与 DOC 浓度存在正相关关系，土壤水分含量高能够增加微生物活性，增强对土壤底质的降解能力，土壤底质中生物分解死亡，有利于土壤 DOC 含量增加。

土壤微生物量碳（MBC）是指土壤微生物细胞中的含碳量，其对有机质的分解和释放有较强作用。此前的一项研究发现，MBC 含量与微生物活性和土壤有机质分解速率相关。在本书中，4 种处理的 MBC 含量在表层土壤具有显著差异（图 2-9），在 20～60cm 土层只有白蜡＋菊花处理显著低于其余 3 种处理。郭雨桐（2019）的研究表明合适的土壤湿度及凋落物的分解能够为微生物的微生态环境提供适宜条件，使土壤中微生物数量与种类及 MBC 含量相对较高。MBC 受到凋落物种类、数量和质量的影响，凋落物种类增多，会促进微生物量碳的积累，地表植被和植被根系分布情况也会影响 MBC 的含量。本书的研究有相同结果，AC 处理较其他 3 种农林复合模式土壤含水量更低，凋落物输入量相对较少，微生物的生长繁殖受到抑制，因此白蜡＋菊花土壤中 MBC 含量低于其他处理。

大多数 MAOM 在周转之前会持续数百年或数千年，从而形成一个功能重要的长期有机碳封存池。本书中，不同农林复合模式 MAOC 含量在各土层为 AS＞CK＞AP＞AC，可能原因如下。①具有更细纹理的土壤（更大的表面积和电荷密度）促进 MAOM 形成的效率更高（Mitchell et al.，2021），AS 与 CK 的黏粒含量显著高于 AP 与 AC 处理，土壤表面吸附能力更强，有更大概率增加有机碳输入。有研究表明，经过微生物活动后，部分 DOC 转化为 MBC 而被矿物吸收，DOC、MBC 和 MAOC 含量呈正相关。凋落物在早期分解通过 DOC-微生物从而形成 MAOC。②含氮量高与 C/N 较低的土壤可以提高微生物对基质的利用效率，从而通过增强土壤矿物颗粒的聚集和化学结合有机质的物化保护。

2.6 黄泛沙地不同农林复合模式土壤团聚体与有机碳组分的相互作用

2.6.1 不同农林复合模式土壤碳库指数差异

由表 2-5 可得出，AS 与 AC 处理的碳库指数 CPI 随土层加深呈现先增后减的趋势，AP 处理的 CPI 随土层加深呈现逐渐减小的趋势，0～60cm 层的平均值分别为 0.93、0.97 和 0.80，在各土层中不同农林复合模式 CPI 均表现为 AS＞CK＞AP＞AC。碳库活度 L 表明 EOC 与 NOC 之比，在 0～40cm 土层不同农林复合模式的碳库活度随土层加深呈现减小的趋势，在 20～40cm 土层不同农林复合模式无显著差异。碳库管理指数 CPMI 值较高表明，土壤管理措施具有更大的潜力促进土壤碳固存（Ma et al.，2021）。在 0～20cm 土层，与 CK 相比，AS 处理显著提高了 CPMI，提升了 21.05%，AC 处理的 CPMI 值显著低于 CK，降低了 17.84%，AP 处理与 CK 处理无显著差异。在 20～40cm 土层，AS 处理 CPMI 值最高，为 125.78；AC 处理的 CPMI 值最低，为 86.28，不同农林复合模式显著影响土壤 CPMI。在 40～60cm 土层，农林复合模式对 CPMI 没有显著影响（$P <$ 0.05）。在 0～60cm 土层，土壤碳库管理指数整体表现为 AS＞CK＞AP＞AC。

土层深度	农林复合模式	CPI	L	LI	CPMI
0~20	CK	1.00±0.03c	0.40±0.02b	1.00±0.06b	100.00±0.01b
	AS	1.14±0.01a	0.43±0.01ab	1.06±0.03ab	120.76±2.68a
	AP	0.87±0.01b	0.47±0.01a	1.17±0.01a	102.56±2.62b
	AC	0.72±0.02d	0.46±0.01a	1.15±0.03a	81.97±0.13c
20~40	CK	1.00±0.08b	0.32±0.03a	1.00±0.09ab	100.00±0.03b
	AS	1.33±0.03a	0.30±0.02a	0.94±0.05b	125.78±4.41a
	AP	0.81±0.02c	0.35±0.00a	1.11±0.01ab	89.41±2.39bc
	AC	0.73±0.01c	0.36±0.02a	1.19±0.03a	86.28±2.50c
40~60	CK	1.00±0.04b	0.35±0.01b	1.00±0.04b	100.00±0.02a
	AS	1.23±0.03a	0.29±0.02b	0.84±0.04b	103.51±4.31a
	AP	0.53±0.01c	0.68±0.06a	1.98±0.16a	104.93±7.34a
	AC	0.45±0.01c	0.67±0.04a	1.95±0.11a	87.70±4.62a

表 2-5　　　　　　　　　　不同农林复合模式土壤碳库指数差异

2.6.2　土壤团聚体及有机碳组分影响因素

不同农林复合模式土壤有机碳理化性质、团聚体分布与稳定性及其有机碳组分相关分析结果显示团聚体分布、稳定性和有机碳组分受环境影响显著（表 2-6）。其中，大团聚体含量与土壤容重、pH 值和 C/N 显著正相关，与土壤可蚀性显著负相关（$P<0.01$）。小于 0.25mm 的团聚体粒级受理化性质影响较小，与土壤容重与 pH 值呈显著负相关。土壤有机碳组分与土壤理化性质密切相关，EOC、POC、DOC、MBC、NOC、MAOC 与土壤有机碳、全氮、有机碳储量、黏粉粒含量、非毛管空隙呈显著正相关关系，与 pH、砂粒含量、农林复合模式显著负相关。

对黄泛沙地不同农林复合模式土壤团聚体粒级分布及稳定性指标与土壤有机碳组分进行冗余分析（图 2-11）。结果表明，土壤理化性质对土壤团聚体特征与有机碳组分影响的前两轴积累解释量为 55.54%，RDA 第一轴的累计轴解释变量为 53.84%，与第一轴相关的因子有土壤砂粒、粉粒、黏粒、pH 值、TN 与有机碳储量；RDA 第二轴的累计解释变量为 1.70%，与第二轴相关的因子有 pH 值、C/N、TN 与 SOC。SOC、TN、C/N、pH 值与土壤砂粒的连线较其他因子的连线较长，可知这几种因子对土壤团聚体特征与有机碳组分的影响起到了很好的解释。TN、SOC 与 GMD、MWD、NOC、POC 等碳组分呈正相关，与土壤大团聚体呈负相关；土壤砂粒、pH 值与土壤大团聚体呈正相关，与 GMD、MWD、NOC、POC 等碳组分呈负相关。

2.6.3　土壤团聚体和有机碳组分对碳储量的贡献

结构方程模型（SEM）拟合了土壤理化性质、土壤团聚体、土壤活性碳库、惰性碳库及土壤有机碳储量之间相互作用的途径。如图 2-12 所示，土壤活性碳库与土壤惰性碳库对有机碳储量有直接影响，土壤理化性质与团聚体通过活性碳库与惰性碳库对土壤碳储

表2-6 土壤团聚体和有机碳组分与理化性质的相关性

指标	SOC /(g/kg)	TN /(g/kg)	BD /(g/cm³)	pH值	C/N	SOCs	黏粒含量	粉粒含量	砂粒含量	总孔隙度	毛管孔隙度	非毛管孔隙度
>2mm	0.381*	0.162	0.061	-0.443**	0.02	0.409*	0.540**	0.458**	-0.468**	0.079	0.271	-0.154
2~0.25mm	-0.430**	-0.248	0.188	0.651**	0.147	-0.406*	-0.418*	-0.394*	0.399*	-0.182	-0.360*	0.098
0.25~0.053mm	0.123	0.167	-0.417*	-0.489**	-0.393*	0.039	-0.141	-0.024	0.033	0.13	0.22	-0.034
<0.053mm	0.235	0.123	-0.356*	-0.417*	-0.007	0.159	0.041	0.073	-0.071	0.208	0.199	0.094
大团聚体	-0.202*	-0.218	0.487**	0.538**	0.332*	-0.103	0.102	0.008	-0.016	-0.23	-0.254	-0.072
MWD	0.347*	0.127	0.133	-0.360**	0.068	0.389*	0.550**	0.456**	-0.466**	0.043	0.231	-0.165
GMD	0.096*	-0.023	0.402*	0.061	0.154	0.191*	0.421*	0.287	-0.3	-0.098	0.057	-0.191
D	0.346*	0.201	-0.239	-0.436**	-0.014	0.300	0.195	0.151	-0.156	0.196	0.190	0.088
EOC	0.912**	0.846**	-0.380*	-0.406*	-0.301	0.846**	0.368*	0.403*	-0.404*	0.346*	-0.083	0.562**
POC	0.967**	0.872**	-0.182	-0.498**	-0.357*	0.953**	0.444*	0.473**	-0.475**	0.196	-0.136	0.404*
DOC	0.893**	0.763**	-0.14	-0.492**	-0.152	0.880**	0.404	0.438**	-0.440**	0.147	-0.193	0.393*
MBC	0.848**	0.729**	-0.253	-0.318*	-0.165	0.802**	0.314	0.389*	-0.386*	0.215	-0.126	0.421*
NOC	0.988*	0.862**	-0.185	-0.604**	-0.360*	0.973**	0.549**	0.594**	-0.595**	0.225	-0.025	0.336*
MAOC	0.528**	0.336	0.033	-0.434**	-0.047	0.542**	0.381*	0.438*	-0.436**	0.075	0.132	-0.024

注：** 表示 $P < 0.01$；* 表示 $P < 0.05$。

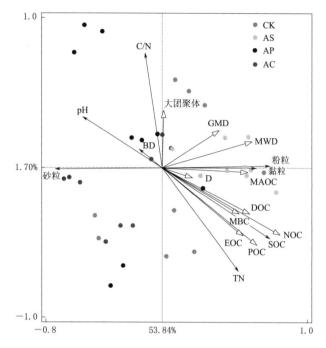

图 2-11　土壤理化性质对土壤团聚体和有机碳组分的冗余分析

量有间接影响。土壤惰性碳库对土壤有机碳储量有正向影响，标准化系数为 0.58，是影响土壤有机碳储量的主要途径，对活性有机碳库具有显著正向影响，标准化系数为 0.92。难氧化有机碳对惰性碳库具有显著影响，矿物结合有机碳（标准化系数为 0.44）较难氧化碳（标准化系数为 0.89）对惰性碳库的影响较小。土壤活性碳库对土壤有机碳储量有正向影响，标准化系数为 0.31，POC、MBC、DOC 和 EOC 对活性有机碳库影响显著，是影响土壤活性有机碳储存的主要成分。PCP 对土壤团聚体影响不显著（$P >$ 0.05），对惰性碳库有负向影响，标准化系数为 -0.22，对活性有机碳库有正向影响，标准化系数为 0.16。土壤团聚体对活性有机碳库影响不显著，对惰性碳库具有正向影响（$P < 0.05$）。

2.6.4 不同农林复合模式土壤有机碳稳定机制

与单一测定有机碳含量相比，CPMI 与 CPI 能系统、敏感地反映农业经营措施实施后有机碳库的变化和更新的程度，并能综合反映土壤有机碳质量和数量的变化（Ma et al.，2021）。以往的研究表明，红锥人工混交林相较红锥人工纯林更能提高土壤肥力，改善土壤质地，且红锥人工阔叶混交模式土壤碳库质量最高，在 SOC 和活性碳增加的同时也有助于惰性有机碳的积累及碳库的稳定性。在本书中，与 CK 相比，AS 处理能够有效提高 CPMI（表 2-5），说明白蜡与大豆农林复合模式相较白蜡人工纯林有利于 SOC 与 EOC 的形成，改善了土壤碳库质量。此外，AC 处理与 CK 相比 CPMI 值更低，表明白蜡与菊花农林复合模式对 SOC 与 EOC 缺乏改善。CPMI 值越大，土壤不稳定有机碳更新速度越快、流通量越大，土壤腐殖质以及土壤通气性明显增加和提高，有利于植物的生长发育。

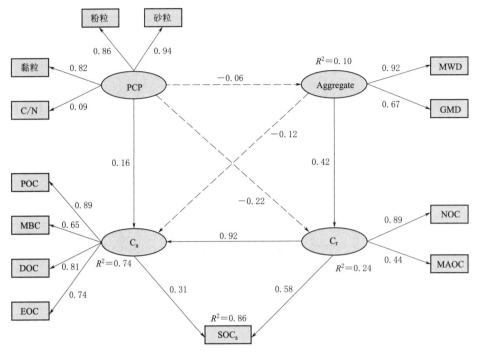

$x^2=64.272$，DF=51，CMIN/DF=1.260，GIF=0.809，RMSEA=0.086

图 2-12 土壤有机碳储量与土壤理化性质、土壤团聚体、有机碳库的结构方程模型

注：土壤理化性质（PCP）、土壤活性碳库（C_a）、惰性碳库（C_r）与土壤团聚体（Aggregate）为潜在变量，砂粒、粉粒、黏粒、C/N、POC、MBC、DOC、EOC、NOC、MAOC 与 MWD、GMD 为测量变量。箭头上的数字是标准化路径系数，箭头宽度表示关系的强度；实线表示正相关，虚线表示负相关。

因此，与白蜡人工纯林相比，本书中在白蜡林下种植大豆对土壤具有培肥作用，对提高 EOC 含量与碳库管理指数具有积极作用。

土壤团聚体与有机碳组分通过物理、化学和生物保护影响土壤的质量状况。本书发现，黄泛沙地不同农林复合模式土壤团聚体分布与稳定性受理化性质影响显著（表 2-6）。本书发现 SOC 与 MWD 和 GMD 具有显著正相关关系，该结果与何宇等（2022）关于土地利用变化对西南喀斯特土壤团聚体组成、稳定性及 C、N、P 化学计量特征的影响的研究结果一致，表明土壤团聚体能够保护有机碳，土地利用方式变化对喀斯特土壤 C、N 和 P 化学计量特征产生了显著影响。在白蜡林下种植经济作物，植被类型发生改变，改变了微生态环境，根系之间的物理缠绕作用、根系分泌物对土壤微生物产生影响促进矿物颗粒胶结，提高土壤团聚体的数量和稳定性（Bucka et al.，2021）。同时，大团聚体含量与 SOC 呈显著正相关，说明 SOC 影响大团聚体分布状况，同时团聚体通过物理保护作用减少 SOC 的流失。土壤团聚体与土壤质地紧密相关，砂粒为黄泛沙地主要的土壤机械组成，大团聚体和 MWD 与砂粒含量显著正相关，较高的砂粒含量通过土壤孔隙度维持土壤团聚体的稳定，土壤孔隙又直接影响养分在土壤中的运移特征，进而影响土壤保水保肥能力，与土壤养分固持及抗侵蚀有密切关系。

与土壤团聚体相比，土壤有机碳组分受理化性质影响显著。土壤有机碳组分受 SOC、TN、pH 值、土壤机械组成影响显著，这与陈小花等（2022）湿地典型群落类型活性有机碳组分的研究结果一致。SOC、TN 含量影响土壤有机碳组分，研究结果显示不同农林复合模式 SOC、TN 与各有机碳组分呈显著正相关，表明 SOC 与 TN 影响土壤有机碳组分，且 SOC 相比 TN 对土壤碳组分的影响更明显。RDA 图表明（图 2-12），SOC 对活性有机碳组分呈正相关关系。此外，土壤机械组成也影响土壤有机碳组分，土壤黏粉粒与有机碳组分呈显著正相关关系，与砂粒呈显著负相关。土壤有机碳组分与土壤团聚体呈正相关关系与闫靖华等（2013）的研究结果一致。

黄泛沙地不同农林复合模式土壤有机碳的储量受团聚体、物理组分、化学组分的影响，其中土壤惰性碳组分直接影响有机碳储量，是决定不同农林复合模式土壤有机碳储量的关键因素（图 2-12）。该结果表明土壤惰性碳组分是黄泛沙地土壤碳固存的关键因素，这与此前的研究结果有相似之处（Chen et al.，2022），土壤惰性有机碳可以实现更高的有机碳存储。因此，在今后的土壤管理中，应综合考虑土壤碳储量的影响因素，通过合理的管理措施，保护土壤团聚体，改善土壤性质，提升土壤质量与生产力。

2.7　小结

本章以山东省东明国有林场不同农林复合种植模式下的白蜡人工林和林下作物为研究对象，采用野外定点采样、室内定量分析相结合的方法，探讨该地区不同农林复合模式下土壤团聚体与有机碳组分的特征，从而进一步揭示农林复合模式对该地区土壤团聚体和有机碳组分的影响，为黄泛沙地不同农林复合模式土壤质量的评价与模式的选择提供评价依据。主要研究结果如下：

（1）土壤理化性质在不同农林复合模式下差异显著。砂粒是黄泛沙地主要的土壤颗粒组成，平均占比达到 79.13%，表明研究区土壤受侵蚀状况严重。白蜡＋大豆模式的土壤有机碳、全氮、有机碳储量在四种处理中均为最高，不同农林复合模式下土壤有机碳、全氮和碳储量含量在 0～60cm 的土层中表现为随深度增加含量逐渐降低的趋势。

（2）土壤团聚体分布、稳定性在不同农林复合模式下差异显著。与白蜡纯林相比，农林复合模式土壤大团聚体含量 MWD、GMD 显著高于白蜡纯林，说明农林复合模式能够提高土壤团聚体稳定性，改善土壤结构，有利于作物生长。不同农林复合模式中白蜡＋大豆的 MWD 和 GMD 显著高于其他 3 种处理，表明白蜡＋大豆模式具有更高的团聚体稳定性。

（3）黄泛沙地不同农林复合模式土壤各有机碳组分均表现出随土层深度增加而降低的趋势，体现一定"表聚性"。土壤有机碳组分在不同农林复合模式下差异显著。土壤活性碳组分与惰性碳组分在不同农林复合模式大致表现为白蜡＋大豆＞白蜡纯林＞白蜡＋花生＞白蜡＋菊花，表明黄泛沙地白蜡＋大豆模式在黄泛沙地能够提高土壤有机碳含量，具有更高的固碳效益，而白蜡＋花生与白蜡＋菊花模式对土壤碳库含量无太大提高。通过计算 CPMI 值表明，与白蜡人工纯林相比，本书中在白蜡林下种植大豆对土壤具有培肥作用，对提高 EOC 含量与碳库管理指数具有积极作用。

（4）RDA 结果表明，土壤理化性质对土壤团聚体及有机碳影响显著，土壤大团聚体分布及团聚体稳定性与 C/N、黏粉粒、SOC、TN 和有机碳组分呈显著正相关，土壤有机碳组分与 pH 值、C/N、砂粒含量呈负相关，表明土壤有机碳组分有助于大团聚体的形成，增强大团聚体稳定性。SEM 结果表明，黄泛沙地土壤有机碳的储量受理化性质、团聚体、活性碳组分、惰性碳组分的影响，其中，土壤惰性碳组分直接影响有机碳储量，是决定黄泛沙地土壤有机碳储量的关键因素。

3 黄泛沙地杨树人工林栽植提高土壤结构稳定性促进碳库积累的机理

3.1 引言

　　土壤团聚体是部分土壤颗粒之间黏结力强于其他颗粒，使得多个土壤颗粒黏结在一起所形成的多孔结构体，是土壤结构的基本单元（Lehmann et al.，2020）。土壤团聚体的数量和分布能够反映土壤通气状况、水分条件和结构性状等。因此，作为土壤的主要组成成分，土壤团聚体在维持土壤结构，保持土壤养分，提高土壤的生产能力和抗侵蚀能力等方面具有重要作用，是衡量土壤质量的重要指标（Six et al.，2004；韩新生等，2018）。土壤团聚体与有机碳密切相关：一方面，有机碳是团聚体形成的主要胶结物质，被认为是团聚体形成与稳定的主要决定因素（吴其聪等，2015）；另一方面，团聚体对土壤有机碳具有物理保护作用，90%的土壤表层有机碳储存在土壤团聚体中。因此，研究土壤团聚体和有机碳的变化特征，对改善土壤质量、提高土壤生产力具有重要意义。

　　黄泛沙地是黄河历次泛滥、改道、淤积及黄河泥沙被风力搬运沉积在河流沿岸形成的堆积沙地（李红丽等，2006），其土壤类型以风沙土、砂质潮土为主，质地粗而松散，结构性差，有机质含量低，易受季节性大风的影响而发生风蚀（董智等，2008）。为防治风沙危害，该区域开展了以杨树人工林为主体的防护林网及防沙片林等林业生态建设工程，在区域生态环境的改善、风沙土的改良等方面取得了一定效果。然而，以往主要针对黄泛沙地杨树人工林改善小气候效应、土壤水文效应、经济效益及农林间作增产效应等进行研究（姬生勋等，2011），而对于土壤能否形成良好的团聚结构及其与土壤有机碳间的关系并不明确。特别是随着人工林林龄的增加，土壤团聚体稳定性与有机碳的响应特征尚不清楚。这些问题的定量阐述，对揭示风沙土的团聚体形成与转化规律，提升人工林土壤质量具有重要意义。因此，本书以黄泛沙地不同林龄（3年、5年、8年和10年）杨树人工林土壤为研究对象，采用林龄时间序列模拟杨树生长过程中的时间演替，分析不同林龄杨树人工林土壤团聚体粒级分布与稳定性、土壤有机碳含量及碳储量变化特征，尝试揭示不同林龄人工林对土壤团聚体与有机碳的影响机理，以期为改善黄泛沙地土壤质量与提高土壤固碳能力提供一定的理论支撑。

3.2 材料与方法

3.2.1 研究区概况

研究区位于山东省国有东明林场（115°5′～115°7′E，35°9′～35°14′N），地处淮河流域黄泛平原风沙区。林场始建于 1960 年，场部坐落于东明集镇，总面积 446hm²，林地面积 366.7hm²。研究区地貌属于黄河冲积平原，为黄河多次决口形成的决口扇形地，地势较为平坦，以缓平坡地为主。研究区属于暖温带季风性半湿润气候，多年平均气温 15.5℃，年最高气温 38.8℃，最低气温－15℃；多年平均降水量为 609.3mm，多集中在 6—9 月，雨热同季，无霜期 215d。春夏季盛行南风，秋冬季盛行北风，年均风速 3m/s，春季最大风速达 15m/s。土壤成土母质为黄河冲积物，土壤类型为砂质潮土，植被类型属暖温带落叶阔叶林。土壤风蚀与风沙化是林场的主要水土流失问题，为控制区域土地沙化、发展生产和开发利用风沙化土地，东明林场营建了以杨树、国槐、白蜡等为主体的人工林。

3.2.2 样地设置与样品采集

基于林场为黄泛冲积平原，土壤均为潮土，质地为砂质，各林龄的林分立地一致，管理条件一致，杨树人工林每 10 年进行一次轮伐的实际，本书采用时空替代法，于 2020 年 7 月选取同一林班相邻小班 3 年、5 年、8 年和 10 年林龄的杨树林地代替同一生长地点上不同林龄的杨树林地（表 3－1）。不同年限杨树人工林均为第 2 代杨树纯林，造林前整地，造林密度为 3m×6m，种植 3 年后每年抚育 1 次，后期轻度间伐，采取轮伐的方式，10 年后杨树人工林便采伐重新栽植杨树幼苗。林下植被稀疏，主要有白茅、狗尾草、地锦、苍耳、藜、反枝苋、稗草，盖度不足 5%。各林分管理措施一致，每年均进行修枝抚育 1 次、灌溉 1 次。

表 3－1 供试样地的基本信息

林龄 /a	海拔 /m	平均胸径 /cm	平均树高 /m	容重 /(g/cm³)	孔隙度/%	黏粒 (<0.002mm)/%	粉粒 (0.002～0.02mm)/%	砂粒 (0.02～2mm)/%	有机碳 /(g/kg)
3	66	13.6	13.3	1.52	39.20	1.67	23.03	75.30	3.90
5	67	16.2	15.4	1.58	41.71	0.33	9.65	90.02	3.05
8	61	21.8	22.6	1.51	38.78	1.39	21.18	77.43	2.20
10	63	22.4	26.3	1.44	42.32	1.90	31.21	66.89	2.40

在每个林龄的地块内设置 3 个 20m×20m（长×宽）的标准样地，每个样地选取 3 个典型样点作为重复，每个样点共采集土样 9 个。去除表层枯落物后挖掘土壤剖面，按 0～20、20～40 和 40～60cm 分层采集原状土样约 1kg 于硬质塑料盒中，带回实验室后，用手轻轻地沿着自然缝隙剥成直径约 1cm 的小块后，去除石块和植物残体，置于阴凉通

风处风干，供土壤团聚体测定使用。同时，分层采集土壤样品1kg左右，带回室内，经过去除石块根系、风干、磨碎、过筛处理后，进行土壤有机碳测定；此外，在剖面上分层采集环刀、铝盒样品测定土壤容重、孔隙度、含水量等物理指标，所有采样均重复3次。

3.2.3 测定项目与方法

土壤理化指标参照《土壤农业化学分析方法》进行测定：土壤容重采用环刀法，土壤有机碳（TOC）采用重铬酸钾外加热-硫酸亚铁滴定法（鲍士旦等，1999）。

土壤团聚体分级采用改进后的 Elliot 湿筛法（Elliott et al.，1991）：土壤样品过8mm 筛后，称取50g放置于水稳性团聚体分析仪的套筛中，套筛自上而下依次为2mm，0.25mm 和0.053mm。将套筛缓慢放于湿筛仪桶内，水面保持低于最上方筛边缘，浸泡5min，然后上下振荡2min（振幅3cm，频率30次/min），振荡时要保证最上层的筛子浸没在水中。筛分完成后，收集各粒径筛内土样，于50℃下烘干并称重，计算各级团聚体的质量百分比。

团聚体几何平均直径（Geometric Mean Diameter，GMD）计算公式为

$$GMD = \exp\left[\frac{\sum_n (W_i \ln X_i)}{\sum_n W_i}\right] \qquad (3-1)$$

式中：n 为粒径分组的组数；X_i 为该粒径团聚体平均直径，mm；W_i 为该粒径团聚体质量占土壤质量的百分数，%。

土壤碳储量的计算公式为

$$SOC_s = \sum 0.1 E_i D_i C_i \qquad (3-2)$$

式中：SOC_s 为土壤层碳储量，t/hm²；E_i 为第 i 层土壤容重，g/cm³；D_i 为第 i 层土层厚度，cm；C_i 为第 i 层土壤有机碳含量，g/kg。

3.2.4 数据处理

采用 Excel 2019、SPSS 26.0 软件进行统计分析，采用单因素方差分析检验不同林龄杨树人工林理化性质、团聚体粒径分布及稳定性的差异显著性，显著水平为0.05，运用 Origin 2021 进行作图。

3.3 黄泛沙地不同林龄杨树人工林土壤团聚体粒径分布特征

不同林龄杨树人工林土壤团聚体分布见表3-2。粒径大于2mm 的团聚体在0～20cm 和20～40cm 土层中，均随林龄的增加呈先减少后增加的趋势；而粒径为2～0.25mm 的团聚体规律与之相反，呈现先增后减的规律；粒径为0.25～0.053mm 的团聚体含量在0～20cm 的土层中均呈现先增后减的趋势，在20～40cm 的土层中团聚体含量先减少后增加；粒径小于0.053mm 的团聚体含量呈现均匀化态势，处理间差异不显著。在土层深度变化上，0～20cm 和20～40cm 土层中团聚体组成随林龄的变化趋势一致，3年、5年与8年生杨树林粒径大于2mm 的团聚体含量在两个层次上分别为58.32%、6.45%、5.27%和38.48%、4.60%、4.43%，即随土层深度的增加，>2mm 团聚体含量逐渐降低；在

40～60cm 土层中，林龄对土壤团聚体组成无显著差异。

表 3-2 　　　　　　　　　　　　　不同林龄杨树人工林土壤团聚体组成

土层深度 /cm	林龄/年	团聚体组成/%				
		>2mm	2～0.25mm	0.25～0.053mm	<0.053mm	>0.25mm
0～20	3	58.32±2.26Aa	34.52±2.25Bc	5.50±0.38Bb	1.66±0.23Aa	92.84±0.14Aa
	5	6.45±0.83Ab	69.93±4.52Bab	19.35±4.83Aa	4.26±0.77Aa	76.38±4.59Bb
	8	5.27±3.24Ab	76.21±2.33Aa	14.16±4.22Aab	4.36±2.35Aa	81.48±5.56Aab
	10	18.70±8.01Ab	60.93±4.98Ab	13.57±2.83Aab	6.81±3.95Aa	79.63±6.75Aab
20～40	3	38.48±10.44Aa	32.31±4.09Bc	22.13±3.51Aab	7.08±2.97Aa	70.79±6.43Bbc
	5	4.60±3.83Ab	86.47±1.83Aa	6.50±0.67Bb	2.44±1.17Aa	91.07±1.82Aa
	8	4.34±1.44Ab	83.16±5.60Ab	10.43±4.02Ab	2.07±0.75Aa	87.50±4.74Aab
	10	8.30±5.78Bb	49.70±1.69Ab	29.72±8.35Aa	12.29±8.70Aa	57.98±7.44Ac
40～60	3	6.68±0.61Ba	58.33±7.77Aa	30.91±6.96Aa	4.09±0.76Aa	65.01±7.70Ba
	5	8.70±5.29Aa	76.37±1.98ABa	12.95±3.79Ba	1.99±0.52Aa	85.07±3.30ABa
	8	4.37±0.87Aa	57.13±17.11Aa	31.20±13.32Aa	7.30±3.77Aa	61.51±16.50Aa
	10	7.66±3.68Ba	62.05±8.43Aa	27.01±5.10Aa	3.28±0.25Aa	69.71±5.30Aa

注：数据为平均值±标准误；不同小写字母表示相同土层不同林龄土壤团聚体间差异显著（$P<0.05$）；不同大写字母表示相同林龄不同土层土壤团聚体间差异显著（$P<0.05$）。下同。

由表 3-2 可知，不同林龄杨树人工林土壤团聚体均以大团聚体（>0.25mm）为主，占整个团聚体含量的 57.98%～92.84%，最大值（92.84%）出现在 0～20cm 土层的 3 年杨树人工林，最小值（57.98%）出现在 10 年的 20～40cm 土层。不同林龄同一土层中，大团聚体含量随林龄的增加变化不同。在 0～20cm 土层中，随杨树人工林林龄增加，>0.25mm 大团聚体含量总体呈 3～5 年时期降低、5～8 年时期增加、8～10 年略有降低的趋势；在 20～40cm 土层，大团聚体含量随林龄增长呈先增后减的趋势，5 年杨树人工林含量高达 91.07%，比 10 年杨树人工林显著增高 33.09%；在 40～60cm 土层中，杨树人工林各林龄间土壤大团聚体含量无显著差异。

3.4 黄泛沙地不同林龄杨树人工林土壤团聚体稳定性特征

土壤团聚体的平均直径（GMD）可表征土壤团聚体稳定性。由图 3-1 可知，在 0～20cm 土层，3 年杨树人工林团聚体的 GMD 显著高于 5 年、8 年和 10 年杨树人工林，10 年杨树人工林相比于 5 年与 8 年杨树林团聚体 GMD 略有增加（$P>0.05$），即团聚体稳定性在不同林龄中表现为 3 年>10 年>8 年>5 年。在 20～40cm 土层，GMD 在 3 年处达到最高，为 1.01mm，在 10 年处达到最低，为 0.72mm，且随林龄的增加呈下降的趋势，但各林龄之间差异不显著，即团聚体稳定性随林龄的增加而逐渐降低。在 40～60cm 土层，各林龄杨树人工林团聚体 GMD 随林龄的增加呈先增后减再增的趋势，最高点为 5 年，为 0.96mm，最低点为 8 年，为 0.75mm，但各林龄无显著差异。

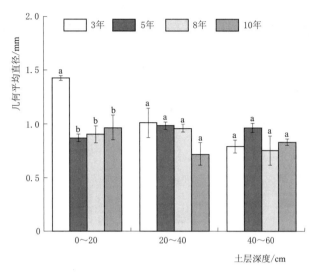

图 3-1　不同林龄杨树人工林土壤团聚体 GMD

注：不同小写字母表示相同土层不同林龄团聚体间 GMD 差异显著（$P<0.05$）。

土壤大团聚体（>0.25mm）是土壤团粒结构的重要组成部分，其含量越高，表征土壤结构稳定性越好（白秀梅等，2014）。土壤团聚体的几何平均直径是反映土壤团聚体数量分布状况的综合指标，也可以表征土壤团聚体的稳定性。本书发现，不同林龄杨树人工林土壤团聚体均以大团聚体为主，在表层（0~20cm）土层中，土壤大团聚体含量在 3 年阶段达到最高，并且随林龄的增加呈先减后增的趋势；表层土壤团聚体 GMD 随林龄的增加也呈现先减后增的趋势。冯文瀚等（2021）在鹅掌楸人工林开展的研究中也发现类似的结果：土壤大团聚体含量总体表现为幼龄林至中龄林时期减少，在中龄林至成熟林时期增加的趋势。这可能与轮伐后的土壤遗留物有关。在本书中杨树人工林的轮伐期为 10 年，10 年杨树采伐后重新栽种新生杨树幼苗，土壤中有机质的遗留与原有的腐殖质层促进土壤中微团聚体快速胶结形成大团聚体（谭秋锦等，2014），导致在 3 年阶段时土壤大团聚体含量达到最高。而在 5 年阶段，土壤大团聚体含量和 GMD 处于最低点，可能原因是对种植 3 年后杨树幼苗抚育导致表层土壤中的根系遭到破坏，使其数量、长度与密度降低，从而影响养分、水分的运输以及根土的黏结能力，进而使土壤团聚体稳定性降低。相反，在 20~40cm 土层中，土壤大团聚体含量呈先增后减的趋势，在 5 年阶段达到最高。可能原因是，3 年杨树人工林根系生长主要分布在表层土壤中，随杨树生长年限的增加，根系不断向土壤深层延伸，根系之间的物理缠绕作用、根系分泌物以及根系可以间接地对土壤微生物产生影响使土壤颗粒黏结在一起形成人团聚体等途径来提高土壤团聚体的数量和稳定性（刘均阳等，2020）。20~40cm 土层 GMD 随林龄的增加变化并不明显，可能的原因是土壤大团聚体包括土壤粒径>2mm 与 2~0.25mm 的团聚体，而 GMD 是通过>2mm、2~0.25mm、0.25~0.053mm 和<0.053mm 四个粒级来反映土壤结构稳定性，且土壤粒径大于 0.25mm 的团聚体含量占主体，因此 GMD 在计算后比大团聚体含量更平均化，在林龄的影响下变化并不显著。

3.5　黄泛沙地不同林龄杨树人工林土壤有机碳的变化特征

不同林龄0～60cm土壤有机碳垂直变化趋势表现为：土壤有机碳含量随土层深度增加呈下降趋势，不同林龄40～60cm较0～20cm土层有机碳含量随林龄增加依次下降67.18%、46.48%、42.73%和64.49%（图3-2）。在0～20cm土层有机碳含量随林龄的增加呈先降低后升高的趋势，3年杨树人工林有机碳含量为8.75g/kg，与5年、8年和10年杨树林相比显著提高13.43%、20.64%和13.96%；在20～40cm与40～60cm土层中，有机碳含量随林龄的增加呈先上升后下降的趋势，各林龄无显著差异。

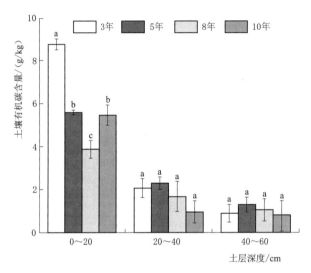

图3-2　不同林龄杨树人工林土壤有机碳含量

注：不同小写字母表示相同土层不同林龄土壤有机碳含量差异显著（$P<0.05$）。

通过研究发现，黄泛沙地杨树人工林土壤有机碳在表层随林龄的增加呈先骤减后缓慢增加的趋势。可能原因如下。①东明林场的造林采用轮伐方式，在杨树人工林达到10年采伐期之后，随即砍伐并栽种新生杨树幼苗，由此造成上一代采伐剩余物较多，并在表层土壤中发生了自然积累过程。杨树作为早期速生树种，有机碳在初期的消耗少于上一代采伐林木剩余物有机碳的积累，且3～5年处于生长阶段杨树人工林大量吸收有机质矿化产生的养分，导致土壤有机碳含量下降。而在8年后随着杨树生长发育完全，有机碳的消耗处于稳定阶段，而凋落物量、郁闭度增大以及前期抚育可能会在土壤中遗留部分死根，使有机碳输入量增加，因此在8～10年阶段土壤有机碳缓慢增加。②本研究中，杨树人工林土壤表层有机碳含量与土壤GMD呈极显著正相关关系（表3-3），这表明土壤有机碳含量随林龄的变化可能是由于团聚体稳定性的改变而引起的。前人研究中也有类似的结果：大团聚体内有机碳含量更高，这是由于微团聚体在多糖和植物根系分泌物等不同胶结剂的作用下形成大量临时性大团聚体所致（Six et al.，2000）。然而，本研究中土壤团聚体稳定性在5年阶段最低，而土壤有机碳含量在8年阶段最低，这其中可能原因是林场的抚育措施导致杨树根系遭到破坏，进而导致团聚体稳定性受到影响以及土壤团聚体的形成与有机碳的胶结存在滞后的时间差异。

表 3-3　　　　**0～20cm 土层有机碳组分及土壤团聚体物理性质相关性**

指标	SOC	$R0.25$	GMD	SOC_s
SOC	1.000			
$R0.25$	0.589*	1.000		
GMD	0.841**	0.880**	1.000	
SOC_s	0.986**	0.554	0.817**	1.000

注：** 在 0.01 级别（双尾）相关性显著；* 在 0.05 级别（双尾）相关性显著。

3.6　黄泛沙地不同林龄杨树人工林土壤有机碳储量

由图 3-3 可知，不同林龄杨树人工林在 0～60cm 土层的总有机碳储量变化较大，3 年杨树人工林有机碳储量为 35.60t/hm²，5 年、8 年和 10 年杨树人工林有机碳储量较 3 年杨树人工林降低了 6.48%～15.11%。土壤有机碳储量主要集中在表层（0～20cm），不同林龄相同土层有机碳储量在 0～20cm 表现为 3 年显著高于其他林龄，8 年最低，为 11.69t/hm²（$P<0.05$），即 3 年＞5 年＞10 年＞8 年。在 20～40cm 土层，有机碳储量随林龄的增加呈先增后减的趋势，5 年最高为 7.60t/hm²，10 年最低，较 5 年降低了 12.35%，各林龄之间无显著差异。在 40～60cm 土层，不同林龄相同土层有机碳储量表现为 5 年＞8 年＞3 年＞10 年。

本书研究结果表明，不同林龄杨树人工林土壤有机碳储量随土层深度增加逐渐减少，碳储量在 0～60cm 土层中表现出明显的层次性。0～20cm 土层各林龄的碳储量占总碳储量的 59.17%～74.26%，呈现出一定程度的表聚性，且随林龄的增加碳储量呈现先下降后上升的趋势，在 20～40cm 与 40～60cm 土层无明显差异。这种表聚性现象的产生可能是因为上一代轮伐后的剩余物归还土壤与地上凋落物掉落到地面，通过分解并入表土，因此表土比底土接收到更多的碳输入（赵俊峰等，2017；Zhang et al.，2019）不同林龄杨树人工林在 0～60cm 土层土壤有机碳储量随林龄的增加呈先降低后略增的趋势。在 3～5 年阶段，0～20cm 土层碳储量显著降低，而总有机碳储量略有降低，20～40cm 土层碳储量略有增加且无显著差异，这可能是表层有机碳向底层发生转移。已有研究表明，水分是限制有机物归还量的重要影响因素（邹俊亮等，2012）由于 3 年林冠的开放性与林分郁闭度较低，林分节流少，更多的雨水进入到林间空地，导致土壤的淋溶作用，土壤养分减少，土壤有机碳储量由表层向深层转移。在 5～8 年阶段，总有机碳储量与各土层碳储量都减少，可能因为与之前有机碳含量分析原因相同，随着杨树生长发育，此阶段杨树人工林大量吸收有机质矿化产生的养分，导致土壤有机碳储量降低。在 8～10 年阶段，总有机碳储量略有增加（$P>0.05$），而表层碳储量与 8 年相比显著增加。一方面，杨树人工林林冠展开，郁闭度增加，凋落物在表层分解转化以有机碳的形式进入土壤使 0～20cm 土层碳储量增加（刘艳等，2013）；另一方面，林冠的展开会拦截雨水的下落，阻碍水分的

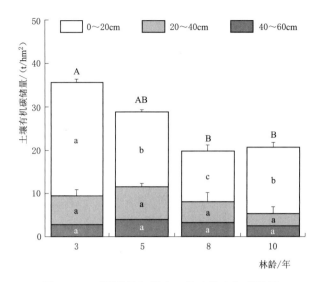

图 3-3　不同林龄杨树人工林土壤有机碳储量

注：不同小写字母表示相同土层不同林龄土壤有机碳储量差异显著（$P<0.05$）；不同大写字母表示

$0\sim60$cm 土层不同林龄土壤有机碳储量差异显著（$P<0.05$）。

下渗，土壤淋溶减少，使 $20\sim40$cm 土层碳储量减少。

3.7　小结

（1）不同林龄杨树人工林团聚体分布均以大团聚体（>0.25mm）为主，在表层土层（$0\sim20$cm）中，随林龄的增加，大团聚体含量呈现先显著降低后增加再略减的趋势；而在 $20\sim40$cm 土层中，土壤大团聚体含量为 5 年$>$8 年$>$3 年$>$10 年；在 $40\sim60$cm 土层无显著差异。

（2）在 $0\sim20$cm 土层中，有机碳含量表现为 3 年$>$5 年$>$10 年$>$8 年；在 $20\sim60$cm 土层，呈先增后减的趋势，且无显著差异。土壤稳定性与团聚体的形成和有机碳密切相关，有机碳含量与 GMD 值呈极显著正相关关系。

（3）不同林龄杨树人工林有机碳储量均呈现一定程度表聚性，在 $0\sim20$cm 各林龄碳储量占总有机碳储量的 59.17%～74.26%。在 3 年到 5 年阶段由于土壤淋溶作用，可能导致有机碳储量发生转移，从表层土层（$0\sim20$cm）向底层土层（$20\sim60$cm）转移，而在 8～10 年阶段，有机碳储量从底层土层向表层土层发生转移。

4 黄泛沙地生物炭和保水剂协同改良土壤促进苜蓿生长的机理

4.1 引言

黄泛沙地是在黄河改道以后河水长期冲积，由其冲积物发育形成的砂性土壤，其在国内的分布面积为 $2.50 \times 10^6 hm^2$，是我国黄河流域下游重要的土地资源（杨苏等，2020）。然而该区域的潮土砂粒含量高、有机质含量低，同时潮土还存在土壤结构差、保水保肥能力弱、水土流失严重、土地生产力严重低下等障碍因子，有机质的缺乏会导致潮土内缺少还原性物质，致使该地块种植物的产量受到较大的影响，最终导致黄泛沙地农业区成为主要的中低产田之一。同时，黄泛沙地土壤中堆积有丰富的碳酸钙，导致土壤中富含碱性物质，pH 值升高。由于黄泛沙地的自身调节能力较差，因此在很多情况下其土地生产力无法自我恢复，致使当地的农业生产产量逐年减少，生态环境和经济发展水平受到了威胁，严重制约着当地农林产业的发展和人民群众的生存和发展。

为追求更高的土地生产力，获得一定的产量和经济效益，人们在农业耕作中施用了大量的化学肥料，加之对耕地进行的一系列不合理的灌溉和耕作措施，使得黄泛沙地的有机质含量一再下降，土壤结构进一步恶化，漏水漏肥的缺点越发凸显。而且该区冬春季节土壤干旱、地表缺乏有效覆盖，在大风的吹蚀性，极易造成土壤的风蚀，导致土壤沙化的扩张和养分的流失，使得土壤日趋退化。因此，黄泛沙地中低产田的土壤改良与质量提升问题迫在眉睫，如何改良日益退化的黄泛沙地同时促进作物生长、提高作物产量逐渐成为当今社会密切关注的问题之一。利用有效的改良方法，保护土壤环境与生态环境达到平衡的状态，让农业经济可持续发展，同时将农业经济紧密结合当前环境建设的问题，才能进一步提高生态系统的持续稳定发展（李传哲等，2022）。因此，科学改良黄泛沙地不仅直接关系黄泛区中低产田的土壤改良与质量提升，更事关人民群众的生产与生态环境建设的可持续发展与区域粮食安全问题，开展相关研究意义十分重大。

有鉴于此，本书以黄泛沙地为试验对象，利用盆栽试验的方式，旨在探究生物炭和保水剂联合施用对黄泛沙地物理化学性质、土壤结构的影响以及对苜蓿生长的影响，探究两种改良剂与土壤、植物相互之间的作用，分析生物炭和保水剂联合施用配比对潮土的改良效果以及对植物的生长效果，从而筛选出改良的最优试验方案，为沙化土地的改良与促进植物生长提供更加合理的基础数据和理论依据，以期实现土地的有效恢复与合理利用，为黄泛沙地农林生产与生态恢复的持续发展提供理论依据与数据支撑。

4.2 材料与方法

4.2.1 试验区概况

盆栽实验于 2022 年 5—7 月在山东省泰安市泰山区山东农业大学岱宗校区室外自然环境中进行。该试验区位于东经 116°20′～117°59′、北纬 35°38′～36°28′，所在区域属于温带大陆性半湿润季风气候区，四季分明，寒暑适宜，光温同步，雨热同季。春季干燥多风，夏季炎热多雨，秋季晴和气爽，冬季寒冷少雪，年平均气低温为 12.9℃。年内 7 月最高，平均 26.4℃，1 月最低，平均为－2.6℃。极端最高气温 41℃，极端最低气温－27.5℃。该区域多年平均降水量为 728mm，降水多集中在 7—8 月。因受季风气候影响，年际降水变幅较大，年最大降水量 1498mm，年最小降水量 199mm，相差 7.5 倍。

4.2.2 供试土壤

该盆栽试验采用的供试土壤为山东省菏泽市东明县东明国营林场的黄泛沙地，田间持水量为 32.8%。该供试土壤种类为砂质潮土，是由黄河泛滥改道后的沉积物演变形成的，是黄泛平原区重要的土壤类型。

试验开始之前测得潮土初始土壤物理化学性质如表 4-1 所示。

表 4-1　　　　　　　　　潮土初始土壤物理化学性质

项目	有机质/(g/kg)	pH 值	全氮/(g/kg)	碱解氮/(mg/kg)	速效磷/(mg/kg)	速效钾/(mg/kg)
值	9.05	8.16	0.43	23.45	9.60	113.00

4.2.3 供试容器与植物

盆栽试验所用的培养容器为上径 20cm×底径 12.8cm×高度 14cm 的圆柱形花盆，花盆内衬无菌无纺布，底部置塑料托盘，放置于山东农业大学岱宗校区的露天自然环境。

盆栽试验的供试植物为纯净、饱满、萌发率高且品质相同、无差别的紫花苜蓿种子，发芽率为 91.5%。

4.2.4 供试改良剂

制备过程是将玉米秸秆置于缺氧的状态下通过 500～600℃ 的高温条件裂解获得。本试验购置的生物炭是粒径约 1mm 的黑色玉米秸秆科研用粉末状生物炭［图 4-1 (a)］，略呈碱性，含碳 (C) 44.06%、氮 (N) 1.53%、钾 (K) 1.68%，拥有较高的碳氮比 (C/N)，可用作土壤改良。

试验所用的保水剂粒径为 40～100 目，外表为细小的透明颗粒，其原料为轻度铰链型丙烯酸［图 4-1(b)］。该保水剂吸水后膨胀，能够为植物生长提供一定水分条件；同时可以反复吸水释水，持续作用于土壤，从而改变土壤水分固持能力、孔隙度以及团聚体等，增强土壤性能，增加土壤的通透性。

（a）生物炭　　　　　　　　（b）保水剂

图 4-1　试验用生物炭和保水剂的形态

4.2.5　试验设计

盆栽试验使用生物炭和保水剂两种不同的改良剂，生物炭施用量选择 0g/kg、10g/kg、20g/kg（B_0、B_{10}、B_{20}）三个梯度（王桂君等，2017；张哲超等，2020），保水剂施用量选择 0g/kg、2g/kg、4g/kg、6g/kg（W_0、W_2、W_4、W_6）四个梯度（陈艺超等，2018；于萌等，2019）。两种改良剂联合施用共有 B_0W_0、B_0W_2、B_0W_4、B_0W_6、$B_{10}W_0$、$B_{10}W_2$、$B_{10}W_4$、$B_{10}W_6$、$B_{20}W_0$、$B_{20}W_2$、$B_{20}W_4$、$B_{20}W_4$ 十二个不同配比处理（表 4-2），每个处理重复 3 次，共计 36 盆。

表 4-2　　　　　　　　　　　试验处理编码及施用量

编号	处理	改良剂施用量（以每盆计）			
		生物炭/(g/kg)	保水剂/(g/kg)	生物炭/(g/盆)	保水剂/(g/盆)
1	B_0W_0	0	0	0	0
2	B_0W_2	0	2	0	10
3	B_0W_4	0	4	0	20
4	B_0W_6	0	6	0	30
5	$B_{10}W_0$	10	0	50	0
6	$B_{10}W_2$	10	2	50	10
7	$B_{10}W_4$	10	4	50	20
8	$B_{10}W_6$	10	6	50	30
9	$B_{20}W_0$	20	0	100	0
10	$B_{20}W_2$	20	2	100	10
11	$B_{20}W_4$	20	4	100	20
12	$B_{20}W_6$	20	6	100	30

其中对照处理不施加任何生物炭和保水剂，36 个处理间除生物炭和保水剂浓度不同外，其他土壤环境条件完全相同，所有处理均不额外施加其他肥料。

在盆栽试验开始之前将供试潮土置于阴凉通风处自然风干，待完全风干后去除土壤中的石块、枯木、枯枝落叶、植物根系等杂物，将土壤破碎后通过2mm的筛网并将所有土样混合均匀，取3份充分混匀的土样测定其基本性状，测定的指标包括土壤pH值、有机质（SOM）、全氮（TN）、碱解氮（AN）、速效磷（AP）和速效钾（AK）。

准备36盆大小规格完全相同的培养容器（上径20cm×底径12.8cm×高度14cm），花盆内衬无纺布。装土前，将土壤、生物炭和保水剂按所提供的12个比例充分混合后置于花盆，每盆装入5kg风干后且混有不同配比改良剂的试验土，土壤的填充方式为控制填充体积法，每盆改良剂施用总量见表4-2。

每盆播种16粒均匀预发芽的苜蓿种子，种子大小一致，籽粒饱满，以4cm×4cm的排布方式在盆中进行播种。盆栽过程中，土壤水分含量保持在田间含水量的70%，用称重方法控制水分。试验前期自5月24日苜蓿种子播种开始至6月底，每3d进行一次灌溉，浇水过程中用电子台秤称重，确保水分含量；试验后期至7月24日样品收获，期间每周浇水一次，每次保证土壤含水量为同一数值。

4.2.6 研究内容

本研究通过室外盆栽试验的方式，探究生物炭和保水剂联合施用于黄泛沙地之后对其中种植的苜蓿生长的影响，以及两者联合施用对潮土的物理性质和化学性质的影响，最后探究改良剂联合施用对于土壤改良以及植物生长的综合评价，从而探究两种生物改良剂相互之间的作用，以确定改良土壤和促进苜蓿生长效果良好的改良剂配比，为泛平原区沙化土地和中低产田的改良提供合理依据，实现土地的有效恢复和高质量利用。主要内容如下：

（1）生物炭和保水剂互作对潮土理化性质的影响。探究生物炭和保水剂联合施用于潮土后对潮土的土壤持水能力、土壤容重（SBD）、土壤总孔隙度（TPS）、土壤毛管孔隙度（SCP）、饱和含水量（SWC）、毛管最大持水量（MMC）、团聚体组成、平均重量直径（MWD）、几何平均直径（GWD）、分形维数（D）、不稳定团粒指数（SWA）、团聚体破坏率（PAD）和土壤含水量（SMC）等物理性质的影响，同时探究两者联合施用对潮土pH值、有机质（SOM）、全氮（TN）、碱解氮（AN）、速效磷（AP）和速效钾（AK）等化学性质的影响。

（2）生物炭和保水剂互作对苜蓿生长的影响。探究生物炭和保水剂联合施用于土壤后对于苜蓿生长情况的影响，包括对苜蓿叶片数、分枝数、茎长、根长以及干重鲜重的影响。

（3）生物炭和保水剂互作对潮土改良与苜蓿生长影响的综合评价。采用熵权法对紫花苜蓿盆栽土壤营养状况及苜蓿生长发育的影响进行综合评价，以期确定施用效果良好的配比组合。

4.2.7 植物样品的采集与处理

紫花苜蓿萌发一星期后进行间苗，每一盆留5株生长情况基本一致的苜蓿植株。自出苗之日开始，以3天为一周期通过称重法检测盆栽的水分变化，并观察盆中苜蓿的生长状况，试验后期一周浇水一次。在第60天时收获苜蓿植株测定其指标数值，苜蓿收获测量时正常生长的株数均为5株/盆，记录其株数、株高、分枝数以及苜蓿的形态变化、干重和鲜重等生长状况指标。

4.2.8 土壤样品的采集与处理

在试验进行至第 30 天、第 45 天、第 60 天时分别取盆中土壤放入铝盒中测定土壤的含水率，在第 45 天和第 60 天时用取土器取盆中土壤测定其理化指标，采样深度为 0～10cm，并在保证土壤结构不被破坏的情况下取块状土样测定第 60 天的土壤团聚体。在盆中用容积为 100cm² 环刀取原状土用于测定 SBD、SCP、TPS、SWC 以及 MMC。其余土样破碎风干过筛后用于测定其他各个指标包括 pH 值、SOM、TN、AN、AP、AK 和总 SOC，最终通过综合评价筛选出土壤改良和苜蓿生长状况良好的施用方案。

4.2.9 土壤基本理化性质测定

主要土壤物理化学指标采用常规方法测定：土壤 pH 值采用 pH 酸度计进行测定，按照水土比为 2.5：1 进行测定；土壤 TN 含量采用凯氏定氮法，利用自动定氮仪进行测定；土壤 AN 含量采用 40℃恒温培养 24h 后用 NaOH 碱解法滴定测定；土壤 AP 含量采用碳酸氢钠浸提后使用分光光度计测定；土壤 AK 含量以中性乙酸铵（CH_3COONH_4）溶液浸提、火焰光度计法测定。

土壤有机质含量采用重铬酸钾容量法-外加热法（$K_2Cr_2O_7$）测定，计算公式为

$$土壤有机质 SOC = \frac{(V_0 - V) \times c \times 0.003 \times 1.1 \times 1.724}{烘干土样质量} \times 100 \qquad (4-1)$$

式中：V_0 为滴定空白试验时所用去 $FeSO_4$ 体积，mL；V 为滴定土样时所用去的 $FeSO_4$ 体积，mL；c 为 $FeSO_4$ 标准溶液的浓度，mol/L；0.003 为 ¼ 碳原子的毫摩尔质量，g/mol；1.1 为氧化校正系数。

土壤含水量（SMC）的测定利用烘干法，取土样放入铝盒中称重，记录烘干前空铝盒重量 m_0（g）与烘干前铝盒及土样质量 m_1（g），置于已经预热的烘箱重 105℃烘干 6～8h，烘干的标准为前后两次称重恒定不变，烘干后铝盒及土样质量记为 m_2（g），烘干后土样失去的水分即为土壤的水分含量，计算公式为

$$SMC = \frac{m_1 - m_2}{m_1 - m_0} \times 100\% \qquad (4-2)$$

用环刀法测定土壤容重（SBD）、毛管孔隙度（SCP）、总孔隙度（TPS）、非毛管孔隙度（NCP）、土壤饱和含水量（SWC）、土壤毛管最大持水量（MMC），计算公式为

$$环刀内湿土重 f = c - a \qquad (4-3)$$

式中：c 为环刀加湿土重；a 为环刀重量。

$$SBD = \frac{f}{环刀容积 \times (SMC + 1)} \qquad (4-4)$$

$$SCP = \frac{(吸水 2～3h 后带土环刀重 - 环刀重 - 环刀内干土重) \times 100\%}{环刀容积} \qquad (4-5)$$

$$TPS = \frac{(浸水 6h 带土环刀重 - 环刀重 - 环刀内干土重) \times 100\%}{环刀内干土重} \qquad (4-6)$$

$$NCP(\%) = TPS(\%) - SCP(\%) \qquad (4-7)$$

$$SWC = \frac{(浸水后\,6h\,带土环刀重-环刀重-环刀内干土重)\times100\%}{环刀容积} \quad (4-8)$$

$$MMC = \frac{(吸水\,2\sim3h\,后带土环刀重-环刀重-环刀内干土重)\times100\%}{环刀内干土重} \quad (4-9)$$

自然状态下单位体积原状土内，土粒、水分和空气体积间的比即为土壤三相比（Three-Phase Ratio of Soil，TPOS），其中土壤三相结构距离指数（STPSD）计算公式为

$$STPSD = [(X_s-50\%)^2+(X_s-50\%)(X_L-25\%)+(X_L-25\%)^2]^{\frac{1}{2}} \quad (4-10)$$

$$X_G = 100\%-X_s-X_L$$

式中：$STPSD$ 为土壤三相结构距离指数；X_s 为固相体积分数，大于 25%；X_L 为液相体积分数，$\%$；X_G 为气相体积分数，$\%$。

4.2.10　土壤团聚体的测定

土壤团聚体分为干筛（Aggregate Dry Screen，ADS）与湿筛（Aggregate Wet Screen，AWS），其中湿筛法用于测定团聚体土壤水稳性团聚体（Water Stable Aggregates）。第 60 天时在盆栽容器中不破坏土壤结构地进行整块取样，将土块沿所取土壤的自然结构轻轻地剥成直径约 10mm 的小土块，同时要注意避免土壤受机械压力而变形。待土样自然风干后过 8mm 筛，过完筛后将土样在干筛机通过孔径顺次为 2mm、0.25mm、0.053mm 的套筛组进行干筛。筛分完成后将各级筛子上的每个粒级的样品分别称重（精确到 0.01g），计算各个粒级干筛团聚体的百分含量，然后不同粒径级的土样按照其百分比称取，配成 50g 待测土样作湿筛分析待用。

团聚体的湿筛用水稳性团聚体分析仪完成。将套筛自上而下缓慢放于湿筛桶内，水面保存低于最上方筛边缘，将土壤按 2mm、0.25mm、0.053mm 的顺序分层筛分，其中小于 0.053mm 的干土不用于团聚体湿筛，以防堵塞筛孔，但在之后的计算中需计算其数值。将土壤浸泡 5min 后上下振荡 2min（振幅 3cm，频率 30 次/min），振荡时一直保证最上层的筛子能够浸没在水中。筛分完成后，将筛组分开，收集留在筛网上的各粒径筛子内的土样，于 50℃下烘干并称重，计算各级团聚体的质量百分比，同时利用各级团聚体数据计算团聚体平均重量直径（MWD）、几何平均直径（GMD）、分形维数（D）、不稳定团粒指数（SWA）和团聚体破坏率（PAD）。

（1）团聚体平均重量直径（Mean Weight Diameter，MWD）计算公式为

$$MWD = \sum_n X_i W_i \quad (4-11)$$

（2）团聚体几何平均直径（Geometrical Mean Diameter，GMD）计算公式为

$$GMD = \exp\left[\frac{\sum_n (W_i \ln X_i)}{\sum_n W_i}\right] \quad (4-12)$$

式中：n 为粒径分组的组数；X_i 为该粒径团聚体平均直径，mm；N_i 为该粒径团聚体质量占土壤质量的百分数，$\%$。

（3）团聚体分形维数（D）计算公式为

$$\frac{M(r<X_i)}{M_T} = \left(\frac{X_i}{X_{max}}\right)^{3-D} \quad (4-13)$$

两边同时取对数可得

$$\lg\left[\frac{M(r<X_i)}{M_T}\right]=(3-D)\lg\left(\frac{X_i}{X_{max}}\right) \qquad (4-14)$$

式中：X_i 为该粒径团聚体平均直径，mm；$M(r<X_i)$ 为粒径小于 X_i 的团聚体重量；M_T 为团聚体的总重量，g；X_{max} 为团聚体的最大直径。

以 $\lg\left[\dfrac{M(r<X_i)}{M_T}\right]$ 和 $\lg\left(\dfrac{X_i}{X_{max}}\right)$ 为坐标轴，通过数据拟合得到 D。

（4）不稳定团粒指数（SWA）计算公式为

$$SWA=\frac{M_{sr}<0.25}{M_{st}}\times100\% \qquad (4-15)$$

式中：M_{st} 为供试土壤总重量；$M_{st}<0.25$ 为小于 0.25 水稳性团聚体重量。

（5）团聚体破坏率（PAD）计算公式为

$$PAD=\frac{R_{D0.25}-R_{S0.25}}{R_{D0.25}}\times100\% \qquad (4-16)$$

式中：$R_{D0.25}$ 为 >0.25mm 机械稳定性团聚体含量，%；$R_{S0.25}$ 为 >0.25mm 水稳性团聚体含量，%。

4.2.11 苜蓿生物量及生长指标的测定

在盆栽试验（试验期 60 天）结束后，分别收获苜蓿地上以及地下部分样品，测量地上部分的株高、观察其分枝数，以及测量地下部分的根长，记录苜蓿的叶片数、分枝数、根茎长度，用蒸馏水彻底冲洗去除附着土壤，60℃烘干至恒重，用称重法记录地上部分以及地下部分植物样品干重。

4.2.12 综合评价的方法

由于盆栽试验得出的各项指标之间单位与属性均不尽相同，因此在进行综合评价之前首先根据指标自身属性将指标分为正向指标和逆向指标（正向指标为数值越大越好，逆向指标则相反）。将指标统一转化后，利于判断最终结果，然后对数据进行无量纲化处理，以消除数据量纲不同所带来的影响，使数据利于比较。无量纲化公式如下

（1）正向指标处理方法：

$$X'_j=\frac{x_{ij}-m_j}{M_j-m_j} \qquad (4-17)$$

（2）逆向指标处理方法：

$$X'_j=\frac{M_j-x_{ij}}{M_j-m_j} \qquad (4-18)$$

式中：M_j 为 X_{ij} 最大值；m_j 为 X_{ij} 最小值。

将指标数值经过无量纲化处理后，构建起生物炭与保水剂联合施用处理对土壤与苜蓿影响的评价指标体系，然后使用熵权法进行熵值、差异系数以及权重的计算，得出的指标权重不包含人为因素，更加科学且客观。计算公式如下

（1）指标的特征比重计算：

$$p_{ij} = \frac{x'_{ij}}{\sum\limits_{i=1}^{n} x_{ij}}$$

（4-19）

（2）熵值 e_j 计算：

$$e_j = \frac{1}{\ln n} \sum_{i=1}^{n} p_{ij} \ln(p_{ij}), \quad 0 \leqslant e_j \leqslant 1$$

（4-20）

（3）差异性系数 g_j 计算：

$$g_j = 1 - e_j$$

（4-21）

（4）指标权重 W_j 计算：

$$W_j = \frac{g_j}{\sum\limits_{i=1}^{m} g_j}$$

（4-22）

（5）综合得分 S 计算公式：

$$S = \sum_{j=1}^{m} w_j p_{ij}$$

（4-23）

4.2.13　数据处理与统计分析

采用 SPSS 22.0 软件，数据均用 3 次重复试验均值计算。对试验数据进行单因素方差分析，对各处理组合之间进行差异显著性检验，利用 LSD 法分析各水平间的差异，利用沃勒-邓肯法进行多重事后比较处理间的差异，以上分析的显著性水平为 $P < 0.05$。

利用熵权法对不同改良剂的施用梯度配比对土壤理化性质的改良效果及苜蓿生长的改良效果进行权重计算以及综合评价，通过综合指标数值进行排序，从而分析植物的生长指标与土壤理化性质指标的关系，确定改良的合适配比。

4.3　黄泛沙地生物炭和保水剂互作对土壤物理性质的影响

4.3.1　互作处理对潮土持水能力和土壤容重的影响

如图 4-2 所示，生物炭和保水剂的联合施用显著降低了土壤容重（$P < 0.05$）。与 CK 相比，施用改良剂的各处理土壤容重均显著降低，混合施用生物炭和保水剂的处理降低土壤容重的效果要显著好于单独施用改良剂的处理。在未施用生物炭和保水剂的 $B_0 W_0$ 对照处理中，土壤容重为 $1.46 g/cm^3$，在保水剂的施用量为 $2 g/kg$ 时所有浓度生物炭施加量的处理平均土壤容重为 $1.33 g/cm^3$，保水剂施用量 $4 g/kg$ 时土壤容重为 $1.23 g/cm^3$，保水剂施用量为 $6 g/kg$ 时土壤容重降低至 $1.11 g/cm^3$，具有显著下降趋势。在单独施用保水剂的处理中，土壤容重平均为 $1.21 g/cm^3$，高于 $B_{10} W_6$ 与 $B_{20} W_6$ 处理的土壤容重；同时在单独施用生物炭的处理中，土壤容重平均为 $1.40 g/cm^3$，高于生物炭和保水剂的混合施用处理。

同时可知，在生物炭和保水剂的联合施用下，保水剂施用量为 $6 g/kg$ 时土壤容重显

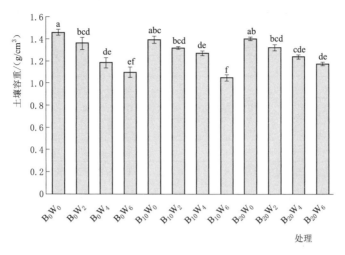

图 4-2 生物炭和保水剂互作不同处理的土壤容重

* 柱状图中字母相同者表示差异未达显著水平（$P>0.05$），字母不同者
表示差异达显著水平（$P<0.05$），下同。

著低于其他处理组的土壤容重。在生物炭为同一施用量梯度的处理组中，随保水剂施用量的增加，土壤的容重呈现出逐渐降低的趋势，且处理间均在显著差异（$P<0.05$），但生物炭的增加对于土壤容重降低的效果不显著（$P>0.05$）。保水剂的施加有效地降低了土壤容重，相较于 B_0W_0 对照处理，B_0W_6 处理的土壤容重降低了 $0.36g/cm^3$，降低比例达到了 24.66%，并且土壤容重在 $B_{10}W_6$ 处理下数值达到显著最低水平，相较于 CK 处理容重降低比例达到了 28.08%，是改良剂联合施用处理对降低土壤容重效果最显著的一组，与其他处理之间均具有显著性差异（$P<0.05$）。$B_{20}W_6$ 处理的土壤容重相较于对照处理降低了 $0.29g/cm^3$，降低了 19.86%，该组保水剂和生物炭的施用浓度均为较高水平，所得到的结果与 B_0W_4 与 $B_{10}W_4$ 处理相似，且无显著性差异（$P>0.05$）。

由表 4-3 可知，土壤总孔隙度随保水剂施用量的增多而增大，而在生物炭和保水剂联合施用的处理下随施用量梯度的增加呈现出先增加后减少的趋势。土壤的毛管孔隙度和非毛管孔隙度同总孔隙度呈现出相同的规律，并且这些指标与生物炭和保水剂的共同施用有着显著联系。

表 4-3 　　　　　　　　生物炭和保水剂互作不同处理的土壤孔隙度 　　　　　　　　　%

处 理	毛管孔隙度	非毛管孔隙度	总孔隙度
B_0W_0	$27.38\pm0.56d$	$3.11\pm0.47a$	$30.49\pm0.84f$
B_0W_2	$32.24\pm2.81cd$	$2.53\pm0.89b$	$34.77\pm3.59def$
B_0W_4	$41.08\pm4.97abc$	$0.99\pm0.69ef$	$42.07\pm4.47abc$
B_0W_6	$36.59\pm5.74bc$	$3.16\pm1.97a$	$39.75\pm3.81cde$
$B_{10}W_0$	$33.88\pm0.72cd$	$1.21\pm0.44de$	$35.10\pm0.78def$
$B_{10}W_2$	$38.50\pm1.46abc$	$0.71\pm0.28f$	$39.21\pm1.50cde$

续表

处　理	毛管孔隙度	非毛管孔隙度	总孔隙度
$B_{10}W_4$	37.72±1.37abc	1.67±0.59cd	39.39±1.18bcde
$B_{10}W_6$	45.99±2.27a	1.88±0.16bc	47.87±2.13a
$B_{20}W_0$	33.81±0.63cd	0.96±0.07def	34.78±0.67def
$B_{20}W_2$	33.03±2.01cd	1.38±0.28cde	34.41±2.21bc
$B_{20}W_4$	40.00±1.00abc	1.78±0.65bcd	41.78±0.39abcde
$B_{20}W_6$	45.03±1.68ab	1.87±0.69bc	46.90±1.02ab

注：* 每列中字母相同者表示差异未达显著水平（$P>0.05$），字母不同者表示差异达显著水平（$P<0.05$），下同。

在生物炭施用量为 10g/kg，保水剂施用量为 6g/kg 的 $B_{10}W_6$ 处理中，土壤的总孔隙度以及毛管孔隙度均达到最高水平，与其他处理相比差异显著（$P<0.05$），土壤的改良情况得到了更加积极的试验效果。

在 B_0W_0 处理中，土壤的毛管孔隙度平均为 27.38%，随着保水剂施用量梯度的增加，在单独施用保水剂而不施用生物炭的条件下，B_0W_2 处理的毛管孔隙度达到了 32.24%，B_0W_4 和 B_0W_6 的毛管孔隙度达到了 41.08% 和 36.59%，相较于 B_0W_0 分别增加了 13.70% 和 9.21%，同时 B_0W_6 处理下的土壤总孔隙度增加了 9.26%，且处理之间具有显著性差异（$P<0.05$），土壤毛管孔隙度和总孔隙度平均为 36.64% 和 41.09%；单独施用生物炭的处理中毛管孔隙度平均为 33.85%，总孔隙度平均为 34.94%，低于改良剂混合施用的处理与单独施用保水剂的处理，说明孔隙度的大小与保水剂的施用量有着更显著的正相关性。在生物炭和保水剂联合施用的处理中，保水剂含量较高的 $B_{10}W_6$ 和 $B_{20}W_6$ 处理毛管孔隙度相较于 B_0W_0 高出了 9.21% 和 17.65%，$B_{10}W_6$ 和 $B_{20}W_6$ 处理的总孔隙度分别较 B_0W_0 处理高出了 15.93% 和 16.41%，同时两个处理的孔隙度数值均高于单独施加改良剂的处理，可见较高的保水剂施用含量比生物炭对土壤总孔隙度、毛管孔隙度以及非毛管孔隙度的增加效果更为显著，更有利于土壤结构的改善。

如图 4-3 和图 4-4 所示，土壤饱和含水量与土壤毛管最大持水量和孔隙度的变化趋

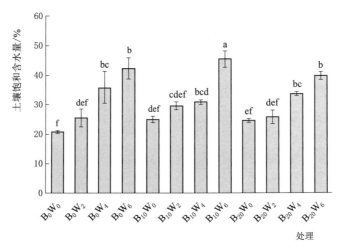

图 4-3　生物炭和保水剂互作不同处理的土壤饱和含水量

势相同，数值均随着两种改良剂联合施用量梯度的增加呈现出先增大后减小的趋势。

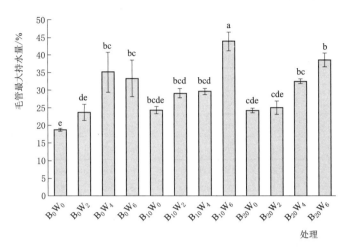

图 4-4 生物炭和保水剂互作不同处理的土壤毛管最大持水量

联合施用生物炭和保水剂后饱和含水量与毛管最大持水量相较于 B_0W_0 处理均显著增加，并且在 $B_{10}W_6$ 处理下均达到最大水平。在单独施用生物炭的处理中，饱和含水量平均为 25.06%，毛管最大持水量平均为 24.28%，低于生物炭与保水剂联合施用的处理；单独施用保水剂的处理饱和含水量为 32.61%，毛管最大持水量平均为 30.74%，低于联合施用的处理但高于单独施用生物炭的处理，表明相对于生物炭的施用，保水剂对于土壤饱和含水量与持水量的影响更为显著。

$B_{10}W_6$ 处理下的土壤的饱和含水量达 45.68%，比 CK 处理高出 24.77%，同时该处理的毛管最大持水量为 43.88%，比 CK 处理高出 25.10%，且该处理与其他处理之间均具有显著性差异（$P < 0.05$），饱和含水量与毛管持水结果较好的处理为 $B_{10}W_6 > B_{20}W_6 > B_{10}W_4$。可知生物炭施用量为 10g/kg，保水剂施用量为 6g/kg 时所得到的试验结果拥有显著较高的土壤饱和含水量、土壤毛管最大持水量和孔隙度，生物炭与保水剂的联合施用对土壤的改良结果优于两者单独施用，且保水剂的施用对于土壤结构的改良效果更显著。

由表 4-4 可知，CK 对照处理的土壤三相结构距离指数（STPSD）为 41.36%，在单独施用保水剂的处理中，STPSD 平均为 30.46%，在单独施用生物炭的处理中，STPSD 平均为 36.33%，均低于 CK 处理，且保水剂的施用相较于生物炭对于 STPSD 的改善效果更佳。随着生物炭和保水剂联合施用量的增加，STPSD 与 CK 相比均显著降低，土壤三相比逐渐变得更加合理，保持了土壤结构的稳定性。就改良剂的混施而言，$B_{10}W_4$ 和 $B_{20}W_6$ 处理对潮土土壤结构改善效果较为接近理想状态，与其他处理相比均有显著性差异（$P < 0.05$），并且显著低于单独施用保水剂或单独施用生物炭的处理。其中 $B_{10}W_4$ 处理的 STPSD 为 31.41%，相较于 CK 对照 STPSD 降低了 24.06%，$B_{20}W_6$ 处理为 23.09%，与 CK 相比降低了 44.17%，改善效果更为显著。

表 4-4　　　　　　　　生物炭和保水剂互作不同处理的土壤三相结构距离指数

处理	三相结构距离指数 STPSD/%	处理	三相结构距离指数 STPSD/%
B_0W_0	41.36±0.92a	$B_{10}W_4$	31.41±1.38bcde
B_0W_2	36.56±3.95abcd	$B_{10}W_6$	37.29±0.80abc
B_0W_4	32.35±2.12bcd	$B_{20}W_0$	36.65±0.72abcd
B_0W_6	29.14±5.43cde	$B_{20}W_2$	37.84±2.45ab
$B_{10}W_0$	36.01±0.95abcd	$B_{20}W_4$	28.04±1.24de
$B_{10}W_2$	30.89±2.11bcde	$B_{20}W_6$	23.09±2.87e

注：* 每列中字母相同者表示差异未达显著水平（$P>0.05$）；字母不同者表示差异达显著水平（$P<0.05$）。

4.3.2　互作处理对潮土土壤团聚体的影响

由生物炭与改良剂联合施用各处理对土壤团聚体粒级分布所得结果表明，土壤大团聚体的比例受到生物炭与保水剂施用量的影响较为显著。

土壤大团聚体的形成与土壤中施加的生物炭和保水剂的含量有显著相关性（$P<0.05$），由表 4-5 和表 4-6 可知，生物炭与保水剂的联合施用对土壤中 $>0.25mm$ 的大团聚体比例有显著的积极影响，且改良剂的联合施用能够显著增加土壤中的大团聚体比例，减少微团聚体比例。

表 4-5　　　　　　　生物炭和保水剂互作不同处理的团聚体干筛比例　　　　　　　%

处理	>2mm	2～0.25mm	0.25～0.053mm	<0.053mm	>0.25mm
B_0W_0	40.26±3.38cd	16.34±1.77abc	39.84±2.90bc	3.56±0.84abc	56.60±3.73cd
B_0W_2	48.43±5.86bc	17.09±1.91ab	30.96±4.70cd	3.52±0.83abc	65.52±4.87abc
B_0W_4	59.53±5.80ab	14.97±2.16bc	23.40±4.30d	2.09±0.36bc	74.51±3.99ab
B_0W_6	65.21±3.23a	12.63±2.90bc	20.73±2.51d	1.43±0.07c	77.84±2.53a
$B_{10}W_0$	22.34±3.66e	16.74±0.80abc	54.16±4.13a	6.77±1.13a	39.07±4.02e
$B_{10}W_2$	24.82±3.62de	21.31±4.06ab	47.58±2.31ab	6.29±1.87ab	46.13±1.57de
$B_{10}W_4$	52.54±8.44abc	12.02±0.48cd	31.08±5.19cd	4.36±2.86abc	64.56±8.03bc
$B_{10}W_6$	60.54±1.62ab	11.22±1.39d	26.07±0.67d	2.17±0.62bc	71.76±0.26ab
$B_{20}W_0$	26.00±4.39de	17.08±1.78ab	50.04±0.95ab	6.89±1.75a	43.07±2.69e
$B_{20}W_2$	26.39±1.57de	22.43±3.54a	46.69±1.69ab	4.49±0.78ab	48.82±2.42de
$B_{20}W_4$	52.65±1.15abc	15.10±0.61bc	29.20±1.58cd	3.05±0.24abc	67.75±1.75abc
$B_{20}W_6$	53.65±4.69abc	16.86±5.46abc	27.49±1.42d	2.00±0.07bc	70.51±1.38ab

表 4-6　　　　　　　生物炭和保水剂互作不同处理的团聚体湿筛比例　　　　　　　%

处理	>2mm	2～0.25mm	0.25～0.053mm	<0.053mm	>0.25mm
B_0W_0	1.12±0.50e	11.17±3.34bcd	67.10±2.09ab	20.62±0.90abc	12.29±2.99cd
B_0W_2	14.05±1.39bcd	23.50±4.86ab	49.06±3.45d	13.38±2.10bcd	37.56±5.04ab
B_0W_4	23.25±2.14ab	21.04±1.77ab	46.68±1.36d	9.03±0.65d	44.28±1.96a

处理	>2mm	2～0.25mm	0.25～0.053mm	<0.053mm	>0.25mm
B_0W_6	21.48±6.63ab	21.18±3.98ab	45.83±5.07d	11.51±4.74cd	42.66±9.14a
$B_{10}W_0$	0.71±0.10e	5.68±1.16d	69.36±0.47a	24.25±0.83a	6.39±1.20d
$B_{10}W_2$	6.34±1.22cde	24.34±5.06a	54.92±3.36bcd	14.41±2.64bcd	30.67±6.00ab
$B_{10}W_4$	25.32±4.90a	18.63±0.88abc	44.95±3.31d	11.11±1.44d	43.95±4.02a
$B_{10}W_6$	18.91±3.61ab	22.29±0.72ab	49.55±3.66d	9.25±0.21d	41.21±3.84a
$B_{20}W_0$	0.71±0.10e	7.27±1.15cd	70.89±0.90a	21.13±1.47ab	7.98±1.07cd
$B_{20}W_2$	3.49±1.37de	20.92±5.80ab	60.90±2.63abc	14.70±4.60bcd	24.40±7.08bc
$B_{20}W_4$	16.51±4.95abc	24.88±4.05a	49.67±2.90d	8.95±0.28d	41.39±2.65a
$B_{20}W_6$	13.82±2.65bcd	23.33±4.90ab	53.55±3.79cd	9.30±1.24d	37.15±4.93ab

注：* 每列中字母相同者表示差异未达显著水平（$P>0.05$），字母不同者表示差异达显著水平（$P<0.05$）。

在 B_0W_0、$B_{10}W_0$ 和 $B_{20}W_0$ 处理中 >0.25mm 的大团聚体比例平均为 8.89%，>2mm 的团聚体占比平均为 0.85%，2～0.25mm 的团聚体占比平均为 8.04%，0.25～0.053mm 和 <0.053mm 的微团聚体比例高达 67.04% 和 21.34%，微团聚体比例占了总团聚体的 88.38%。而施用 2g/kg 保水剂的所有处理中 >2mm 的团聚体占总团聚体的 7.96%，比 不施加保水剂的处理高出 7.11%，同时该添加剂量的保水剂施用下 2～0.25mm 团聚体占 比为 22.92%，土壤大团聚体的比例占 30.88%。在 6g/kg 保水剂施用下，>2mm 和 2～ 0.25mm 的团聚体分别占总团聚体的 18.23% 和 22.40%，>0.25mm 的大团聚体比例为 40.63%。在保水剂施用量为 4g/kg 的处理中，>0.25mm 团聚体占比为 43.48%，与其 他处理相比具有显著性差异（$P<0.05$）。

在生物炭和保水剂的联合施用下，B_0W_4、B_0W_6、$B_{10}W_4$、$B_{10}W_6$ 以及 $B_{20}W_4$、$B_{20}W_6$ 处理中大于 0.25mm 的大团聚体所占的比例显著高于其他处理（$P<0.05$），随着生物炭 和保水剂施用量浓度的增加，土壤大团聚体的比例显著上升，微团聚体的比例显著减少。 B_0W_4 处理的大团聚体比例为 43.55%，B_0W_6 处理的大团聚体比例为 43.03%，比 CK 处 理高出 31.13%，同时 B_{10} 组的 $B_{10}W_6$、$B_{10}W_6$ 处理大团聚体分别为 43.21% 和 37.43%， C 组的 $B_{20}W_4$、$B_{20}W_6$ 处理大于 0.25mm 的大团聚体比例分别为 40.24% 和 36.81%，表 明生物炭与保水剂联合施用显著促进了土壤大团聚体的形成，未施加保水剂的处理中土壤 比较不容易形成团粒，以至于土壤的微团聚体所占比例更多。

由图 4－5 可知，在不同改良剂施用量配比的处理下土壤团聚体平均重量直径（MWD） 有着显著差异性（$P<0.05$）。在单独施用保水剂的处理中土壤 MWD 平均为 1.05mm， 而单独施用生物炭的处理中 MWD 平均为 0.22mm，低于改良剂联合施用的处理，同时表 明保水剂对于 MWD 的影响相较于生物炭更为显著。随着改良剂施用量梯度的增加， MWD 呈现出先增加后减少的趋势，在 $B_{10}W_4$ 处理最高，为 1.55mm，相较于 CK 处理增 加了 434.48%，其次为 B_0W_4 处理、B_0W_6 和 $B_{10}W_6$ 处理，分别为 1.47mm、1.38mm 和 1.27mm，这 4 个处理间没有显著性差异，但均显著高于其他处理，在 $B_{10}W_0$ 处理最低， 为 0.21mm，与 CK 和 $B_{20}W_0$ 相比没有显著性差异（$P>0.05$），但 3 种处理均显著低于其他处理，即在所有处理中未施加保水剂的处理组所得数值显著低于施用保水剂的处理。分别在 B_0、B_{10} 和 B_{20} 处理组中，土壤团聚体 MWD 随保水剂施用量的增加呈现出先增大后减小的趋势，即在 4g/kg 保水剂施用量下土壤更加稳定。

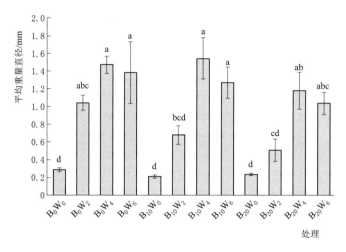

图 4-5　生物炭和保水剂互作不同处理的平均重量直径

由图 4-6 可知，在不同改良剂施用量配比的处理下土壤团聚体几何平均直径（GWD）有着显著差异性（$P<0.05$），与团聚体 MWD 相同，随着改良剂施用量梯度的增加，GWD 呈现出先增加后减少的趋势，且在 $B_{10}W_4$ 处理获得最高数值，为 0.70mm，显著高于 CK 处理，在 $B_{10}W_0$ 处理时显著最小，为 0.39mm。单独施用保水剂的处理中 GWD 为 0.61mm，单独施用生物炭的处理中 GWD 为 0.40mm，均低于改良剂联合施用的处理。

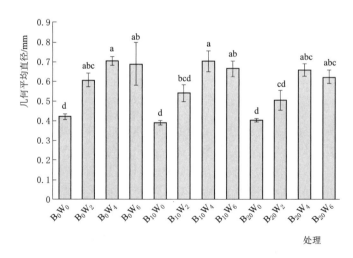

图 4-6　生物炭和保水剂互作不同处理的几何平均直径

同土壤团聚体 MWD 的变化趋势相同，保水剂施用量为 0～4g/kg，团聚体 GWD 差异最显著，稳定性差异最大，且土壤团聚体 MWD 与 GMD 呈显著正相关性。在所有处理中未施加保水剂的处理组所得数值显著低于施用保水剂的处理，分别在 B_0、B_{10} 和 B_{20} 处理组中，土壤团聚体 GWD 随保水剂施用量的增加呈现出逐渐增大后减小的趋势，即在 4g/kg 保水剂施用量下土壤更加稳定。

如图 4-7 所示，在不同改良剂施用量配比的处理下土壤团聚体分形维数（D）有着显著差异性（$P<0.05$），且随着改良剂施用量梯度的增加，D 呈现出逐渐减少的趋势。在单独施用保水剂的处理中，分形维数 D 平均为 2.44，单独施用生物炭的处理中 D 平均为 2.56，均高于生物炭与保水剂联合施用的处理，且相较于生物炭，保水剂对其影响更为显著。在 $B_{10}W_6$ 处理、$B_{20}W_4$ 处理和 $B_{20}W_6$ 处理下土壤 D 达到数值最小，分别为 2.36、2.35 和 2.34，相较于 CK 处理分别降低了 7.09％、7.48％和 7.87％。在 $B_{10}W_6$、$B_{20}W_4$ 和 $B_{20}W_6$ 三组处理之间差异不显著（$P>0.05$），但相较于其他处理尤其是单独施用改良剂的 B_0 组与 W_0 组处理，D 的数值均显著减小，具有显著性差异（$P<0.05$）。

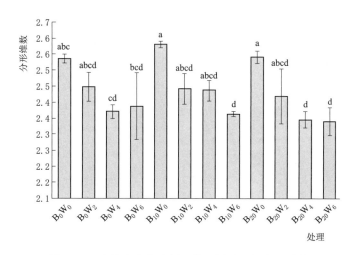

图 4-7　生物炭和保水剂互作不同处理的分形维数

由图 4-8 可知，在不同改良剂施用量配比的处理下土壤团聚体不稳定团粒指数

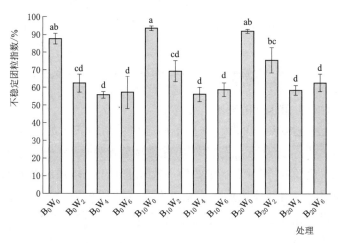

图 4-8　生物炭和保水剂互作不同处理的不稳定团粒指数

（SWA）有着显著差异性（$P<0.05$），且随着改良剂施用量梯度的增加，SWA 呈现出先减少后增加的趋势。在单独施用保水剂的处理中，SWA 平均为 65.80%，在单独施用生物炭的处理中，SWA 平均为 92.81%，均高于生物炭与保水剂联合施用的处理，且保水剂的施用对于 SWA 影响更为显著。在保水剂施用量为 4g/kg 和 6g/kg 时的处理之间相比较没有显著性差异（$P>0.05$），但相较于其他处理，B_0W_4、$B_{10}W_4$ 和 $B_{20}W_4$ 处理的 SWA 分别为 55.72%、56.05% 和 58.61%，相较于 CK 处理及改良剂浓度较低（保水剂施用量为 2g/kg）的处理显著较低，拥有较好的改良结果。

由图 4-9 可知，在不同改良剂施用量配比的处理下土壤团聚体破坏率（PAD）有着显著差异性（$P<0.05$），与团聚体 SWA 相同，随着改良剂施用量梯度的增加，PAD 呈现出先减少后增加的趋势，且土壤团聚体 PAD 与 SWA 具有显著正相关性。在保水剂单独施用的处理中 PAD 平均为 51.4%，而单独施用生物炭时 PAD 平均为 82.53%，均高于生物炭与保水剂的联合施用处理。在 B_0W_4、$B_{10}W_2$ 和 $B_{10}W_4$ 处理中，土壤团聚体 PAD 拥有显著较低的结果，且在 $B_{10}W_4$ 处理中达到最低数值，为 29.45%，相较于 CK 处理具有显著性差异，且减少了 61.96%，B_0W_4 和 $B_{10}W_2$ 处理数值分别为 40.06% 和 33.69%，相较于 CK 分别减少了 48.25% 和 56.48%。在不施加保水剂的 B_0W_0、$B_{10}W_0$ 和 $B_{20}W_0$ 处理中，土壤 PAD 均显著较高，且相互之间没有显著性差异（$P>0.05$）。

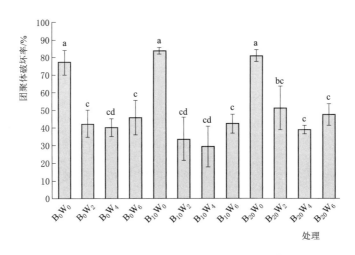

图 4-9 生物炭和保水剂互作不同处理的团聚体破坏率

4.3.3 互作处理对潮土含水量的影响

由表 4-7 中生物炭和保水剂联合施用不同处理在不同天数的土壤含水量可知，保水剂和生物炭的联合施用对土壤含水量的增加有着显著促进效果（$P<0.05$），且随着改良剂联合施用量梯度的增加，其对含水量的促进效果呈现出先增加后降低的趋势。在未施加生物炭的 B_0 处理中，各时间段土壤含水量的总平均值约为 30.60%，生物炭施用量相同时，在分别为 10g/kg 和 20g/kg 的 B_{10}、B_{20} 处理中，土壤含水量的平均值均为 32.09%，没有显著性差异（$P>0.05$）。

表 4 - 7	生物炭和保水剂互作不同处理在不同天数的土壤含水量		‰
处 理	第 30 天含水量	第 45 天含水量	第 60 天含水量
B_0W_0	21.37±0.72d	17.75±2.61c	16.42±1.77d
B_0W_2	27.21±1.03bcd	18.94±1.74c	23.82±2.67cd
B_0W_4	37.09±3.22abc	30.80±5.50bc	45.35±2.02ab
B_0W_6	36.81±5.49abc	38.44±1.30ab	53.22±0.41a
$B_{10}W_0$	25.90±0.99cd	18.71±1.89c	16.12±1.65d
$B_{10}W_2$	29.97±2.88abcd	21.42±2.66c	17.62±0.49d
$B_{10}W_4$	39.66±6.12abc	38.76±5.78ab	39.42±1.72b
$B_{10}W_6$	45.85±3.70a	51.47±2.20a	40.21±1.19ab
$B_{20}W_0$	26.85±2.45bcd	18.92±3.12c	18.70±3.42d
$B_{20}W_2$	31.01±5.21abcd	15.90±2.05c	18.64±2.75d
$B_{20}W_4$	42.38±4.33ab	39.26±3.33ab	41.10±2.73ab
$B_{20}W_6$	41.77±8.50abc	37.06±8.22ab	53.49±1.93a

保水剂的施用量对土壤含水量有着显著影响（$P<0.05$），随施用量梯度的增加土壤含水量相较于 CK 与低浓度施用量的处理显著增加。在保水剂施用量为 0g/kg 时，单独施用生物炭的土壤平均含水率为 20.87%，保水剂施用量增加为 2g/kg 时土壤含水率增为 22.73%，当土壤中的保水剂含量为 4g/kg 和 6g/kg 时，土壤含水率高达 39.31% 和 44.26%。比不添加保水剂的处理的含水量增加了 18.44% 和 23.39%，与其他处理相比均有显著性差异（$P<0.05$），说明保水剂可以有效吸水蓄水，防止土壤中的水分和养分流失，改善土壤结构的稳定性，并且在不施用生物炭时单独施用保水剂的处理平均含水量为 30.60%，高于单独施用生物炭的处理。

在生物炭和保水剂联合施用的处理中，土壤的含水量相较于单独施用得到的结果更佳，且含水量有着先增加后逐渐降低的趋势，且土壤含水量与保水剂的施用量呈显著正相关关系。在 B_0W_0 对照处理中，土壤含水率平均为 18.51%，含水率较高的 B_0W_4、B_0W_6、$B_{10}W_4$、$B_{10}W_6$、$B_{20}W_4$、$B_{20}W_6$ 处理保水剂施用量为 4g/kg 和 6g/kg，这些处理的含水量达 40% 左右，高于其他处理。在第 30 天和第 45 天的处理中 $B_{10}W_6$ 均为土壤含水最多的处理，且该处理的含水量相比其他处理具有显著性差异（$P<0.05$），第 60 天时 B_0W_6 与 $B_{20}W_6$ 处理的含水量显著高于其他处理。在保水剂施用量为相同含量时，生物炭含量的增加也会促进土壤含水量的增加，但处理间一般没有显著性差异（$P>0.05$）。

4.4 黄泛沙地生物炭和保水剂互作对土壤化学性质的影响

4.4.1 互作处理对潮土全氮的影响

未改良之前原土所含的全氮（TN）为 0.43g/kg，经过盆栽试验改良后，由图 4 - 10 可知，B_0W_0 试验处理所含 TN 的平均值为 0.44g/kg，第 45 天时的土壤 TN 含量为 0.42g/kg，第 60 天时的 TN 含量为 0.46g/kg，相较于第 45d 显著增加。

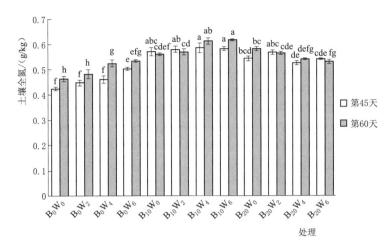

图 4 - 10 生物炭和保水剂互作不同处理的土壤全氮含量

在所有处理中，TN 随着生物炭和保水剂联合施用量的增加，呈现出先增加后减少的趋势。在单独施用保水剂的处理中，TN 含量为平均 0.49g/kg，低于改良剂联合施用的处理，保水剂施用量为 2g/kg 的盆栽处理的 TN 含量为 0.46g，比对照处理提高了 4.53%，保水剂施用量为 4g/kg 的处理中 TN 含量为 0.49g/kg，比 CK 高出 0.05g/kg，提高了 11.06%，但与 CK 相比均不具有显著性差异（$P > 0.05$）。而保水剂施用量为 6g/kg 时，TN 含量为 0.52g/kg，与 CK 相比高出了 16.93%，显著高于 CK 处理。在单独施用生物炭的处理中，TN 含量为平均 0.56g/kg，均低于生物炭与保水剂联合施用的处理，但相对于保水剂的单独施用，生物炭的施用更能影响土壤中的 TN 含量。

在全部处理中，无论是第 45 天或是第 60 天时，B_{10} 组处理 TN 均显著高于 B_0 和 B_{20} 组别，在 B_{20} 组处理组中 TN 含量与 B_{10} 组相比呈现出显著下降的趋势（$P < 0.05$），且 $B_{10}W_0$ 至 $B_{10}W_6$ 处理 TN 含量随着保水剂含量的增加而增加，在 $B_{10}W_6$ 处理组达到最大含量水平，说明在生物炭施用量为 10g/kg，保水剂含量为 6g/kg 时的改良剂配比处理对土壤 TN 的增加有更显著的促进作用。其中第 45 天时 $B_{10}W_6$ 处理的 TN 为 0.58g/kg，相较于 CK 处理高出 0.16g/kg，含量提高了 35.21%，该时间节点 $B_{10}W_6$ 处理与 $B_{10}W_4$ 处理没有显著性差异（$P > 0.05$），但显著高于其他所有处理。在第 60 天时 $B_{10}W_6$ 处理的 TN 为 0.62g/kg，相比于 CK 对照处理增加了 33.05%，同时也显著高于其他所有处理。在 B_{20} 组处理中，相应处理的 TN 含量随着保水剂的增加呈下降趋势，但 $B_{20}W_6$ 处理的 TN 含量为 0.53g/kg，相较于 CK 处理仍然增加了 20.54%，B_{20} 组的所有处理相较于 CK 仍然显著增加。考虑到试验天数对试验结果的影响，且由图可知，第 60 天时的土壤平均 TN 相较于第 45 天显著升高，说明改良时间的长短对土壤的改良效果有着一定的影响，且改良时间越长，改良效果通常显著越好。

4.4.2 互作处理对潮土碱解氮、速效磷钾的影响

由图 4 - 11 可知，土壤碱解氮（AN）的含量随着生物炭和保水剂的施用，有些处理之间变化差异不显著（$P > 0.05$）。在单独施用生物炭的处理中土壤 AN 平均为 21.88mg/kg，

在单独施用保水剂的处理中 AN 平均为 21.98mg/kg，均低于生物炭与保水剂的联合施用。

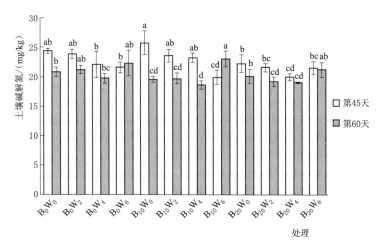

图 4-11　生物炭和保水剂互作不同处理的土壤碱解氮含量

在第 45 天时，$B_0 W_0$ 对照处理的 AN 含量为 24.34mg/kg，在生物炭和保水剂两种改良剂的联合施用下其含量呈现出先增加后减少的趋势，与 B_0 和 B_{20} 处理组相比，在 B_{10} 组处理中 AN 的含量显著较高，且在 $B_{10} W_0$ 组处理中达到最高水平，相较于 CK 增加了 5.71%，显著高于其他所有处理（$P < 0.05$）。在第 60 天时土壤 AN 的含量则在 $B_{10} W_6$ 处理达到最高水平，相较于 CK 增加了 10.77%，显著高于其他处理，在两个时间节点时土壤 AN 含量最高水平均出现在 B_{10} 组处理，但第 60 天时土壤的 AN 含量相较于第 45 天时的 AN 含量没有显著性差异（$P > 0.05$），并且施用生物炭和保水剂浓度较高的一组结果中 AN 含量有所降低。

由图 4-12 可知，土壤中速效磷（AP）含量随着两种改良剂施用量梯度的增加而增加，且在第 60 天处理的 AP 含量要显著高于第 45 天时的 AP 含量，同时第 45 天和第 60

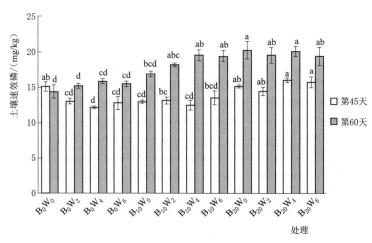

图 4-12　生物炭和保水剂互作不同处理的土壤速效磷含量

天两个时间节点时土壤 AP 含量较高的处理均为 B_{20} 组，相较于 B_0 与 B_{10} 组处理显著增加。

在第 45 天时，B_0W_0 对照处理 AP 平均为 15.20mg/kg，随着土壤改良剂的增加，AP 含量呈现出增加的趋势，在 $B_{20}W_4$ 和 $B_{20}W_6$ 处理达到最大，两处理间差异不显著但与其他处理相比均具有显著性差异（$P<0.05$）。在单独施用生物炭的处理中，AP 含量平均为 14.14mg/kg，略高于生物炭与保水剂在低施用浓度配比下的 AP 含量，但低于较高浓度的改良剂联合施用处理。在单独施用保水剂的处理中，AP 含量平均为 12.73mg/kg，低于生物炭与保水剂联合施用处理下的 AP 含量。相同生物炭施用量下随保水剂施用量的增加，AP 含量略有减少，在 B_0W_6 处理中 AP 的含量降至 12.86mg/kg，比对照降低了15.39%。在 $B_{10}W_6$ 处理中，土壤 AP 的含量为 13.59mg/kg，相较于 $B_{10}W_0$ 处理增加了4.4%。而在生物炭施用量较高的 B_{20} 组处理中 AP 含量相较于 CK 显著增加，在 $B_{20}W_4$ 组处理中 AP 含量达到最大，当生物炭施用量为 20g/kg，保水剂施用量为 4g/kg 时，土壤 AP 含量为 16.14mg/kg，相较于 CK 增加了 6.18%，同时相较于未施加保水剂的 $B_{20}W_0$ 处理增加了 5.9%。

处理在第 60 天时的变化趋势与第 45 天时变化趋势相同，$B_{10}W_4$ 处理 AP 含量为 14.46mg/kg，比原土增加了 50.63%，并且随着生物炭和保水剂联合施用量梯度的增加，AP 含量也显著增加。在单独施用生物炭的处理中，AP 含量平均为 18.7mg/kg，在单独施用保水剂的处理中，AP 含量平均为 15.61mg/kg，均低于生物炭与保水剂联合施用处理下的 AP 含量。$B_{10}W_4$ 中速效磷的含量为 19.66mg/kg，比第 60 天时的 B_0W_0 对照处理高出了 35.96%，而 $B_{20}W_4$ 中的速效磷含量达到所有处理的最高水平，为 20.25mg/kg，高于对照组 40.04%，显著高于其他处理（$P<0.05$）。且由图 4-12 所知，第 60 天的平均 AP 含量显著高于第 45 天的处理，其中 B_{10} 组处理在第 45 天和第 60 天之间的差异尤为显著，表明中等改良剂施用梯度下在更长时间的改良下往往能够得到更显著的结果。总体来看，土壤 AP 含量随着改良剂的施用呈现出较显著的增长趋势，并且生物炭和保水剂的混合施用对速效磷含量的增加效果要远远好于两种改良剂的单独施用。

由图 4-13 可知，土壤速效钾（AK）的含量随生物炭和保水剂联合施用量梯度的增加，呈现出先增加后减少的趋势，同时第 60 天的 AK 含量显著高于第 45 天的土壤 AK 含

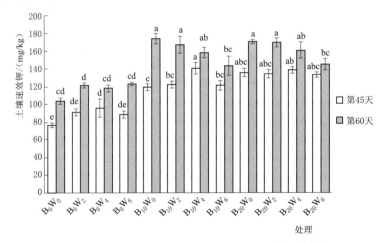

图 4-13　生物炭和保水剂互作不同处理的土壤速效钾含量

量，不同天数处理中 AK 的变化趋势相同，均呈现出先增加后减少的趋势。

第 45 天时，B_0W_0 处理中 AK 含量为平均 76.67mg/kg，随着改良剂施用量的增加，AK 的含量也有所增加，在 $B_{10}W_4$ 处理中 AK 含量达到最高水平，为 140.00mg/kg，比对照组高出 82.60%，且显著高于其他处理（$P<0.05$）。在单独施用生物炭的处理中，AK 含量平均为 127.17mg/kg，在单独施用保水剂的处理中，AK 含量平均为 91.67mg/kg，均低于生物炭与保水剂联合施用处理下的 AK 含量。B_{10} 与 B_{20} 组处理得到的结果与 B_0 组处理相比土壤 AK 含量显著增加，且 B_{20} 组相较于 B_{10} 组处理结果显著较好。在第 60 天的处理中 AK 变化趋势与第 45 天相似，B_{10} 与 B_{20} 组处理结果差异不显著（$P>0.05$），但相较于 B_0 组处理土壤 AK 含量显著增加，且所得结果均显著好于第 45 天的处理结果。在第 60 天单独施用生物炭的处理中，AK 含量平均为 172.17mg/kg，高于其他处理，单独施用保水剂的处理中，AK 含量平均为 120.00mg/kg，低于生物炭与保水剂联合施用处理下的 AK 含量。B_0W_0 对照处理的 AK 含量为 103.33mg/kg，比第 45 天时的 B_0W_0 处理高出 34.77%，表明更长时间的土壤改良比短期改良更有显著效果，改良土壤的时间延长更有利于土壤中养分的积累，能够较好改善土壤结构和质地。

综合第 45 天和第 60 天的结果，在 B_0W_0 处理中 AK 的含量平均为 90mg/kg，比原土的速效钾含量稍低，可能是不做任何处理的土壤在培育过程中消耗掉了原有的养分。随着生物炭和保水剂联合施用量的增加，土壤 AK 含量显著增加，且在 B_{10}、B_{20} 组处理中，AK 含量显著高于 B_0 组处理，且 $B_{10}W_4$、$B_{20}W_4$ 处理的速效钾含量达到了 149mg/kg 和 149.5mg/kg，比 B_0W_0 处理高出 65.56%，比 B_0W_4 处理高出 41.19%，与其他处理组相比均有显著性差异（$P<0.05$）。

4.4.3 互作处理对潮土有机质的影响

如图 4-14 所示，土壤有机质（SOM）含量随着生物炭和保水剂施用量梯度的增加，呈现出先增加后减少的趋势。在 B_0、B_{10} 的联合施用处理中，SOM 的含量与改良剂的施用含量具有显著正相关性（$P<0.05$）。生物炭和保水剂的施用有利于 SOM 的提升，所有处理的 SOM 含量与 CK 相比均显著增加，且第 45 天与第 60 天的处理变化趋势相同。在

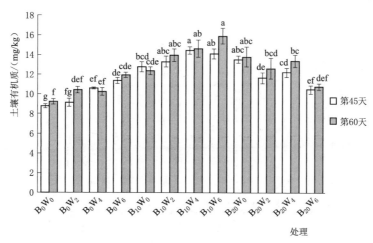

图 4-14 生物炭和保水剂互作不同处理的土壤有机质含量

单独施用生物炭的处理中 SOM 含量平均为 10.59g/kg，单独施用保水剂的处理中 SOM 平均为 13.09g/kg，含量均低于生物炭与保水剂联合施用的处理。

在不施加生物炭的处理中，平均 SOM 含量为 10.18g/kg，生物炭施加量在 10g/kg 时有机质的积累较好，施用 10g/kg 和 20g/kg 的处理中 SOM 的含量平均分别为 13.91g/kg 以及 12.27g/kg，随保水剂的含量增加，B_0W_6 处理的 SOM 含量平均为 11.63g/kg，分别比 B_0W_0、B_0W_2、B_0W_4 处理的 SOM 高出了 2.67g/kg、1.87g/kg 和 1.23g/kg，与 B_0 组其余处理相比均具有显著性差异（$P<0.05$）。$B_{10}W_4$ 处理和 $B_{10}W_6$ 处理的 SOM 含量达到显著最高水平，平均为 14.50g/kg 和 14.98g/kg，比 $B_{10}W_0$ 和 $B_{10}W_2$ 处理高出 1.66g/kg，与其他处理相比均有显著性差异（$P<0.05$）。在生物炭施用量较多的 B_{20} 组处理中，随着保水剂施加含量的增多，对应处理的 SOM 显著下降，$B_{20}W_0$ 处理的 SOM 含量为 13.62g/kg，而 $B_{20}W_2$、$B_{20}W_4$ 和 $B_{20}W_6$ 处理的有机质含量分别为 12.09g/kg、12.77g/kg 和 10.60g/kg，处理间均存在显著性差异，且 $B_{20}W_6$ 的 SOM 含量显著低于 B_{10} 与 B_{20} 组其他处理。可见生物炭含量过高时，随着保水剂的施用量增加，会显著降低土壤中有机物质的含量，SOM 的最高增长量出现在的中等改良剂施用量下。

同时 SOM 的积累与天数的增加有正相关性，在第 60 天时的 SOM 含量平均为 12.40g/kg，高于在第 45 天时的 SOM 平均含量，表明较长的改良时间更能促进 SOM 含量与土壤养分的积累，显著改善土壤结构和土壤质地。综上，生物炭与保水剂联合施用可以显著增加土壤中的有机物质含量，且在生物炭和保水剂施用量为中等浓度梯度时对 SOM 的形成有更强的促进作用，总体在生物炭施用量为 10g/kg，保水剂施用量为 4g/kg 和 6g/kg 下 SOM 增加状况显著更好，土壤生物炭与保水剂的浓度过高时反而会抑制 SOM 的储存与积累。

4.4.4 互作处理对潮土 pH 值的影响

由图 4-15 可知，在 B_0 组处理中土壤的 pH 值相较于 B_{10} 与 B_{20} 组处理呈现出显著较高的结果，在 B_{10} 组与 B_{20} 组处理中当保水剂的施用量为 0g/kg 与 2g/kg 时土壤 pH 值显著低于其他处理，随着保水剂施用量的增加 pH 值呈现出上升趋势。在第 45 天的处理中，pH 值在 $B_{20}W_0$ 处理达到显著最低水平，在第 60 天时，pH 值在 $B_{10}W_0$ 处理达到显著最低

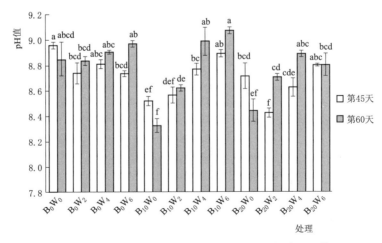

图 4-15　生物炭和保水剂互作不同处理的土壤 pH 值

水平，显著低于其他处理（$P<0.05$）。

在生物炭施用量为 20g/kg 的处理组中，土壤 pH 值低于生物炭施用量低的处理组，比不施加生物炭的处理平均降低 0.18。保水剂的施用使得土壤的 pH 值显著升高，且土壤 pH 值的平均值在中高生物炭施用量梯度的处理中随着保水剂施用量的增加显著增加，在不施用保水剂的情况下土壤 pH 值的平均值为 8.63，而施用量为 6g/kg 的处理平均为 8.88，比不施加保水剂的处理高出 2.9%。盆栽试验的天数对土壤的 pH 值没有显著影响（$P>0.05$），在生物炭和保水剂的联合施用中，土壤的 pH 值相比初始土壤均有所增加，但在 $B_{10}W_0$、$B_{10}W_2$ 和 $B_{20}W_0$、$B_{20}W_2$ 四组处理中，土壤的 pH 值较其他处理显著降低，与其他处理相比均具有显著性差异（$P<0.05$），即在两种改良剂的施用量为中等水平处理中，土壤的 pH 值能够得到一定的改善，但是土壤 pH 值的增大与改良剂本身的性质也有一定关系。

4.5　黄泛沙地生物炭和保水剂互作对苜蓿生长的影响

4.5.1　互作处理对苜蓿叶片数和分枝数的影响

由图 4-16 和图 4-17 可知，B_{10} 组处理的叶片数与分枝数相较于 B_0 组与 B_{20} 组处理显著增加，且叶片数与分枝数的最高数值均出现在 B_{10} 组处理，两个指标变化趋势相同。

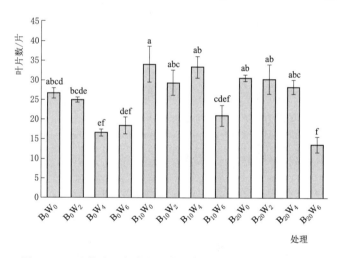

图 4-16　生物炭和保水剂互作不同处理每株苜蓿的叶片数

在单独施用保水剂的处理中苜蓿叶片数平均为 20.00，分枝数平均为 6.56，低于生物炭与保水剂联合施用的处理，B_0W_0 处理的每株苜蓿叶片数为平均 26.67 片，分枝数为 8.67，而施加保水剂含量为 6g/kg 的 B_0W_6 处理叶片数为 18.33，分枝数为 6.00，相较于 CK 显著减少。相似变化规律的 B_{10}、B_{20} 组处理中，叶片数最多的是 $B_{10}W_0$ 处理，为 34 片，其次是 $B_{10}W_4$、$B_{20}W_0$ 和 $B_{20}W_2$ 处理，这 3 组处理之间差异不显著，但相较于其他处理均有显著性差异（$P<0.05$）。分枝数最多的是 $B_{10}W_4$ 处理，其次是 $B_{10}W_0$ 处理，和与其他处理相比均显著较高，具有显著性差异（$P<0.05$）。在 B_{10} 组处理中，保水剂施用

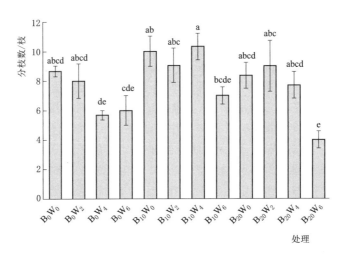

图 4 - 17　生物炭和保水剂互作不同处理每株苜蓿的分枝数

量最高的 $B_{10}W_6$ 处理的叶片数下降到平均 21 片，比 $B_{10}W_2$ 和 $B_{10}W_4$ 处理分别低了 28.4% 和 36.99%，分枝数也显著减少，与同组其他处理相比具有显著性差异，叶片数与分枝数数值最小的处理为 $B_{20}W_6$ 处理，变化规律与 B_0、B_{10} 组处理相似，在高水平保水剂的施用下，叶片数仅有 13.67 片，分枝数只有 4 个一级分枝，与其他处理均具有显著性差异，数量显著低于其余所有处理（$P<0.05$）。

4.5.2　互作处理对苜蓿根长茎长和鲜重干重的影响

由图 4 - 18 可知，盆栽试验收获苜蓿的茎长与根长的变化规律与叶片数及分枝数规律相同，B_0W_0 对照处理的茎长平均为 27.17cm，根长平均为 7.17cm，B_0W_2 处理茎长与根长和 B_0W_0 处理没有显著性差异（$P>0.05$），但 B_0W_6 处理中，苜蓿茎长仅为 16cm，根长仅为 5.83cm，相较于 B_0W_0 处理茎长减少 41.11%，根长减少 18.49%，根茎长度显著降低。在单独施用生物炭的处理中，苜蓿茎长平均为 29.67cm，根长平均为 9.33cm；在

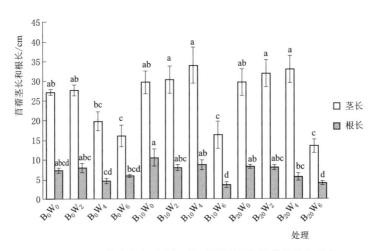

图 4 - 18　生物炭和保水剂互作不同处理的苜蓿茎长和根长

单独施用保水剂的处理中，苜蓿茎长平均为 21.17cm，根长平均为 6.06cm，均小于两种改良剂联合施用下的中低浓度梯度水平，而在改良剂联合施用浓度较高的水平下苜蓿根茎长度要小于改良剂的单独施用。

试验得到的结果中根长与茎长显著较高的处理为 $B_{10}W_2$、$B_{10}W_4$，以及 $B_{20}W_2$ 和 $B_{20}W_4$ 处理，这 4 个处理之间差异不显著（$P > 0.05$），但显著高于其他处理（$P < 0.05$），同时 B_{10} 与 B_{20} 处理组的苜蓿根茎长度显著高于 B_0 组处理。在生物炭和保水剂的联合施用下，中等浓度施用量的几个处理相较于其他处理结果均显著较好，$B_{10}W_4$ 处理的苜蓿的茎长为平均 34cm，比 B_0W_0 处理高出 25.14%，根长为 8.67cm，比 B_0W_0 处理高出 20.92%，具有显著性差异，$B_{20}W_2$、$B_{20}W_4$ 处理的茎长为 32cm 和 33cm，与同组其他处理均具有显著性差异（$P < 0.05$）。与叶片数、分枝数的规律相同，保水剂施用量为最高浓度的 B_0W_6、$B_{10}W_6$ 和 $B_{20}W_6$ 处理的茎长与根长显著低于其他处理，且 $B_{20}W_6$ 处理的茎长和根长数值最低，与上一浓度梯度的处理相比分别降低了 59.09% 和 119.26%，显著低于其他处理。

由图 4-19 可知，苜蓿的干重和鲜重在 B_{10} 组处理中得到了比 B_0 与 B_{20} 显著更好的结果。在单独施用生物炭的处理中，苜蓿鲜重平均为 3.78g，干重平均为 1.69g；在单独施用保水剂的处理中，苜蓿鲜重平均为 2.04g，干重平均为 0.76g，低于两种改良剂联合施用下的中低浓度梯度水平，而在改良剂联合施用浓度较高的水平下苜蓿鲜重和干重要高于改良剂的单独施用。在 B_0 组处理中，CK 处理的苜蓿平均鲜重为 2.76g，其干重为 1.19g，B_0W_2 处理平均鲜重为 2.77g，与 CK 所得结果无显著性差异（$P > 0.05$），其烘干后的干重比 B_0W_0 处理高出了 9.92%，具有显著性差异（$P < 0.05$）。而 B_0W_6 处理苜蓿的干重与鲜重显著低于 CK 处理，其中鲜重为 1.55g，比对照处理相比降低了 43.9%，其干重为 0.57g，低于对照处理 51.98%。

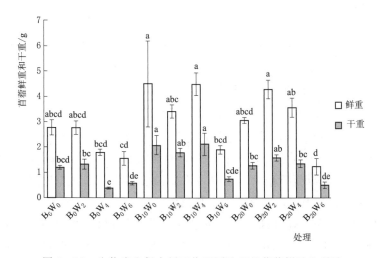

图 4-19 生物炭和保水剂互作不同处理的苜蓿鲜重和干重

在 B_{10} 组处理中，$B_{10}W_0$ 处理得到的苜蓿鲜重平均为 4.38g，干重为 1.74g，$B_{10}W_4$ 处理与 $B_{10}W_0$ 处理差异不显著（$P > 0.05$），但两者均显著高于其他处理。在 $B_{10}W_2$ 处理中，苜蓿的鲜重为 3.40g，干重为 1.79g，相较于 $B_{10}W_0$、$B_{10}W_4$ 处理显著减少，$B_{10}W_6$ 处理苜蓿的干重和鲜重较于 B_{10} 组其他处理显著降低，同时其干重也显著下降。在生物炭施用量最高的 B_{20} 组处理与 B_{10} 组处理所得到的结果规律类似，在保水剂含量 4g/kg 的处理中，苜蓿的地上地下生物量显著较高，但 B_{20} 组处理相比于 B_{10} 组处理苜蓿的干鲜重有所减少，$B_{20}W_2$ 处理的鲜重和干重分别为 4.28g 和 1.57g，与 $B_{10}W_0$、$B_{10}W_4$ 没有显著性差异，而保水剂施用较高水平的 $B_{20}W_6$ 处理鲜重与干重显著低于其他处理，表明在中等改良剂施用量下更能促进苜蓿的生长结果。

4.6　黄泛沙地生物炭和保水剂互作对土壤改良和苜蓿生长影响的综合评价

由于盆栽土壤中土壤的含水量、容重、团聚体占比、MWD、GWD、D、PAD、SOM、TN、AN、AP、AK 和 pH 值的水平和排名高低不同，以及种植的苜蓿的地上地下生物量、叶片数和分枝数有所差异，单一的土壤理化指标与苜蓿生长指标仅能反映出土壤或者苜蓿在某一指标数值的特性和品质，无法通过整体指标反应具体的改良效果从而得到最优配比，不够完善。同时，希望经过生物炭和保水剂联合施用改良后的土壤有能够保持持续性支撑植物高产的能力，即植物与土壤系统达到最优值，而不仅仅以植物的产出来评判与确定各处理之间的优劣。

因此，希望通过整合植物各生长指标与土壤物理化学性质，综合评价各处理对土壤-植物系统的整体表现的影响。所以采用熵权法对紫花苜蓿盆栽土壤理化性质、营养状况及植物生长发育的影响进行综合评价，首先通过对数据进行无量纲化处理，以消除数据量纲不同所带来的影响，使数据利于比较，指标统一转化后如表 4-8 所示。然后使用熵权法进行熵值、差异系数以及权重的计算（表 4-9），得出的指标权重不包含人为因素，更加科学且客观。

通过计算最终得出指标权重的大小影响得出评价结果，如表 4-10 所示，计算出综合评价指标数值得分的分数高低后对其进行综合排序，从而进行排名比较，得出所有处理最佳处理组合，通过综合分析评估土壤的物理化学指标以及紫花苜蓿的生长指数，进行综合评价。所得结果表明：在生物炭和保水剂与黄泛沙地的联合施用下，综合评价指标排序 $B_{10}W_4$（0.1193）>$B_{10}W_6$（0.1109）>$B_{20}W_4$（0.1090）>$B_{20}W_6$（0.0915）。改良剂施用浓度在生物炭施用量 10g/kg，保水剂施用量 4g/kg 的配比时，联合施用对土壤与植物的综合性状指数为 0.1193，相较于其他处理表现为明显提高，其次为生物炭施用量 10g/kg、保水剂施用量 6g/kg 的 $B_{10}W_6$ 处理综合指标数值为 0.1109，与 $B_{10}W_4$ 处理同为较优改良剂配比组；$B_{20}W_4$ 与 $B_{20}W_6$ 处理综合指数分别为 0.1090 和 0.0915。在此浓度配比下土壤的大团聚体比例、含水量、pH 值、SOM、TN、AN、AP、AK 含量显著增加，土壤容重显、D 显著降低，土壤 MWD、GWD 等显著增加。同时综合考虑了苜蓿的地上地下生物量、分枝数和叶片数等产量的提高、土壤肥力的提升以及土壤改良与植物生长带来的经济与生态效益等因素，表明土壤质量改善后种植的苜蓿具有较高的产草量。

表4-8　生物炭和保水剂互作处理指标数值无量纲化处理结果

指标	B₀W₀	B₀W₂	B₀W₄	B₀W₆	B₁₀W₀	B₁₀W₂	B₁₀W₄	B₁₀W₆	B₂₀W₀	B₂₀W₂	B₂₀W₄	B₂₀W₆
叶片数	0.6393	0.5574	0.1475	0.2295	1.0000	0.7705	0.9672	0.3607	0.8361	0.8197	0.7213	0.0000
分枝数	0.7368	0.6316	0.2632	0.3158	0.9474	0.7895	1.0000	0.4737	0.6842	0.7895	0.5789	0.0000
茎长	0.6667	0.6911	0.3089	0.1220	0.7886	0.8211	1.0000	0.1382	0.7886	0.9024	0.9512	0.0000
根长	0.5122	0.6098	0.1220	0.3171	1.0000	0.6098	0.7317	0.0000	0.6585	0.6341	0.2927	0.0488
鲜重	0.4704	0.4708	0.1734	0.0969	1.0000	0.6676	0.9980	0.2038	0.5667	0.9381	0.7148	0.0000
干重	0.4594	0.5362	0.0000	0.1010	0.9731	0.8079	1.0000	0.2097	0.5246	0.6814	0.5499	0.0642
含水量	0.0000	0.1761	0.7037	0.8895	0.0633	0.1643	0.7598	1.0000	0.1089	0.1221	0.8195	0.9364
容重	0.0000	0.2384	0.6748	0.8840	0.1629	0.3449	0.4621	1.0000	0.1437	0.3358	0.5492	0.7003
毛管孔隙度	0.0000	0.2610	0.7360	0.4948	0.3494	0.5973	0.5555	1.0000	0.3456	0.3034	0.6781	0.9483
总孔隙度	0.0000	0.2463	0.6661	0.5327	0.2650	0.5015	0.5121	1.0000	0.2466	0.2253	0.6497	0.9443
非毛管孔隙	0.9796	0.7442	0.1143	1.0000	0.2054	0.0000	0.3932	0.4776	0.1034	0.2735	0.4381	0.4748
饱和含水量	0.0000	0.1914	0.6187	0.5549	0.1755	0.3584	0.4082	1.0000	0.1595	0.2110	0.5234	0.7729
最大持水量	0.0000	0.1981	0.5790	0.4865	0.2336	0.4167	0.4359	1.0000	0.2147	0.2511	0.5432	0.7843
大团聚体	0.1535	0.8245	1.0000	0.9863	0.0000	0.6389	0.9911	0.8365	0.0430	0.4752	0.9116	0.8197
MWD	0.0582	0.6245	0.9443	0.8790	0.0000	0.3494	1.0000	0.7960	0.0145	0.2208	0.7278	0.6185
GWD	0.1061	0.6910	1.0000	0.9519	0.0000	0.4810	0.9983	0.8820	0.0474	0.3640	0.8549	0.7410
D	0.1844	0.5489	0.8753	0.8053	0.5972	0.5777	0.5995	0.9065	0.1676	0.6763	0.9790	1.0000
有机质	0.0000	0.1317	0.2379	0.4429	0.7859	0.7703	0.9202	1.0000	0.7749	0.5195	0.6335	0.2733
全氮	0.0000	0.1370	0.3126	0.4807	1.0000	0.8426	1.0000	1.0000	0.7655	0.7794	0.5728	0.5835
碱解氮	0.9837	0.9669	0.4551	0.7869	0.2251	0.6945	0.4546	0.6420	0.5354	0.2819	0.0000	0.6005
速效磷	0.1787	0.0289	0.0000	0.0232	0.2251	0.4111	0.4884	0.6036	0.9060	0.7322	1.0000	0.8783
速效钾	0.0000	0.2387	0.2679	0.2493	0.8992	0.8621	0.9390	0.6684	1.0000	0.9788	0.9469	0.7772

表 4-9 生物炭和保水剂互作处理指标的熵值、差异性系数和权重

指 标	熵值	差异性系数	权重	指 标	熵值	差异性系数	权重
叶片数	0.9219	0.0781	0.0395	饱和含水量	0.8993	0.1007	0.0485
分枝数	0.9394	0.0606	0.0307	最大持水量	0.9124	0.0876	0.0422
茎长	0.9108	0.0892	0.0452	大团聚体	0.9065	0.0935	0.0474
根长	0.8971	0.1029	0.0521	MWD	0.8720	0.1280	0.0561
鲜重	0.8978	0.1022	0.0518	GWD	0.8958	0.1042	0.0456
干重	0.8889	0.1111	0.0563	D	0.9237	0.0763	0.0334
含水量	0.8480	0.1520	0.0732	有机质	0.9156	0.0844	0.0427
容重	0.9201	0.0799	0.0405	全氮	0.9283	0.0717	0.0363
毛管孔隙度	0.9294	0.0706	0.0340	碱解氮	0.9409	0.0591	0.0299
总孔隙度	0.9158	0.0842	0.0405	速效磷	0.8523	0.1477	0.0748
非毛管孔隙	0.8833	0.1167	0.0562	速效钾	0.9238	0.0762	0.0386

表 4-10 生物炭和保水剂互作综合评价指标及排序

处理	综合评价指标数值	排序	处理	综合评价指标数值	排序
B_0W_0	0.042631	12	$B_{10}W_4$	0.119297	1
B_0W_2	0.068338	10	$B_{10}W_6$	0.110883	2
B_0W_4	0.072677	8	$B_{20}W_0$	0.06613	11
B_0W_6	0.087295	5	$B_{20}W_2$	0.079525	7
$B_{10}W_0$	0.069815	9	$B_{20}W_4$	0.109083	3
$B_{10}W_2$	0.08283	6	$B_{20}W_6$	0.091496	4

综合评价结果表明：通过生物炭与保水剂联合施用，在合适的施用浓度配比下（生物炭施用量为 10g/kg，保水剂施用量为 4g/kg 和 6g/kg 时）能够更好地改善土壤的理化性状，使得黄泛沙地的容重下降、有效养分含量增加、土壤孔隙度与团聚体稳定性得到显著改善，同时对苜蓿生长有显著促进作用，且在增加苜蓿产量上，生物炭和保水剂联合施用处理对苜蓿产量和苜蓿中的干物质与有机物质的积累有显著促进作用。

4.7 讨论

4.7.1 黄泛沙地生物炭和保水剂互作对土壤物理结构的影响

土壤理化性质是用于衡量土壤质量状况的重要指标（刘西刚等，2019），土壤容重数值本身可作为土壤肥力好坏的评价指标，能够用于指示土壤质量是否退化，以及反映土壤的质地及结构状况，同时也可作为衡量土壤孔隙度的标准。土壤质地相同时，其值越小，说明土壤孔隙越多、渗透能力越强（云慧雅等，2021）、肥力越好、适于耕作；反之土壤孔隙小，保持水分和养分的能力也会降低。土壤孔隙度是反映土壤持水能力与通透性的重要指标，对土壤渗透性能及水分调控作用有较大的影响。

由于生物炭与保水剂的特性，施加一定浓度的生物炭和保水剂能够显著降低土壤容重，有效加强土壤的结构与质量。生物炭疏松多孔，比表面积大，能够吸附到更多的水分子，并且吸附力极强而稳定；同时保水剂有着反复吸水放水的特点，这一过程能够使得保水剂本身产生收缩还有膨胀的变化效果，增加了土壤的孔隙，更能够有效增加水分的循环利用，增加土壤的蓄水保水作用，增加土壤中的水容量，但是有研究表明，添加过量浓度的保水剂会使土壤变得板结，影响了土壤的渗透能力（程晓彬，2020）。

在本书中，对于生物炭和保水剂单独施用的情况，随着施用浓度的增加，各个处理的土壤容重呈现出降低趋势，而土壤毛管孔隙度和非毛管孔隙度呈现出先增加后减少的趋势。在所有处理中，$B_{10}W_6$ 处理的土壤容重最低，为平均 $0.99g/cm^3$，相较于对照试验处理降低了 34.87%。同时土壤的毛管孔隙度与总孔隙度、非毛管孔隙度也在 $B_{10}W_6$ 处理下达到显著较高的水平，所以当生物炭的施用量为 10g/kg，保水剂的施用量为 6g/kg 时，对土壤容重与紧实度的影响作用最好。生物炭与保水剂的联合施用能够有效地减少土壤的容重，增加孔隙度，与其他学者的研究是相符合的，在特定的施用量比例下，生物炭与保水剂结合使用可以显著减少容重，提高土壤的持水能力，增加土壤的孔隙度与饱和含水量。在同等含量的保水剂施加下，施用不同含量的生物炭的处理之间差异不显著，施用更高含量的保水剂后可以明显提高土壤水分含量，降低土壤湿度下降的速度，明显降低了土壤的容重，这与程红胜等（2017）的研究一致，这是因为对土壤施用了保水剂，在一定程度上改善了土壤的结构以及水分情况。

在同等含量的生物炭施加下，生物炭和保水剂的混合施用相较于生物炭单独施用的处理均拥有更高的土壤毛管孔隙度和总孔隙度，且保水剂施用量较高的处理毛管孔隙度显著增加。同时也由于生物炭和保水剂的联合施用促进了土壤大团聚体的形成，生物炭疏松多孔的特性更利于保水剂中水分的维持，从而有效降低了土壤密度，使得土壤的孔隙情况得到极大的改善，增加了土壤的毛管持水量和土壤孔隙持水量（Ruqin et al.，2015）。但生物炭和保水剂施用超过一定水平时，这些能力又会被抑制，因此，在土壤改良的过程中选择合适的改良剂施用配比尤其重要。

土壤含水量是干旱监测的关键参数，土壤的含水量的多少与土壤质地和有机质含量有很大关系，通常土壤中的沙砾含量越多，土壤的渗水能力就越强，蓄水能力也就越差，土壤的含水量也相对越少（李文耀等，2020），而土壤越黏重，有机质越多，土壤所能保持的水分也就越多。

在本书中，生物炭与保水剂的混合施用有效增加了土壤的含水量和持水保水能力，在生物炭施用量相同的处理中含水量的增加与保水剂施用量呈现显著相关性，生物炭施用量的增加也对土壤含水量有着一定的影响。第 60 天时保水剂施用含量较高的 B_0W_6、$B_{10}W_6$ 和 $B_{20}W_6$ 处理中（保水剂施用量为 6g/kg），土壤含水量过高，可能是由于天气影响，室外降雨较多，保水剂吸水蓄水能力强，使得土壤水分含量也维持在一个较高的状态，而这种状态会抑制根系的呼吸，影响植物的生长。由此可知，土壤含水量与生物炭和保水剂的共同施用有着显著相关性，保水剂的施用对于土壤含水量的影响更大，生物炭的施用对含水量的变化有影响但不显著，并且混合施用生物炭和保水剂时所得结果相较于单独施用某种改良剂更佳，在土壤中施用一定浓度的保水剂和生物炭有利于增加土壤中的孔隙度，使得土壤疏松多孔，促进土壤水分的储存与循环利用，能够有效促进土壤的改良。在本试验中保水剂的施用含量与实际场景相比有所差距，因考虑到盆栽试验作为一种模拟试验，其植物生长环境、土壤养分的动态平衡等与田间试验有一定差别，因此所得结果不能直接应用于大田，而是作为植物生长以及土壤养分结构方面的机理性研究和探索性研究的依据。

土壤团聚体是土壤结构的基础单位，团聚体的结构对土壤中某些营养物质的保持有一定的影响、同时影响养分和水分的供给与转化，也是土壤结构评估中的一个重要指标。土壤中团聚体结构的优劣是用于评价土壤结构与品质好坏的一个重要标志，与土壤抗侵蚀能力有着十分密切的关系。其大小与形状能够直接影响土壤的持水能力与透气性（Pan et al.，2005）；同时土壤团聚体在土壤中运输和贮藏水分和养分，对于土壤的孔隙度也起了很重要的作用（童晨晖等，2022）。其中，大于 0.25mm 的大团聚体的含量越高表明土壤的结构越好，土壤的质量越好、稳定性也越强。

本试验的研究结果中，团聚体的稳定性强弱与土壤结构的好坏有着重要联系，生物炭和保水剂在一定比例下的联合施用能够显著提高土壤中大于 0.25mm 的大团聚体含量，减少微团聚体含量，并且能够显著提高土壤的平均重量直径。总体来说，$B_{10}W_4$ 和 $B_{20}W_4$ 两个处理中的土壤团聚体稳定性显著好于其他处理，$B_{10}W_4$ 处理中大于 0.25mm 的大团聚体占比为 21.97%，比未施加改良剂的对照处理高出了 15.82%，$B_{20}W_4$ 处理中大于 0.25mm 的团聚体比例也达到了 20.70%。这可能是由于在生物炭与保水剂这两种改良剂的混合施用下，生物炭的施用能够明显提高土壤中的有机碳含量与有机物质的含量，而有机物质含量的增加促使土壤中一些胶结物质的形成，从而有效促进大团聚体的积累，提高土壤结构稳定性。同时保水剂的施用使得土壤中一些分子颗粒物与保水剂凝结成团，有很强的吸水释水能力和黏连作用，有效增加了土壤中的胶结物质，可以更好地保持土壤中的有机物和营养，增强了生物炭、保水剂和土壤之间的黏结力，促进形成大量的团聚体，提高了生物炭对基质水分的吸持性能。但浓度过高的保水剂的施用可能会使得土壤中保水剂比重过大，对土壤水分的保持使得土壤湿度过高抑制了一些养分的积累。生物炭和保水剂两者联合施用更有利于土壤中一些有机、无机的复合胶体的形成，从而更能增加土壤的黏结力，使土壤结构得到改善，增加土壤的团聚性。

土壤团聚体 MWD、GMD 是反映团聚体质量与数量分布状况的综合指标，这两数值越大，说明土壤团聚体越稳定。而分形维数 D 反映了土壤粒径大小组成与颗粒质地的粗细程度，D 的数值越小，表明土壤的稳定性越好。团聚体破坏率表示水对土壤团聚体的破坏能力，PAD 越低，SWA 越低，说明土壤结构越稳定，土壤抗侵蚀能力越好，土壤肥力也就越高。本研究发现，施用保水剂含量为 4g/kg 和 6g/kg 浓度梯度时，土壤 MWD 和 GWD 显著高于其他施用量梯度，同时 D、SWA、PAD 显著低于其他处理，且在生物炭施用量为中等浓度梯度时得到的结果更佳。说明中等生物炭施用量下，同时施用较多保水剂的处理土壤团聚体最为稳定，改善了土壤结构，更有利于作物生长，这可能与生物炭疏松多孔的结构与吸附力强且耐分解（Gonzaga et al.，2017），以及保水剂反复吸水释水、有效储存土壤水分与养分的特点有关，两者与土壤团粒通过胶结作用形成团聚体与其他有机化合物，显著增加了土壤有机碳含量，增强了土壤的稳定性（Esmaeelnejad et al.，2016）。

4.7.2 黄泛沙地生物炭和保水剂互作对土壤化学性质改善及养分有效性的影响

SOM 指含有多种形态的土壤中的碳质有机物，对土壤理化性质和肥力因子的影响很大。SOM 和 SOC 的关系非常密切，一般情况下，土质更好、富含营养和高含水量的土壤，SOM 含量也越高。土壤中有机物质含量的多少是能够反映土壤肥力高低的重要指标，生物炭施用于土壤时能够增加土壤中比较稳定的 SOM。由本试验得出的结果可知，不同改良材料单独施用或者是混合施用下的处理均增加了土壤中的 SOM 含量，且 SOM 含量呈现出先增加后减少的趋势。综合 60 天的试验结果，在生物炭单独施用和保水剂单独施用的处理中，SOM 含量均呈先增加后减少的趋势，相较于原土与 CK 处理，$B_{10}W_4$ 和 $B_{10}W_6$ 处理下对 SOM 的影响最为显著，该处理的 SOM 和 SOC 含量显著高于其他处理，有利于土壤中的有机物质的增加，其中 $B_{10}W_4$ 处理的有机质含量为 14.50g/kg，$B_{10}W_6$ 处理的有机质含量为 14.98g/kg，均显著高于其他处理。这一定程度上与生物炭中本身含碳量较高有关，一定浓度的生物炭添加到土壤中有利于土壤有机物质的形成。

生物炭和保水剂的联合施用土壤中 C 的矿化起到了一定的作用（Liu et al.，2016），生物炭本身有较高的 C/N，能够有效增加土壤的有机碳含量。保水剂本身并不含碳，但是施用于土壤后能够改善土壤结构，利于碳和养分的储存（武梦娟等，2017；Rees et al.，2015），并且两者在合适的浓度配比下的联合施用能够在很大程度上增强固碳效应与碳的利用率，显著提高土壤中 SOM 和 SOC 的含量，促进苜蓿生长。生物炭与保水剂联合施用于土壤中，利于养分的储存，同时其中的养分容易被土壤微生物吸收利用，从而被迅速分解释放，使得混合施用的效果要显著好于单独施用，这与王恩姮（2007）等的研究结果相一致，表明了在土壤中混合施用改良剂更有利于 SOC、营养元素和土壤无机盐浓度的增加，在中等浓度的施用配比下对 SOM 和 SOC 含量的促进作用更加明显。

有研究表明，生物炭和保水剂联合施用改良后能够改善土壤的物理化学性质，有效提高土壤养分，但是由于各处理之间的生物炭和保水剂的施用量不同，土壤改良效果与其中化学元素含量存在一定的差异。

施用生物炭之后土壤的 pH 值有所增加，可能是因为生物炭和保水剂本身 pH 值略呈碱性，将其加入土壤之后土壤酸碱度受到改良剂的一定影响，也呈现出碱性，因此生物炭和保水剂施加量过多时土壤的碱性越有可能升高（Gaskin et al.，2010）。由于试验用受试土壤在试验开始之前经测定为弱碱性土壤，因此施入过多含量的生物炭和保水剂会使土壤 pH 值升高，抑制植物生长。

生物炭中有着比较高的 C/N，能够有效增加土壤的化学元素以及营养成分含量，生物炭的分解可能会促进土壤中氮元素的固定，且生物炭和保水剂共同作用于植物与土壤之后产生了不同影响。同时，由于紫花苜蓿是一种豆科植物，有着固氮作用，在土壤中生物炭和保水剂的联合施用会释放出氮素，苜蓿的固氮作用能够很好地增加土壤中的 TN 与 AN，但改良剂施用较多的处理，其土壤 TN 和 AN 有所降低，可能是由于 pH 值的增加加剧了土壤的氨挥发，从而降低了土壤的氮含量。土壤中的 TN 水平反映了土壤提供给作物氮元素的能力，土壤中的氮素可以维持作物的正常生长，TN 含量越高，表明土壤的肥力越好。土壤 AN 指可直接被植物吸收的氮，是用于判断短期土壤可利用氮素含量的重要指标（牧仁等，2021），且 AN 是作物生长吸收营养的重要供给。土壤 AP 反映了土壤中的磷素供给能力，也是植株磷素的直接来源（陈晓燕等，2021）。土壤 AK 是指土壤中易于被作物吸收和利用的钾元素，包括土壤溶液钾及土壤交换性钾，用于表示土壤钾肥供给状况（许仙菊，2021）。

本书中，$B_{10}W_4$、$B_{10}W_6$ 处理的 TN 与 AN 结果较佳，B_{10} 组处理与 B_{20} 组处理的 AP 结果相较于 B_0 组要好很多，同时 $B_{10}W_2$、$B_{10}W_4$、$B_{20}W_2$ 和 $B_{20}W_4$ 处理的 AK 含量显著性较高，可见并不是土壤改良剂的施用量越高对土壤的养分固持的促进效果越显著，很多情况下需要选择合适的施用量与施用配比，施用浓度过高时有时会产生抑制作用。试验所用生物炭与保水剂中并没有添加 P、K 元素，这可能是由于保水剂吸收水分，与生物炭互相凝结后提高了离子的吸附作用，且生物炭拥有大的比表面积与官能团，从而大大增强了养分有效性，减缓了土壤中离子的流失，提高了速效养分含量，但土壤养分含量并非是改良剂施用量越高越好，而是在合适的改良剂施用配比下能更好地减少土壤养分的流失，使土壤中有更多养分的供应，促进土壤改良与植物生长。

合适浓度生物炭与保水剂联合施用的处理土壤速效养分含量显著高于对照组，这一情况表明生物炭与保水剂联合施用处理对于土壤内的养分有着良好的保持与储存作用，这也有可能是因为生物炭与保水剂的施用增加了土壤的孔隙度，促进了植物根系分泌物的增加，从而提升了土壤中的养分含量。

4.7.3　黄泛沙地生物炭和保水剂互作对苜蓿生长的影响

有研究表明，苜蓿的株高与产量成正比，在苜蓿种植中，株高可以被用作评价筛选苜蓿品种的指标。生长方面，植物生物量是土壤改良的综合体现，反映出了改良质量与肥力好坏的结果，因此该指标对土壤改良的实际效果来说有很强的指导意义。

生物炭和保水剂在一定施用量梯度的联合施用对苜蓿的生长有着显著的促进效果，且不同改良剂组合的处理下有着不同的差异。随着施用量的增加，在生物炭施量为 10g/kg 时，苜蓿生物量达到最大；保水剂的施量为 4g/kg 时，苜蓿生物量达最大，对土壤改良和植物生长的促进效果要随着两种改良剂施用量的增加，呈现出先增加后减少的趋势。在第 45 天和第 60 天时，生物炭施用量为 50g/kg，保水剂施用量为 4g/kg 时的处理明显更有利于紫花苜蓿的生长发育，促进成熟。试验数据表明，在 $B_{10}W_4$ 处理组中，也就是生物炭施用量为 10g/kg，保水剂的施用量为 4g/kg 时，对苜蓿生长情况的促进效果最佳，相较于对照提高了 24.98%；同时茎长比 CK 提高了 25.14%。平均根长高出对照组 1.5cm，同时 $B_{10}W_4$ 处理的苜蓿鲜重也显著高于对照处理，分别提高了 43.94% 和 61.48%。生物炭有着较大的比表面积和比较强的吸附能力，能够固定养分。在综合考虑生物炭和保水剂联合施用后的结果可知，将生物炭与保水剂混合施用于土壤中可以提高土壤中的碳含量，同时促进苜蓿根际 SOC 积累，增加土壤的养分和水分，即在苜蓿生物量和养分方面，施加一定浓度配比的生物炭和保水剂能够明显促进苜蓿的营养物质积累，对苜蓿株高、分枝数等产量提升有着极其显著的效果。

整体来看，水分胁迫是影响紫花苜蓿生长发育的关键因素，大量研究发现，试验土壤中适量添加生物炭与保水剂能够有效保持土壤水分，提高植物对水分的吸收利用（Javanmard et al.，2012）。生物炭和保水剂的单独施用和混合施用对苜蓿的生长情况促进作用存在一定的差异，有些处理达到了促进生长的效果，有些处理甚至会抑制苜蓿的生长，两者在适宜浓度配比的联合施用有利于苜蓿生长，增加植株的含水量同时提高产量，且苜蓿的生长生理情况在改良剂施用量为中等水平时达到最大优势。在生物炭和保水剂的施用量较高的处理中，特别是保水剂施用较多的处理中（施用量为 6g/kg 时）苜蓿的生长反而受到了抑制，这可能是由于保水剂施用量较多时土壤的水分储蓄较多，抑制了植物根系的呼吸作用，而且水分过多时也会抑制土壤中养分的吸收与分解，进一步明示了生物炭与保水剂在合适浓度配比混合施用对于改良作物生长的价值，这与王桂君等（2017）的研究结果一致，在幼苗生长中并不是改良剂施用比例越高对于植物的生长越有利，浓度过高很可能会抑制植物生长，反而中等浓度的改良剂混合施用更能促进植物生长。

4.7.4 黄泛沙地生物炭和保水剂互作对土壤改良与苜蓿生长的综合影响

本研究所得结果表明：在生物炭和保水剂与黄泛沙地的联合施用下，土壤的大团聚体比例、含水量、pH 值、SOM、TN、AN、AP、AK 均显著增加，土壤容重与分形维数 D 显著降低，团聚体 MWD 与 GWD 显著升高，同时对于苜蓿生长而言有着显著的促进作用，但单一的理化性质与苜蓿生长情况仅能展示对这一指标的改良情况，因此综合考虑了苜蓿的地上地下生物量、分枝数和叶片数等产量的提高、土壤肥力的提升、土壤结构的改善以及土壤改良与植物生长带来的经济与生态效益等因素，形成土壤-植物综合评价系统。

研究表明，土壤质量改善后种植的苜蓿具有较高的产草量，且苜蓿的生长情况与土壤中的有机碳含量和养分含量密切相关，可能是由于有机碳等养分含量高时促进苜蓿的生长，而长势较好的苜蓿根系又能够吸收运输更多土壤中的养分，从而使得这两者在一定程度上有相近的变化规律。

综合评价结果表明：通过生物炭与保水剂联合施用，在一定的施用浓度下能够显著改善土壤的理化性状，并且提高土壤团聚体结构稳定性，促进植物的生长。试验研究通过熵权法得出综合指标排序为 $B_{10}W_4$（0.1193）＞$B_{10}W_6$（0.1109）＞$B_{20}W_4$（0.1090）＞$B_{20}W_6$（0.0915），即在生物炭和保水剂与黄泛沙地的联合施用条件下，在生物炭施用量 10g/kg，保水剂施用量 4g/kg 的 $B_{10}W_4$ 联合施用处理综合性状指数为 0.1193，相较于其他处理表现为明显提高，同时生物炭施用量为 10g/kg、保水剂施用量为 6g/kg 的 $B_{10}W_6$ 处理综合指标数值为 0.1109，同 $B_{10}W_4$ 处理同为较优改良剂配比组合。在生物炭和保水剂两两组合下，黄泛沙地的容重下降、有效养分含量增加、微生物生物量提高，对苜蓿生长和土壤结构的改善均有促进作用，且在增加苜蓿产量上，生物炭和保水剂联合施用处理对苜蓿产量和苜蓿中的干物质与有机物质的积累有显著促进作用，综合考虑了苜蓿的地上地下生物量、分枝数和叶片数等产量的提高、土壤肥力的提升以及土壤改良与植物生长带来的经济与生态效益等因素，表明土壤质量改善后种植的苜蓿具有较高的产草量。

由此可得，合理施用配比的生物炭和保水剂联合施用有利于增加苜蓿的产量，经合适改良剂配比下改良的潮土能够构建起土壤-植物系统，持续性保持植物高产、促进其更好地生长的同时能够促进土壤养分有效性的增加与水分的固持，为提高黄泛沙地区土地生产力、促进当地生态环境和经济发展提供理论指导和技术支撑。

4.8　小结

本书针对黄泛沙地存在结构差、有机质低、植物生长受到抑制的问题,通过盆栽试验的方式,以潮土和苜蓿为试验材料,设计生物炭和保水剂联合施用两因素完全随机试验,探究生物炭和保水剂的不同施用组合对土壤理化性质的改良效果以及对苜蓿生长的影响,并通过熵权法综合评价获得改良土壤与促进生长效果良好的施用配比,以期为提高黄泛沙地区土地生产力,实现土地的有效恢复和高质量利用,促进当地生态环境和经济发展提供理论指导和技术支撑。主要研究结论如下:

(1) 生物炭与保水剂联合施用能够显著改善土壤的结构、提高土壤团聚体稳定性。与CK与单独施用相比,生物炭与保水剂的联合施用显著降低了土壤容重,显著提高了毛管孔隙度与土壤含水量,并且显著增加了土壤 MWD 和 GMD。在不同施用量梯度下,土壤的饱和含水量、毛管最大持水量以及毛管孔隙度均在生物炭施用量为 10g/kg、保水剂施用量为 6g/kg 的 $B_{10}W_6$ 处理下显著高于其他处理,并随着施用梯度的增加呈现出先增加后降低的趋势,同时土壤容重显著低于其他处理。在 $B_{10}W_4$ 时土壤 MWD 和 GWD 显著高于其他处理,土壤分形维数 D、SWA 与 PAD 显著低于其他处理,具有更高的团聚体稳定性。整体来看,生物炭施用量为 10g/kg、保水剂施用量为 6g/kg 的组合配比对土壤结构以及团聚体稳定性的改善有着更显著的作用,更有利于土壤对水分以及养分的持蓄。

(2) 生物炭与保水剂联合施用能够显著改善土壤的化学特性,促进土壤养分含量以及有机碳含量的增加。当生物炭和保水剂施用量梯度增加时,SOM、TN、AP、AK 均呈现出先增加后减少的趋势,但对土壤 AN 含量的影响不显著。在 $B_{10}W_6$ 施用配比处理下的 SOM 含量与 TN 含量显著高于其他处理,达到最大值;AP 与 AK 含量则在生物炭施用量为 20g/kg、保水剂施用量为 4g/kg 的 $B_{20}W_4$ 处理下显著高于其他处理,AN 也在此施用量梯度得到较好的增加效果。

(3) 生物炭与保水剂的联合施用能够促进苜蓿的生长和产量的增加。与单独施用改良剂的处理与不施加改良剂的处理相比,随着联合施用量的增加,苜蓿的叶片数、分枝数、株高、鲜重与干重均呈现出先增加后减少的趋势,且在生物炭施用量为 10g/kg,保水剂施用量为 4g/kg 时各生长参数达到最大状态,相较于 CK 分别增加了 24.97%、19.15%、25.14%、62.03% 和 78.30%,产量显著增加且数值显著高于其他处理。

(4) 生物炭与保水剂联合施用相较于其单独施用来说更有利于黄泛沙地土壤结构的改良与养分水分的增加,同时利于紫花苜蓿的生长与产量提升。试验研究通过熵权法进行综合评价可得各处理的综合评价指数大小,得出综合指标排序为 $B_{10}W_4$(0.1193)>$B_{10}W_6$(0.1109)>$B_{20}W_4$(0.1090)>$B_{20}W_6$(0.0915),即改良土壤和促进植物生长效果最好的为生物炭施用量 10g/kg、保水剂施用量 4g/kg 的联合施用配比,此时综合评价指数为0.1193;其次为生物炭施用量 10g/kg、保水剂施用量 6g/kg 的联合施用配比,综合评价指数为 0.1109;$B_{20}W_4$ 与 $B_{20}W_6$ 处理综合指数分别为 0.1090 和 0.0915。同时相较于第45 天时的改良效果,培育至第 60 天时的土壤改良与植物生长结果显著更佳。

5 黄泛沙地不同农林间作模式土壤质量及经济效益评价

5.1 概述

土壤是陆地生态系统的重要组成部分,近几十年来,随着世界各国工农业的快速发展和自然环境的恶化,土壤环境受到了不同程度的破坏,土壤质量越来越受到人们的关注。有效的土壤质量评价则是改善土壤生态环境质量、完善土壤管理体系、保持土壤生产力可持续发展的有效途径,不仅能够提高土壤生产力,保持土壤可持续性,而且对促进土壤生态平衡和保护人类健康具有积极作用(Db A et al.,2021;Gura I et al.,2019)。山东省黄泛平原位于我国半湿润季风气候区,森林覆盖率为6%~9%(李红丽等,2006),是山东省重要的农业生产区,其耕地面积占该区土地总面积的59%。该区最突出的问题是土壤肥力贫瘠,灌溉施肥效率较低且"漏水漏肥",土壤风沙化严重,多数土壤沙性较强,质地疏松,结构脆弱,团聚性差,导致土地生产潜力无法充分发挥,大面积土地长期处于"中低产"状态,经济效益相对低下,对该区经济的进一步发展影响较大。2014年以来,随着国家对粮食安全的高度重视,平原林业的发展发生了较大的转变,林业生态建设步伐的加快以及农业产业结构调整,致使平原地区的农田防护林和用材林建设由单纯防护型或经济效益型向生态经济效益型转化。充分利用平原地区土壤、土地优势,追求土地综合利用效益最大化的农林复合经营模式,已逐渐成为平原地区农林业快速发展的主要模式和新亮点,同时,也是维护国家生态安全和粮食安全两大战略的双赢选择,将会为农业增产、农民增收、生态环境改善等发挥重要作用。

农林复合经营系统(Agroforestry),又称为混林农业、农用林业、农林间作等,是将林业和农业、畜牧业、渔业等按照一定的时间、空间顺序巧妙地结合在一起的综合管理方式(陈慧碧,2019)。农林复合系统是动态的、平衡的。农林复合系统是以生态学、经济学和系统工程学为基础的综合性自然资源管理系统,通过在农林用地上种植林木,并根据各类植被的生物学特性进行物种在时空上的合理搭配,营建多层次、多物种、多产业和环境友好型的人工复合生态系统。农林间作不仅能够改善土壤性状及养分、保墒保水、固土保肥、防风固沙、净化空气,而且可以有效改善光能利用率,提高土壤的抗蚀性、蓄水性、渗透性,降低林分郁闭年限,给予林木生长需求的氮素营养,为林业可持续发展创造健康稳定的生产力环境（陈磊等，2019）。

黄泛平原风沙区虽土地资源丰富，但土壤条件较差，综合利用率较低，为了改善生态效益和生产条件，黄泛区人民在生产实践上实行了林农间作、林药间作为主的农林复合经营模式。有关研究表明：在黄泛平原风沙区发展农林复合模式，不仅可以增加小麦产量，提高土地产出效益，实现土地集约利用，提升当地经济效益，而且随着林龄的增加，可明显改善土壤理化性质，如降低土壤容重，提高土壤有机碳、全氮、速效钾等含量（任国勇，2009）。与传统农业相比，农林复合经营系统在节约土地资源、增加农民收入，促进林业可持续发展方面有着重大意义。但是，一方面，由于经验上的不足以及缺乏正确的规划设计和管理引导，还存在一定的盲目性，没有发挥出最佳效益（任国勇，2009）；另一方面，对于已开展的农林复合经营模式，缺乏必要的包括生态、经济效益在内的多层次的效益评估，使得农林复合经营随意性较强而科学性不足，尚未形成指导生产实践的发展模式。以东明林场为例，林场在农林复合经营方面便做了诸多尝试，建设初期为有效地开展防风固沙，林场主要采用杨树为主体的农林复合经营模式，后期，随着杨树木材价格的逐渐下降，开始转向多树种经营模式；特别是近些年来，生态建设、园林绿化建设的兴起加大了对绿化苗木的需求，因此，林场探索营造了杨树、泡桐、白蜡、红枫、国槐等一些经济价值相对较高的绿化苗木，并在林下进行了林农、林药等多种复合经营模式。然而，在不同农林间作模式下其经济效益如何，对土壤质量有何影响，在"双碳"背景下，何种经营模式对土壤碳及其经济效益影响显著？关于这些问题的研究尚未见相关报道。基于此，本书分别以 3 年生用材树种杨树、3 年生绿化树种白蜡为研究对象，以杨树纯林、白蜡纯林为对照，对杨树-小麦、杨树-花生、杨树-决明子、白蜡-大豆、白蜡-花生、白蜡-菊花不同农林间作模式的土壤理化性质、土壤生态化学计量、土壤碳固持等进行了研究，旨在：①研究各间作模式土壤物理性质，分析不同间作模式对土壤物理特性的影响；②对比各间作模式土壤化学性质，阐明不同间作模式土壤化学特性及碳固持变化特征；③分析不同间作模式的土壤质量及其经济效益，提出改良土壤作用明显、经济效益高的间作模式；④综合对比不同间作模式下各样地土壤质量与经济效益，以期获得指导黄泛平原沙地的农林间作模式。通过以上研究，为林场农林复合经营模式综合效益及服务功能的核算提供科学依据，为黄泛平原风沙区农林业的高质量发展提供参考依据。

5.2 材料与方法

5.2.1 研究区概况

1. 地理位置

黄河中下游黄泛平原区主要是指分布在黄河故道的大弧形平原（陈慧碧，2019），主要分布在河南省、山东省以及江苏省，研究区位于山东省国有东明林场（$115°5'\sim115°7'$E，$35°9'\sim35°14'$N），地处淮河流域，是典型的黄泛平原风沙区。东明林场始建于 1960 年，场部坐落于东明集镇，总面积 446hm²，林地面积 366.7hm²。黄泛平原区是我国水土流失国家级重点预防区，该区土壤地表扰动频繁，水土流失较为严重，土壤抗风蚀能力相对较弱，严重阻碍了当地农业、生态环境和区域高质量发展（李鑫浩等，2021）。

2. 地形地貌

东明林场位于山东省黄河冲积平原，地貌类型为黄河多次决口形成的决口扇形地，地势西高东低，南高北低，由西南向东北方向倾斜，地势较为平坦，总体以缓平坡地为主，海拔范围为 54.5～66.5m。

3. 土壤

东明林场土壤成土母质为黄河冲积物，主要为风沙土，表层分布为沙质，质地疏松，黏结性较差，土壤养分差，较为贫瘠。

4. 植被

东明林场植被类型属暖温带落叶阔叶林，植物资源主要有农作物、木本植物、草本植物、药用植物 4 类。农作物主要有小麦、玉米、花生、大豆、西瓜等。木本植物主要有杨树、柳树、白蜡、泡桐、国槐、红枫等。草本植物主要有茅草、苫草、星星草、狗尾草等。种植的药用植物主要有决明子、菊花、牡丹等；由于土壤质地原因，东明林场所种植西瓜以皮薄瓤甜而出名，且每年产量较高，是林场夏季农业经济重要来源之一。

5. 气候与水文

东明林场气候属于暖温带季风性半湿润气候，多年平均气温 15.5℃，年极端最高气温 38.8℃，年极端最低气温 -15℃；多年平均降水量为 609.3mm，多集中在 6～9 月，占年平均降水量的 70%，雨热同季，无霜期 215d。春夏季盛行南风，秋冬季盛行北风，年均风速 3m/s，春季最大风速达 15m/s。

东明林场位于黄河中下游，属黄河流域，地下水资源较为丰富，但水质较差，由于黄河冲积，土壤沙性严重，土壤风蚀与风沙化是林场的主要水土流失问题。

5.2.2 研究内容

以黄泛平原区不同农林间作模式为研究对象，开展如下几个方面的研究。

（1）不同农林间作模式土壤物理性质研究。以单一纯林为对照，分析不同农林间作模式土壤容重、总孔隙度、毛管孔隙度、土壤机械组成（砂砾、粉粒、黏粒）等土壤物理特性，明确不同农林间作模式对黄泛沙地土壤物理性质的影响。

（2）不同农林间作模式土壤化学性质研究。以单一纯林为对照，分析不同农林间作模式土壤 pH 值、有机碳含量（SOC）、全氮（TN）、全磷（TP）、全钾（TK）、碳氮比（C/N）、碳磷比（C/P）、氮磷比（N/P）、有机碳储量（SCS）等土壤化学特性，明确不同农林间作模式对黄泛沙地土壤化学性质及对碳固持的影响。

（3）不同农林间作模式土壤质量评价。基于各不同农林间作模式土壤理化性质等指标，采用主成分-聚类分析的方法，对黄泛平原区不同农林间作模式进行土壤质量综合得分，从而明确不同农林间作模式下黄泛沙地土壤质量状况，为发展黄泛区农林复合经营模式及提高黄泛区土壤质量提供科学依据。

（4）不同农林间作模式经济效益评价。根据现场测量、调查情况，采用经济效益静态评价方法，分别对白蜡不同农林间作模式、杨树不同农林间作模式进行经济效益核算，计算林木价值与林下农作物价值，最后核算各间作模式总经济价值，比较分析不同农林间作模式经济效益，对不同间作模式经济效益做出评价。

在此基础上，根据各样地土壤质量状况，结合经济效益评价，综合对比、评价出黄泛沙地性价比最高的农林间作模式，为黄泛平原不同农林间作模式生态效益及服务功能的核算提供科学依据。

5.2.3 试验设计

在研究区选择立地条件基本一致的白蜡造林小班，林龄 3 年，林下分别间作菊花、花生和大豆；选择立地条件一致的杨树造林小班，林龄 3 年，林下分别间作小麦、花生和决明子。在不同间作模式小班内分别选择 3 块调查样地，每块样地 1hm^2。各样地白蜡、杨树株行距均为 4m×5m，白蜡平均树高为 3.75m±0.26m，平均胸径为 5.42cm±0.14cm，平均冠幅为 2.2m×2.3m；杨树平均树高为 4.12m±0.37m，平均胸径为 5.92cm±0.23cm，平均冠幅 2.4m×2.6m。白蜡行间种植菊花、花生、大豆；杨树行间种植小麦、花生、决明子，其中，菊花、大豆、决明子和小麦均为行植，菊花株行距为 30cm×30cm，大豆株行距为 40cm×15cm；花生为双行垄作，垄上株行距为 40cm×15cm，垄距为 60cm。为消除各样地因施肥不同而造成的对土壤理化性质的影响，种植期间均采用统一的经营管理方式。

5.2.4 土壤取样

2020 年 10 月，待各试验样地农作物均收获后，在各试验样地随即布设取样点，在每个试验小区内采用 5 点取样法进行土壤样品采集，在每个样点内挖取 60cm 深的土壤剖面，按照 20cm 一层分 3 层取环刀、铝盒样品；并同步取土样 500g 左右，装袋编号，带回实验室风干后，将每块样区的 5 组样土混合均匀备用。

5.2.5 土壤理化性状测定

环刀、铝盒样品带回实验室后，采用环刀浸水法测量土壤容重、总孔隙度、毛管孔隙度；袋装土壤样品自然风干、混匀后，去除植物根系等杂物，在室内过 2mm 孔径土壤筛，取土壤样品 0.5g 加入 50mL 试管中，然后加入 10mL 10% 的 H$_2$O$_2$，加热直至其完全反应；再加 10mL 10% 的 HCl 溶液，再加热至完全反应。将试管中加满去离子水，放在试管架上静止 12h 后，吸取上层酸液（上清液），重复 3 次。加入 10mL 0.1mol/L 的 NaPO$_3$，使溶液分散，振荡 20min，采用马尔文 2000 仪器测量土壤粒径组成。

土壤化学性质包括：土壤酸碱度、土壤有机碳、全氮、全磷等。土壤酸碱度（pH 值）用去离子水浸提，水土比为 5:1，采用雷磁 pH 值计测定；将过 2mm 孔径的土壤样品混合均匀后，再次过 0.149mm 孔径土壤筛，将过 0.149mm 孔径土壤样品采用重铬酸钾容量法-外加热法测定其有机碳含量，并计算土壤有机碳储量；采用半微量凯氏定氮法测量样品全氮（TN）含量；采用钼锑抗比色法测量样品全磷（TP）含；最后采用火焰光度计测量样品全钾（TK）含量（鲍士旦，2000）。根据有机碳含量（SOC）、全氮（TN）、全磷（TP）含量计算土壤碳氮比（C/N）、碳磷比（C/P）、氮磷比（N/P）。

5.2.6 数据处理与分析

利用 Excel 2010 对数据进行统计以及相关指数计算，利用 SPSS 26.0 软件对数据进行单因素方差分析、LSD 多重检验以及主成分分析等，利用 Origin2021 制图。

1. 土壤碳储量计算

土壤碳储量计算公式为

$$SOC_i = \sum_{i=1}^{n} 0.1\gamma_i D_i C_i \tag{5-1}$$

式中：SOC_i 为土壤层碳储量，t/hm^2；γ_i 为第 i 层土壤容重，g/cm^3；D_i 为第 i 层土层厚度，cm；C_i 为第 i 层土壤有机碳含量，g/kg。

2. 土壤化学计量比计算

土壤化学计量比采用质量比进行计算：

$$碳氮比（C/N）＝土壤有机碳含量（g/kg）/全氮含量（g/kg） \tag{5-2}$$
$$碳磷比（C/P）＝土壤有机碳含量（g/kg）/全磷含量（g/kg） \tag{5-3}$$
$$氮磷比（N/P）＝土壤全氮含量（g/kg）/全磷含量（g/kg） \tag{5-4}$$

3. 土壤质量指标计算

将获得的各土壤物理、化学指标利用 SPSS 26 进行因子分析，并对土壤质量进行评价，步骤如下：首先选取各评价指标，对指标进行 KMO 和 Bartlett 的球形检验判断可否进行因子分析，其次得出因子载荷矩阵和因子得分系数矩阵并由公式（5-5）计算各群落类型下土壤质量评价得分：

$$SQI = \sum a_i z_i \tag{5-5}$$

式中：SQI 为土壤质量评价得分；a_i 为各因子的方差贡献率；z_i 为因子得分；$z_i = \sum w_{ij} x_{ij}$；w_{ij} 为第 i 个变量在第 j 个因子处的因子得分系数；x_{ij} 为第 i 个变量在第 j 个因子处的标准化值。

最后利用提取的主成分代替原指标作为评价土壤质量的综合指标，通过聚类分析来评价土壤质量（吴海燕等，2018）。

4. 经济指标计算

静态评价即在评价经济效益时，不考虑资金的时间因素，以杨树、白蜡不同农林间作模式和纯林种植过程中所产生的各项经济活动的投入和产出，计算造林营林及其他成本，并由此计算利润、年均利润、资金利润等各项指标，静态评价指标可以比较简单而直观地反映出该项目的经济可行性。

白蜡林木轮伐期在该区为 6 年，以轮伐期白蜡胸径大小为标准，其数据由林场提供，结合每公顷标准样地株数，按照绿化树种当年市场价格（元/株），计算每公顷白蜡经济价值，调查林下菊花、花生、大豆产量，按照当地公布市场价格（元/kg），计算农作物价值。

杨树林木轮伐期为 10 年，通过林场提供的轮伐期杨树林木蓄积量，求出各样地杨树每公顷价值，调查林下小麦、花生、决明子产量，按照当地公布市场价格（元/kg），计算农作物价值，最后计算各间作模式总经济价值，比较分析不同农林间作模式林木经济效益、间作物经济效益，对不同间作模式经济效益做出评价。

综合评估不同农林间作模式下土壤质量及经济效益，得出最适合黄泛平原应用、推广的农林间作模式。

5.3 黄泛沙地不同农林间作模式土壤物理性状

5.3.1 土壤机械组成特征

土壤是由形状不同、规则不一、大小不均的固体组分及有一定排列顺序的空隙链接组成的多孔介质，而土壤颗粒作为土壤结构的基本单元，其各级粒径大小的不同，直接影响土壤的物理性质。由表 5-1 可知，不同间作模式下土壤粒径大小差异显著（$P<0.05$）。

表 5-1　　　　　　　　　　　　不同间作模式土壤机械组成

土壤深度/cm	间作模式	砂粒/%	粉粒/%	黏粒/%
0～20	CK1	80.92±4.74ab	18.36±4.38cd	0.71±0.36cd
	T1	80.17±1.70ab	18.74±1.51cd	1.09±0.13cd
	T2	89.68±2.71a	9.95±2.43d	0.37±0.29d
	T3	72.16±8.58ab	26.20±7.80cd	1.64±0.78bc
	CK2	42.56±4.62cd	54.30±4.32ab	3.14±0.30ab
	T4	30.60±1.75d	65.72±1.65a	3.69±0.10a
	T5	61.30±9.79bc	36.37±9.01bc	2.33±0.78ab
	T6	70.39±10.67ab	27.66±9.89cd	1.95±0.78ab
20～40	CK1	63.69±9.35a	35.33±8.37ab	0.98±0.98a
	T1	86.76±3.28a	12.64±2.98b	0.60±0.30a
	T2	92.38±2.03a	7.58±2.01b	0.04±0.02a
	T3	49.68±5.82a	46.94±5.39ab	3.39±0.50a
	CK2	50.23±5.95a	47.03±5.58ab	2.73±0.37a
	T4	31.68±5.11a	64.36±4.74a	3.96±0.38a
	T5	79.66±4.43a	37.97±3.56ab	2.49±0.87a
	T6	55.49±7.75a	34.82±8.97ab	9.69±0.78a
40～60	CK1	62.29±6.86bc	33.05±6.57bc	1.73±0.30b
	T1	89.93±4.73a	9.80±4.47d	0.27±0.27c
	T2	90.60±2.89a	9.11±2.60d	0.30±0.29c
	T3	51.57±5.72cd	45.11±5.23ab	3.32±0.61a
	CK2	37.06±6.52d	59.32±6.05a	3.63±0.47a
	T4	35.93±3.38d	60.40±3.08a	3.67±0.31a
	T5	58.63±4.62bc	38.96±4.20ab	2.41±0.43ab
	T6	78.19±2.70ab	20.40±2.56cd	1.41±0.14bc

注： 机械组成根据美国制土壤质地分级标准，即黏粒粒径为小于 0.002mm；粉粒粒径为 0.05～0.002mm；砂砾粒径为大于 0.05mm。图中小写字母表示不同样地间机械组成在 $P<0.05$ 水平下差异显著。

在 0～20cm 土层，T2 间作模式砂粒含量显著高于 CK2、T4 和 T5 三种间作模式，T4 间作模式砂粒含量最低，且与其他间作模式间均存在显著性差异（CK2 除外）；而 T4 间作模式粉粒含量最高，且显著高于其他间作模式（CK2 除外），T2 间作模式粉粒含量最低；黏粒含量 T4 间作模式最高，均显著高于 CK1、T1、T2 和 T3 间作模式，T2 间作模式黏粒含量最少；CK1 与 T1 间作模式之间，砂粒、粉粒和黏粒之间均无显著差异。

在 20～40cm 土层，砂粒大小关系为：T2(92.38％)＞T1(86.76％)＞T5(79.66％)＞CK1(63.69％)＞T6(55.49％)＞CK2(50.23％)＞T3(49.68％)＞T4(31.68％)，虽各间作模式之间砂粒含量高低不同，但其之间均无显著差异；T4 间作模式粉粒含量最高，T2 间作模式粉粒含量最低，T4 间作模式土壤粉粒含量与 T1、T2 间作模式间均存在显著性差异，T1 与 T2 之间差异不显著，其余各间作模式间均无显著性差异；土壤黏粒含量在 20～40cm 层 T6 间作模式最高，T2 间作模式最低，大小关系为：T6(9.69％)＞T4(3.96％)＞T3(3.39％)＞CK2(2.73％)＞T5(2.49％)＞CK1(0.98％)＞T1(0.60％)＞T2(0.04％)，各间作模式之间黏粒含量均无显著性差异。

在 40～60cm 土层，T2 间作模式砂粒含量最高，T4 间作模式砂粒含量最低，T1、T2 间作模式砂粒含量均与其他间作模式之间存在显著性差异（T6 除外），T1、T2 之间砂粒含量差异不显著；粉粒含量大小为：T4＞CK2＞T3＞T5＞CK1＞T6＞T1＞T2，T4 间作模式粉粒含量与 CK2 间作模式粉粒含量无显著性差异，T1、T2 间作模式之间粉粒含量无显著性差异，T3 与 T6 之间粉粒含量存在显著性差异，T4、CK2 间作模式粉粒含量显著高于其余各间作模式粉粒含量（T3 除外）；黏粒含量大小除 T2＞T1 外，其余间作模式黏粒含量大小均与粉粒大小关系相同，其中 T4、CK2、T3 三种间作模式黏粒含量大小无显著性差异，T1 与 T2 间作模式黏粒含量大小无显著性差异，T4、CK2、T3 三种间作模式黏粒含量均显著高于 CK1、T6、T1、T2 四种间作模式，CK1 与 T5 间作模式之间黏粒含量并不显著，但两种间作模式黏粒含量均高于 T1、T2 间作模式黏粒含量。

5.3.2　土壤容重特征

由图 5-1 可知，不同农林间作模式下各样地土壤容重存在显著差异。在 0～20cm 土层，土壤容重大小为 T2(1.58g/cm³)＞CK2(1.52g/cm³)＞T1(1.49g/cm³)＞T6(1.46g/cm³)≥CK1(1.46g/cm³)＞T5(1.43g/cm³)＞T4(1.40g/cm³)＞T3(1.38g/cm³)，T2 间作模式土壤容重明显高于 T3、T4 间作模式，CK1、T1、CK2、T5、T6 各间作模式间均无显著差异。

在 20～40cm 土层，所有间作模式土壤容重较 0～20cm 土层均有所增大，大小关系为 T3(1.67g/cm³)＞T4(1.61g/cm³)＞T5(1.60g/cm³)≥T2(1.60g/cm³)＞T1(1.59g/cm³)＞CK2(1.58g/cm³)＞T6(1.55g/cm³)＞CK1(1.54g/cm³)，虽 T3 间作模式容重最高，但各间作模式间并无显著差异。

在 40～60cm 土层，土壤容重大小为 T4(1.64g/cm³)＞T3(1.62g/cm³)＞T2(1.59g/cm³)＞CK2(1.58g/cm³)＞T6(1.57g/cm³)＞T5(1.55g/cm³)＞T1(1.51g/cm³)≥CK1(1.51g/cm³)，各间作模式土壤容重大小虽各不相同，但相互之间均无显著性差异。

总体上，在 20～60cm 土层，土壤容重相对变化不大，稳定性较强，说明种植农作为

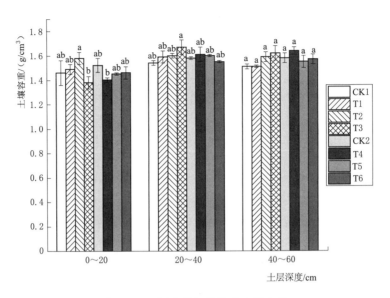

图 5-1　不同农林间作模式土壤容重

对 20~60cm 土层土壤容重影响并不显著，而在 0~20cm 土层，T3、T4 两种间作模式土壤容重更小，说明 T3、T4 间作模式能更好地降低土壤容重，改善土壤物理性质，改良土壤结构，增强土壤透水、透气性能。

5.3.3　土壤孔隙度特征

土壤总孔隙度变化趋势如图 5-2 所示。在 0~20cm 土层，各间作模式下土壤总孔隙度虽大小各不相同，但其之间并无显著差异（$P<0.05$）；而在 20~40cm 土层则不同，CK1 种植模式土壤总孔隙度最大，为 39.4%，且分别与 T2、T3、T4、T5 存在显著差异，T4 间作模式总孔隙度最小，为 31.2%，分别与 CK1、T1 之间存在显著差异；在

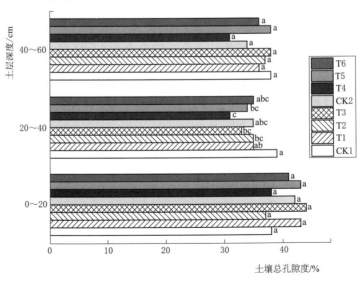

图 5-2　不同农林间作模式土壤总孔隙度

40～60cm 土层，土壤总孔隙度变化趋势与 0～40cm 土层均不同，但各间作模式之间总孔隙度差异性与 0～20cm 土层一致，各间作模式之间均无显著差异。

由图 5-3 可知，土壤毛管孔隙度在 0～20cm 土层为 T3 间作模式最大（36.3%），T2 间作模式最小（28.3%），且 T2 与 T3 之间存在显著差异（$P<0.05$），其余各间作模式之间差异不显著。在 20～40cm 土层，CK1 种植模式土壤毛管孔隙度最大为 36%，T4 间作模式最小为 27%，CK1 分别与 T1、T6 间作模式间不存在显著差异，CK1 与 T6 均与 T2、T3、CK2、T4、T5 之间存在显著差异。在 40～60cm 土层，T4 间作模式土壤毛管孔隙度最小，为 27%，且分别与 T1、T3、T 之间存在显著差异，除 T4 间作模式外，其余各间作模式之间差异性均不显著。

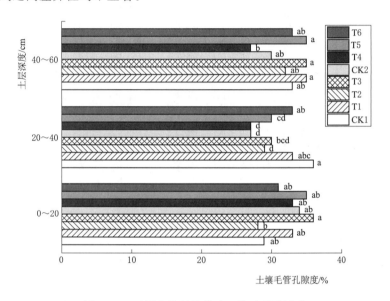

图 5-3 不同农林间作模式土壤毛管孔隙度

总体上，各间作模式对土壤总孔隙度、毛管孔隙度的影响在 20～40cm 土层最为明显，尤其是白蜡纯林种植模式，说明白蜡纯林种植模式较其他种植模式更能有效地降低土壤 20～40cm 土层紧实度，提高毛管孔隙度。

5.4 黄泛沙地不同农林间作模式土壤化学性状

5.4.1 土壤 pH 值特征

不同间作模式下各样地土壤 pH 值如图 5-4 所示，变化区间为 7.28～8.60，整体呈弱碱性，且各间作模式 pH 值存在显著差异（$P<0.05$）。在 0～20cm 土层，T4 间作模式 pH 值最高，为 8.54；CK1 种植模式最小，为 7.53；T3 间作模式与 CK2 之间相差不大，分别为 7.56、7.62。T4 间作模式分别与 T1、CK1、T3、CK2 之间存在显著差异。间作模式 CK1、T3、CK2 与其余各间作模式之间均存在显著差异。在 20～40cm 土层，各间作模式 pH 值总体上变化不大，间作模式 T1 与 CK1、T3、CK2 无显著差异，间作模式

T5 与其余间作模式均无显著差异，其余间作模式之间差异性不变。与 0～20cm 土层相比，40～60cm 土层各间作模式 pH 值总体上呈降低趋势，但 T3、CK2 两种模式 pH 值相对增加，间作模式 T4 分别与 CK1、T1、T3、CK2 存在显著差异，间作模式 T1、T3 均与 CK1 存在显著差异，CK1 与其他间作模式均存在显著差异（CK2 除外）。总体上，各间作模式 0～60cm 土层 pH 值变化趋势不大。

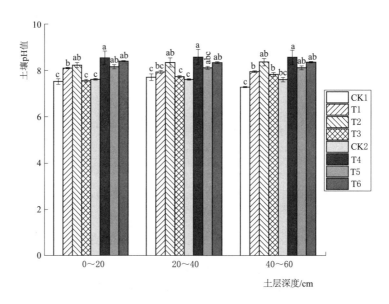

图 5-4　不同农林间作模式土壤 pH 值

5.4.2　土壤全氮特征

不同间作模式下土壤全氮含量存在显著差异（$P<0.05$）（图 5-5）。在 0～20cm 土

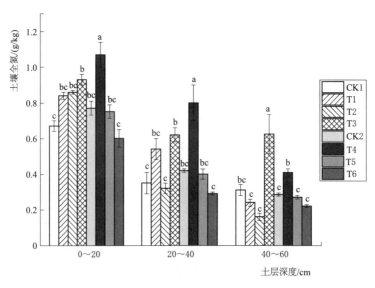

图 5-5　不同农林间作模式土壤全氮含量

层，各间作模式土壤全氮含量存在显著差异，其中 T4 间作模式土壤全氮含量最高，为 1.07g/kg；T6 间作模式最小，为 0.6g/kg；T4 间作模式土壤全氮含量均显著高于其余间作模式全氮含量，CK1、T6 间作模式显著低于 T3、T4 间作模式，T1、T2、T3、CK2、T5 间作模式间土壤全氮含量无显著差异，CK1 与 T6 间作模式无显著差异。在 20~40cm 土层，各间作模式土壤全氮含量较 0~20cm 土层均有所降低，其中 T4 向作模式减低最少（0.27g/kg），T2 间作模式降低最多（0.54g/kg），T4 间作模式均显著高于其他间作模式，CK1、T2、T6 间作模式之间无显著差异，但其均显著低于 T3、T4 间作模式。随着土层深度的增加，40~60cm 土层全氮含量进一步降低，T3 间作模式最高为 0.62g/kg，T2 间作模式最小，为 0.16g/kg，T3 间作模式显著高于 T4 间作模式，而 T4 间作模式则显著高于 T1、T2、CK2、T5、T6 间作模式，T1、T2、CK2、T5、T6 间作模式间全氮含量无显著差异。

5.4.3 土壤全磷特征

如图 5-6 所示，各间作模式土壤全磷含量存在显著差异（$P<0.05$）。

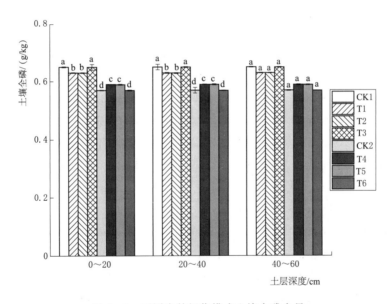

图 5-6 不同农林间作模式土壤全磷含量

在 0~20cm 土层各间作模式土壤全磷含量可分为 4 个层次，CK1、T3 最大，T1、T2 次之，T4、T5 第三，CK2、T6 最小，CK1 与 T3 之间无显著差异，T1、T2 之间无显著差异，T4、T5 之间无显著差异，CK2、T6 之间无显著差异，但 4 个层次之间均相互存在显著差异。各间作模式土壤全磷含量在 20~40cm 土层较 0~20cm 土层均有所降低，但各间作模式之间差异性与 0~20cm 土层相同。而在 40~60cm 土层则不同于耕层，各间作模式土壤全磷含量随大小各不相同，但相互之间并无显著差异。

5.4.4 土壤全钾特征

各间作模式土壤全钾含量如图 5-7 所示。整体上，随着土层深度的增加，土壤全钾含量变化不大。

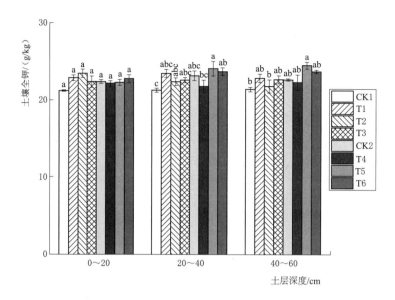

图 5-7 不同农林间作模式土壤全钾含量

在 0～20cm 土层，各间作模式之间全钾含量虽大小各不相同，但相差并不大，各间作模式之间全钾含量无显著差异。而在 20～40cm 土层，各间作模式之间土壤全钾含量存在显著差异，其中 T5 间作模式最大，为 23.97g/kg，CK1 种植模式最小，为 21.15g/kg，T5 间作模式土壤全钾含量显著高于 CK1、T4，间作模式 CK1 显著低于 T1、T2、T3、CK2、T6，而 T1、T2、T3、T4、CK2、T6 之间差异性均不显著。在 40～60cm 土层，T5 间作模式土壤全钾含量显著高于 CK 1、T2 两种模式，T1、T3、CK2、T4、T6 各间作模式之间无显著差异，CK1 与 T2 之间无显著差异。

5.4.5　土壤 C、N、P 生态化学计量特征

不同农林间作模式土壤 C/N 计量特征如图 5-8 所示，在 0～20cm 土层，T5 间作模式最高，T6 间作模式最低，且两种间作模式之间存在显著差异，CK1、T2、T4 三种间作模式 C/N 比相差不大且无显著差异，但其均与 T1、T6 间作模式存在显著差异，T3、CK2 间作模式 C/N 显著低于 T5 间作模式，且显著高于 T6 间作模式。在 20～40cm 土层，各间作模式 C/N 较 0～20cm 层具有较大变化，大小顺序为 CK1＞T3＞T5＞T4＞CK2＞T2＞T1＞T6，各间作模式 C/N 虽大小各不相同，但 CK1、CK2、T3、T5、T4、T2、T1 间均无显著差异，而 T6 间作模式显著低于其他间作模式。在 40～60cm 土层，各间作模式间 C/N 虽大小各不相同，但均无显著差异。

不同农林间作模式土壤 C/P 计量特征如图 5-9 所示，总体来说，随土层深度的增加土壤 C/P 呈现逐渐下降的趋势。在 0～20cm 土层，各间作模式 C/P 大小顺序为 T4＞CK2＞T5＞T2＞T3＞CK1＞T1＞T6，CK1、T1 两种间作模式间无显著差异，但其均显著高于 T6 间作模式，显著低于 CK2、T4、T5 三种间作模式，T2、T3、T5 三种间作模式 C/P 相差不大且无显著差异，但均显著低于 T4 间作模式，显著高于 T6 间作模式。在 20～40cm 土层，各间作模式 C/P 大小顺序为 T4＞CK2＞T3＞T5＞T1＜CK1＞T2＞T6，CK2

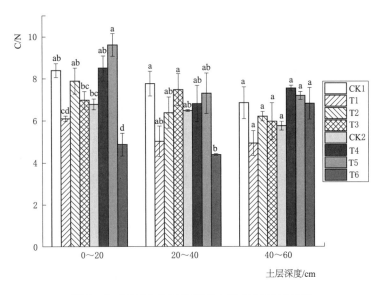

图 5-8 不同农林间作模式土壤 C/N 计量特征

显著高于 T5、T1、CK1、T2、T6 间作模式，且显著低于 T4 间作模式，T2、T6 显著低于 CK2、T4、T3，T5、T1、CK1 三种间作模式间 C/P 相差不大但均显著低于 CK2、T4。在 40～60cm 土层，各间作模式 C/P 大小顺序为 T3＞T4＞CK2＞CK1＞T5＞T6＞T1＞T2，T1、T2、T5、T6 显著低于 T3、CK2、T4，相较于 C/N，在 40～60cm 土层，P 的变化相对更加活跃。

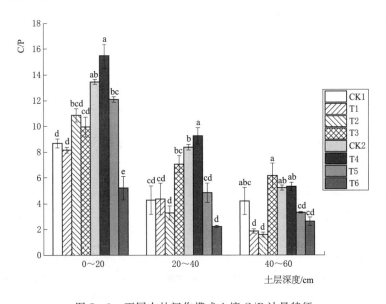

图 5-9 不同农林间作模式土壤 C/P 计量特征

不同农林间作模式土壤 N/P 计量特征如图 5-10 所示，在 0～20cm 土层，各间作模式土壤 N/P 大小顺序为 T4(1.82)＞T3(1.42)＞CK2(1.40)＞T2(1.37)＞T1(1.34)＞T5

（1.27）＞T6（1.06）＞CK1（1.03），T4 间作模式显著高于其他间作模式，T3、T2、T1、T5 四种间作模式 N/P 无显著差异，CK1 显著低于 T5，但与 T6 之间无显著差异；在 20～40cm 土层，各间作模式 N/P 大小顺序为 T4（1.35）＞CK2（1.05）＞T3（0.95）＞T1（0.86）＞T5（0.67）＞CK1（0.53）＞T2（0.51）＞T6（0.50），T4 间作模式显著高于其他间作模式，T1、T3、CK2、T5 之间无显著差异，但均显著高于 CK1、T2、T6 间作模式，CK1、T2、T6 之间无显著差异；在 40～60cm 土层，各间作模式 N/P 大小顺序为 T3（0.99）＞CK2（0.72）＞T4（0.70）＞CK1（0.48）＞T5（0.46）＞T1（0.38）＞T6（0.37）＞T2（0.26），CK2、T4、CK1 之间无显著差异，但均显著低于 T3 间作模式，T1、T2、T5、T6 间作模式之间无显著差异，但均显著低于 CK2、T4 间作模式，T3 间作模式显著高于其他间作模式。

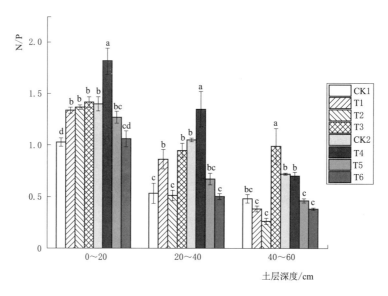

图 5-10　不同农林间作模式土壤 N/P 计量特征

5.5　黄泛沙地不同农林间作模式土壤碳固持特征

5.5.1　土壤有机碳含量变化特征

不同农林间作模式土壤有机碳变化特征如图 5-11 所示。土壤有机碳含量随土层深度的增加而逐渐减少，具有明显的表聚性；在 0～20cm 土层，各间作模式土壤有机碳含量大小为 T4（9.11g/kg）＞T5（7.13g/kg）＞T2（6.84g/kg）＞CK2（6.62g/kg）＞T3（6.50g/kg）＞CK1（5.64g/kg）＞T1（5.13g/kg）＞T6（2.97g/kg），T4 间作模式有机碳含量最高，且与其他间作模式均存在显著差异，T6 间作模式有机碳含量最低，显著低于 T2、T3、T4、T5、CK2 五种间作模式。在 20～40cm 土层，各间作模式土壤有机碳含量较 0～20cm 土层均有所降低，大小为 T4（5.45g/kg）＞T3（4.60g/kg）＞CK2（4.35g/kg）＞T5（2.85g/kg）＞CK1（2.79g/kg）＞T1（2.73g/kg）＞T2（2.06g/kg）＞T6（1.25g/kg），其中 T4 间作模式有机碳含量最高，且与 T3 间作模式之间无显著差异，T4、T3 间作模式显著高于其他间作模式，CK2 间作模式显著高于 T2、T6 间作模式。在 40～60cm 土层，各间作模式土壤有机碳含量大小继续降低，大小为 T3(4.03g/kg)＞T4(3.13g/kg)＞CK2(2.96g/kg)＞CK1(2.73g/kg)＞T5(1.95g/kg)＞T6(1.87g/kg)＞T1(1.16g/kg)＞T2(1.01g/kg)，T3 间作模式显著高于其他间作模式（T4 除外），CK1、CK2 之间无显著差异，且均显著高于 T1、T2 间作模式。

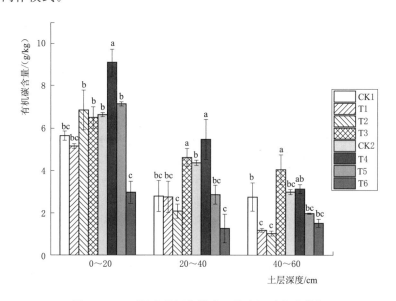

图 5-11　不同农林间作模式土壤有机碳变化特征

整体而言，在 0～40cm 土层，T4 间作模式有机碳含量相对较高，而在 0～60cm 土层，T3 间作模式有机碳含量变化趋势较小，稳定性较高。

5.5.2 土壤碳储量变化特征

各间作模式土壤有机碳储量在 0～60cm 层整体变化趋势与土壤有机碳含量变化趋势相同，随着土层深度的增加而呈现出降低的趋势，且各间作模式土壤碳储量在不同土层存在差异（图 5-12）。在 0～20cm 土层，土壤有机碳储量大小为 T4(25.46t/hm²)＞T2(21.56t/hm²)＞T5(20.45t/hm²)＞CK2(18.69t/hm²)＞T3(17.95t/hm²)＞CK1(16.38t/hm²)＞T1(15.30t/hm²)＞T6(8.56t/hm²)，T4 间作模式显著高于 CK1、T1、T3、CK2、T6 间作模式，T6 间作模式显著低于 T2、T3、CK2、T4、T5 间作模式。而在 20～40cm 土层，各间作模式碳储量大小均发生变化，其中 T4 间作模式最大为 17.29t/hm²，T6 间作模式最小为 3.87t/hm²，T3、T4、CK2 三种间作模式土壤碳储量无显著差异，CK1、T1、T2、T5、T6 五种间作模式土壤碳储量无显著差异，而 T3、T4、CK2 三种间作模式均与 CK1、T1、T2、T5、T6 五种间作模式存在显著差异。在 40～60cm 土层，土壤有机碳储量大小为 T3(13.18t/hm²)＞T4(10.28t/hm²)＞CK2(8.77t/hm²)＞CK1(8.32t/hm²)＞T5(6.04t/hm²)＞T6(4.66t/hm²)＞T1(3.52t/hm²)＞T2(3.17t/hm²)，

T3 间作模式碳储量显著高于 CK2、CK1、T1、T2、T5、T6，CK1 与 CK2 无显著差异，但均与 T1、T2 存在显著性，T4 间作模式显著高于 T1、T2 间作模式。

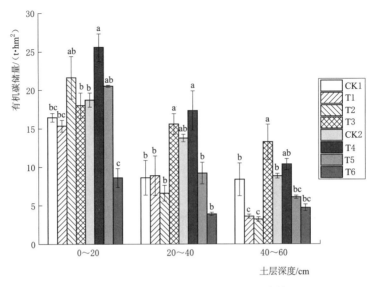

图 5-12　不同农林间作模式土壤有机碳储量

5.6　黄泛沙地不同农林间作模式土壤质量评价

5.6.1　不同农林间作模式土壤指标相关分析

对不同农林间作模式下土壤物理指标［机械组成（砂粒、粉粒、黏粒）、土壤容重、土壤总孔隙度、毛管孔隙度］和土壤化学指标（土壤 pH 值、土壤有机碳含量、土壤全氮、全磷、全钾含量、土壤碳储量、土壤 C/N、N/P、C/P 等）标进行相关性分析，如表 5-2 所示。多项土壤指标呈显著相关性，其中土壤砂粒（Sand）与土壤粉粒（Silt）、黏粒（Clay）、酸碱度（pH 值）呈显著负相关，土壤粉粒（Silt）与土壤黏粒（Clay）、土壤酸碱度（pH 值）呈显著正相关，土壤容重（BD）与土壤黏粒（Clay）、土壤有机碳（SOC）呈显著正相关，与土壤总孔隙度（TP）呈显著负相关，土壤有机碳（SOC）与土壤总孔隙度（TP）呈显著负相关，与土壤全氮（TN）呈显著正相关，土壤全钾（TK）与毛管孔隙度（CP）呈显著正相关，土壤碳氮比（C/N）与土壤有机碳（SOC）含量呈显著正相关，与土壤全氮（TN）含量呈显著负相关，土壤碳磷比（C/P）与土壤有机碳（SOC）含量呈显著正相关，与土壤全磷（TP）含量呈显著负相关，土壤有机碳储量与土壤容重（BD）、有机碳（SOC）含量、全氮（TN）含量均呈显著正相关。

综上可知：各土壤指标与多项指标之间存在显著性相关，因此只对土壤某些指标进行相关性分析，然后对土壤肥力质量进行评价，只会得到一个片面的结果，所以本研究利用降维的思想，从多个土壤指标中提取主成分，对不同间作模式下土壤肥力质量进行主成分分析，从而进行全面综合的评价。

表 5-2 土壤指标相关性分析

指标	砂粒	粉粒	黏粒	BD	STP	CP	pH值	SOC	TN	TP	TK	C/N	C/P	N/P	SCS
砂粒	1.000														
粉粒	-0.345*	1.000													
黏粒	-0.037*	0.029*	1.000												
BD	0.102	-0.076	0.036*	1.000											
STP	0.227	-0.260	-0.260	-0.032*	1.000										
CP	0.142	0-.180	-0.053	-0.387	0.658	1.000									
pH值	-0.021*	0.028*	0.178	0.294	-0.285	-0.254	1.000								
SOC	-0.437	0.446	0.052	0.039*	-0.030*	-0.140	-0.168	1.000							
TN	-0.397	0.398	0.076	-0.535	-0.350	-0.136	-0.135	0.035*	1.000						
TP	0.435	-0.455	-0.500	0.214	0.165	0.229	-0.410	-0.094	-0.085	1.000					
TK	0.159	-0.108	0.211	0.202	-0.138	0.036*	0.256	-0.234	-0.155	-0.440	1.000				
C/N	-0.338	0.382	-0.138	-0.265	0.134	-0.124	-0.303	0.046*	0.356	-0.034*	-0.373	1.000			
C/P	-0.478	0.489	0.089	-0.577	0.306	-0.157	-0.136	0.034*	0.945	-0.028*	-0.205	0.590	1.000		
N/P	-0.445	0.448	0.117	-0.560	0.323	-0.165	-0.097	0.952	0.042*	-0.037*	-0.127	0.358	0.956	1.000	
SCS	-0.446	0.457	0.054	0.042*	0.250	-0.209	-0.153	0.041*	0.049*	-0.059	-0.221	0.598	0.981	0.941	1.000

注：* 代表差异显著（$P<0.05$），** 代表差异极显著（$P<0.01$）。

5.6.2 不同农林间作模式土壤质量的主成分-聚类分析

主成分分析是一种运用降维思想，将多个变量提取主成分的多元统计方法用以达到简化数据的目的。将数据标准化之后进行 KMO 和 Bartlett 球形检验，本实验数据的 KMO 值为 $0.629 > 0.5$，Bartlett 球形检验的显著性系数为 $0.00 < 0.05$，表明实验数据适合进行主成分分析。数据经主成分分析之后得到因子分析的特征值及方差贡献率（表 5-3）和用最大方差法进行旋转后的因子载荷矩阵（表 5-4）。

表 5-3 因子分析的特征值及方差贡献率

成分	初 始 特 征 值			正 交 旋 转 后		
	特征值	方差贡献率	累计贡献率	特征值	方差贡献率	累计贡献率
1	6.303	42.019	42.019	5.583	37.218	37.218
2	3.135	20.897	62.916	2.828	18.856	56.075
3	1.744	11.624	74.540	2.221	14.806	70.880
4	1.423	9.486	84.026	1.972	13.146	84.026
5	0.726	4.839	88.865			
6	0.702	4.678	93.544			
7	0.503	3.356	96.900			
8	0.272	1.817	98.716			
9	0.113	0.754	99.470			
10	0.054	0.357	99.827			
11	0.019	0.124	99.951			
12	0.005	0.034	99.985			
13	0.002	0.012	99.997			
14	0.000	0.003	100.000			
15	0.000	0.000	100.000			

表 5-4 旋转后因子载荷矩阵

指标	成 分			
	主成分 1	主成分 2	主成分 3	主成分 4
砂粒	−0.312	−0.913*	0.104	−0.125
粉粒	0.331	0.893*	−0.150	0.112
黏粒	−0.045	0.828*	0.004	−0.286
BD	−0.534	−0.034	−0.727*	−0.023
TV	0.310	−0.281	0.852*	0.076
CP	−0.259	−0.011	0.876*	0.095
pH 值	−0.050	0.040	−0.359	−0.649
SOC	0.968*	0.142	0.079	0.160

续表

指标	成 分			
	主成分 1	主成分 2	主成分 3	主成分 4
TN	0.956*	0.096	0.103	0.028
TP	−0.759*	−0.540	0.021	0.055
TK	−0.142	0.003	0.021	−0.777*
C/N	0.493	0.168	−0.067	0.568
C/P	0.967*	0.195	0.076	0.109
N/P	0.961*	0.156	0.097	−0.028
STC	0.962*	0.137	−0.020	0.174

注：* 表示因子载荷绝对值大于 0.7。

如表 5-3 所示，按照特征值>1 的原则，提取了 4 个主成分，其中第一主成分 1 特征值为 5.583，方差贡献率为 37.218%；主成分 2 特征值为 2.828，方差贡献率为 18.856%，主成分 3 特征值为 2.221，方差贡献率为 14.806%，主成分 4 特征值为 1.972，方差贡献率为 13.146% 4 个主成分累计方差贡献率为 84.026%>80%，即是提取的 4 个主成分涵盖了原始数据 84.026% 的信息，所以将这四个主成分作为综合指标来评价土壤质量是可行的。

计算出各因子在主成分上的载荷，载荷越大的变量表明该变量对该主成分影响越大。为了更加清晰的识别各土壤因子在主成分上的载荷，可以用最大方差法对因子载荷矩阵进行旋转，得到表 5-4。由表 5-4 可知，主成分 1 主要支配土壤有机碳、全氮、全磷、C/P、N/P、碳储量六个指标（因子载荷绝对值>0.7），主要表示土壤的养分与碳含量等因子；主成分 2 主要支配砂粒、粉粒、黏粒 3 个指标，表示土壤机械组成和质地；主成分 3 主要支配土壤容重、总孔隙度、毛管孔隙度 3 个指标，主要表示土壤的结构；主成分 4 主要支配土壤全钾这个指标，表示土壤的全钾含量。

通过式（5-2）得到表 5-5。可以看出不同间作模式土壤质量得分排序为 T4>T3>CK2>CK1>T5>T1>T6>T2。但是主成分 1 的方差为 0.450，主成分 2 的方差为 0.776，主成分 3 的方差为 0.596，主成分 4 的方差为 0.934，综合得分的方差为 0.274，综合得分的方差较主成分 1、2、3、4 的方差还小，即是综合得分所含的信息相较主成分 1、2、3、4 还小。由此可见，在本试验中，只依靠主成分得分来进行土壤肥力质量评价具有片面性，于是对主成分 1、2、3、4 进行聚类分析，通过将不同处理分到不同的类别，根据亲疏程度和主成分得分来综合评价，得出真实的土壤质量评价。

表 5-5 不同间作模式的因子得分及土壤质量评价

间作模式	因 子 得 分				综合得分	综合得分排序
	主成分 1	主成分 2	主成分 3	主成分 4		
CK1	−0.465	−0.210	0.284	1.930	0.083	4
T1	−0.305	−1.087	0.424	−0.477	−0.318	6

间作模式	因　子　得　分				综合得分	综合得分排序
	主成分 1	主成分 2	主成分 3	主成分 4		
T2	−0.099	−1.470	−0.862	−0.176	−0.465	8
T3	0.124	0.116	0.298	0.731	0.208	2
CK2	0.386	−0.195	0.279	0.255	0.182	3
T4	0.715	1.159	−1.152	−0.073	0.304	1
T5	−0.111	0.198	0.384	−0.501	−0.013	5
T6	−0.808	0.388	0.440	−1.467	−0.355	7

用提取的 4 个主成分 1、2、3、4 替代原土壤肥力各项理化性质指标来作为新的土壤质量评价指标，以欧式距离衡量不同间作模式土壤质量的差异大小，采用最近邻元素法，将不同土地利用方式按土壤肥力的亲疏相似程度进行聚类。将 8 种不同间作模式聚为六类时（图 5 - 13），分别为土壤质量最高（一类）包括 T4、T3、CK2 三种不同间作模式；土壤质量二类为：CK1 模式，土壤质量三类为：T5 间作模式，土壤质量四类为：T1 间作模式，土壤质量五类为：T6 间作模式，土壤质量最差（六类）为 T2 间作模式。

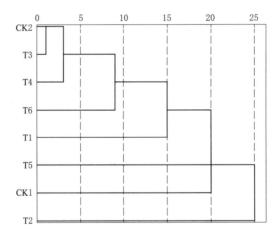

图 5 - 13　不同间作模式土壤肥力

5.7　黄泛沙地不同农林间作模式经济效益评价

5.7.1　林木经济效益分析

白蜡树作为绿化苗木，其轮伐期一般为 6 年，结合林场现有种植模式，选取立地条件与管理水平一致的 6 年生 4m×5m 密度的白蜡不同农林间作模式，分析不同间作模式对林木经济效益的影响。如表 5 - 6 所示，各间作模式白蜡林木平均胸径范围为 7.9～8.7cm，平均树高范围为 6.2～6.8m。由于绿化树种价格由其胸径与干形决定，因此，6 年生各间作模式白蜡林木价格相差较小，间作林木年产值仅为纯林林木的 1.08 倍，说明农林间作模式虽能提高林木总产值，但相对提升不大。

表 5 - 6　　　　　　　　　　不同白蜡农间作林木经济效益分析

间作模式	密度/(m×m)	林龄/年	平均胸径/cm	平均树高/m	林木价格/(元/株)	总产值/(元/hm²)
CK1	4×5	6	7.9	6.2	120	53520
T1	4×5	6	8.4	6.3	130	57980
T2	4×5	6	8.7	6.5	130	57980
T3	4×5	6	8.7	6.8	130	57980

杨树作为用材苗木，其轮伐期一般为 10 年，结合林场现有种植模式，选取立地条件、管理水平一致的 10 年生 4m×5m 密度的杨树不同农林间作模式，其林木经济效益如表 5 - 7 所示。杨树不同农林间作模式下各样地林木平均胸径相差较小，变化范围为：19.6～20.8cm，而平均树高的变化范围则为：18.9～20.8m，林木蓄积量为杨树-小麦最大（125.3911m³/hm²），其次分别为杨树 - 花生（118.7698m³/hm²）、杨树 - 决明子（116.8520m³/hm²），杨树纯林（105.5118m³/hm²）。杨树-小麦林木总产值为 112851.99 元/hm²，为杨树纯林的 1.188 倍，说明与纯林模式相比，农林间作模式不仅能提高林木蓄积量，而且能增加林木年产值，提高收入。

表 5 - 7　　　　　　　　　　不同杨树农间作林木经济效益分析

间作模式	密度/(m×m)	林龄/年	平均胸径/cm	平均树高/m	单株材积/10⁻³ m³	林木蓄积/(m³/hm²)	总产值/(元/hm²)
CK2	4×5	10	19.6	19.2	0.2433	105.5118	94960.62
T4	4×5	10	20.8	19.7	0.2811	125.3911	112851.99
T5	4×5	10	19.7	20.8	0.2663	118.7698	106892.82
T6	4×5	10	20.5	18.9	0.2620	116.8520	105116.8

5.7.2　间作物经济效益分析

山东省农林间作模式为种植林木前 3 年在林地间作农作物，3 年之后，林木郁闭度提高，不利于农作物生长，此时便结束农林间作，转为纯林模式。结合林场样地间作模式，林下农作物经济效益如表 5 - 8 所示。由于各间作模式农作物产量不同且市场价格不同，农作物之间总产值、年均收入差别较大，其中菊花总产值最高为 84000 元/hm²，小麦总产值最低为 59160 元/hm²，各间作模式农作物虽年均收入不同，但整体收入相对理想，相较于林木，农作物生长周期短，可提早获得收益，在增加经济产出的同时，可提高土地利用率。

表 5 - 8　　　　　　　　　　不同农林间作模式农作物经济效益分析

间作模式	农作物产量/(kg/hm²)				平均单价/(元/kg)	总产值/(元/hm²)	年均收入/(元/hm²)
	第 1 年	第 2 年	第 3 年	小计			
T1	4800	4600	4600	14000	6.0	84000	28000
T2	2700	2600	2700	8000	9.0	72000	24000

间作模式	农作物产量/(kg/hm²)				平均单价/(元/kg)	总产值/(元/hm²)	年均收入/(元/hm²)
	第 1 年	第 2 年	第 3 年	小计			
T3	3750	3800	3600	11150	7.0	78050	26017
T4	8250	8100	8300	24650	2.4	59160	19720
T5	2750	2650	2650	8100	9.0	72900	24300
T6	3600	3750	3650	11000	6.8	74800	24933

5.7.3 综合经济效益分析

1. 白蜡间作模式综合效益分析

当地农作物间作时间多为 3 年，在此以 6 年轮伐期，白蜡间作花生模式为例，采用静态评价指标分析样地投入产出状况等经济效益：

单位面积（hm²）生产状况，

苗木费＝30 元/株×446 株＝13380(元)

造林费＝(整地＋栽植)整地：750 元/hm²，栽植：1 元/株×446 株＝446 元

合计：750 元＋446 元＝1196(元)

人工抚育费(灌溉、施肥、除草、喷药、修枝等)＝2100 元×3 年(间作时)＋600 元/年×3 年(纯林时)＝8100(元)

花生种子投入费：12 元/kg×187kg×3 年＝6732(元)

单位面积白蜡产值(hm²)＝130 元/株×446 株＝57980(元)

单位面积花生产值(hm²)＝72000(元)

单位面积(hm²)林农复合总产值＝57980 元＋72000 元＝129980(元)

总利润＝(复合总产值－总成本)＝129980 元－(6732 元＋8100 元＋1196 元)－13380 元＝100572(元)

年均利润＝(复合总产值－总成本)/年限＝100572 元/6 年＝16762(元)

投入产出比＝(复合总产值/总成本)＝129980 元/29408 元＝4.42

资金利润率＝(总利润/总成本)×100%＝(100572 元/29408 元)×100＝342

其余白蜡间作模式经济效益静态评价指标如表 5-9 所示。

表 5-9 　　　　　白蜡不同农林间作模式经济效益静态评价指标

间作模式	产值/(元/hm²)			总成本/(元/hm²)	总利润/(元/hm²)	投入产出比	资金利润率/(元/100 元)
	林木产值	作物产值	小计				
CK1	53520	0	53520	17876	35644	2.99	199
T1	57980	84000	141980	27476	114504	5.17	417
T2	57980	72000	129980	29408	100572	4.42	342
T3	57980	78050	136030	24026	112004	5.66	466

根据表 5-9 对白蜡不同农林间作模式及白蜡纯林的主要静态经济指标进行了比较分析。结果表明：三种白蜡农林间作模式成本投入均高于白蜡纯林模式，且间作模式总产

值、总利润和投入产出比也均高于纯林模式，说明若单以经济效益来看，白蜡农林间作模式优于白蜡纯林模式；而在三种间作模式中，白蜡-花生间作模式投入总成本最高，为29408元/hm²，其次为白蜡-菊花间作模式，为27476元/hm²，而白蜡-大豆间作模式投入总成本最低，为24026元/hm²，但是，就三种间作模式总利润而言，白蜡-菊花（114504元）＞白蜡-大豆（112004元）＞白蜡-花生（100572元），且白蜡-大豆间作模式资金利润率最高，为466元/100元，说明三种白蜡间作模式，白蜡-大豆间作模式经济效益最高。

2. 杨树间作模式综合效益分析

以10年轮伐期，杨树间作小麦模式为例，采用静态评价指标分析样地投入产出状况等经济效益。

单位面积（hm²）生产状况：

苗木费＝10元/株×446株＝4460(元)

造林费＝(整地＋栽植)整地：750元/hm²，栽植：1元/株×446株＝446元

合计：750元＋446元＝1196(元)

人工抚育费(灌溉、施肥、除草、喷药、修枝等)＝2100元×3年(间作时)＋600元/年×7年(纯林时)＝10500(元)

苗木集采费：10元/m³×125.39m³＝1253.9(元)

间作种子投入费：2.4元/kg×75kg×3年＝540(元)

单位面积杨树产值(hm²)＝900元/m³×125.39m³＝112851(元)

单位面积间作物产值(hm²)＝59160(元)

单位面积(hm²)复合总产值＝112851元＋59160元＝172011(元)

总利润＝(复合总产值－总成本)＝172011元－(540元＋1253.9元＋10500元＋1196元)－4460元＝154061.1(元)

年均利润＝(复合总产值－总成本)/年限＝154061.1元/10年＝15406.1(元)

投入产出比＝(复合总产值/总成本)＝172011元/17949.9元＝9.58

资金利润率＝(总利润/总成本)×100＝(154061.1元/17949.9元)×100＝858

其余杨树间作模式经济效益静态评价指标如表5-10所示。

表5-10　　　　　　　　杨树不同农林间作模式经济效益静态评价指标

间作模式	产值/(元/hm²)			总成本/(元/hm²)	总利润/(元/hm²)	投入产出比	资金利润率/(元/100元)
	林木产值	作物产值	小计				
CK2	94960.62	0	94960.62	12909.9	82050.72	7.36	636
T4	112851.99	59160	172011.99	17949.9	154062.1	9.58	858
T5	106892.82	72900	179792.82	24075.7	155717.1	7.47	647
T6	105116.80	74800	179916.80	19349.5	160567.3	9.29	829

表5-10对杨树不同农林间作模式及杨树纯林的主要静态经济指标进行了比较分析。结果表明：三种杨树农林间作模式总产值、总成本、总利润、投入产出比、资金利润率均

高于杨树纯林模式，说明杨树农林间作模式虽投入成本高于纯林模式，但其经济效益明显优于纯林模式。在三种间作模式中其总利润大小为：杨树-决明子（160567.3元/hm²）＞杨树-花生（155717.1元/hm²）＞杨树-小麦（154062.1元/hm²），而其投入产出比大小则为：杨树-小麦（9.58）＞杨树-决明子（9.29元/hm²）＞杨树-花生（7.47）。从三种间作模式的投入产出比、资金利润率可以看出，杨树-小麦间作模式可达858元/100元，为最高，说明在三种不同杨树农林间作模式中，杨树-小麦间作模式经济效益最高。（注：所有价格均按照2018—2022年4年的年平均价格计算）

5.8　讨论

5.8.1　黄泛沙地农林间作对土壤理化性质的影响

土壤结构的基本单位是由土壤砂粒、粉粒、黏粒等组成，不同间作模式土壤机械组成存在显著差异。总体上，随着土层深度的增加，土壤砂粒数量变化相对较小，而土壤粉粒和黏粒数量则呈增加趋势，本书中，随着土壤深度的增加，土壤砂粒、粉粒、黏粒变化趋势与前人研究结果相同。土壤机械组成易受人工干扰和降雨冲击的影响，而植被覆盖度的增加，则可减少雨水的冲击，增加植物多样性，从而更容易形成土壤大团聚体（Zhu，2017），本研究中，CK2为杨树纯林，样地植物覆盖率相对较低，土壤机械组成更容易受到干扰，因此，在0~20cm土层，其土壤黏粒相对高，不易形成大团聚体。土壤容重作为土壤的基本物理性质，对土壤的透气性、入渗性、持水性、溶质迁移以及土壤抗蚀能力等特性有着重要影响。土壤容重的变化不仅受内部结构、紧实度和土地利用类型等土壤自身属性影响（Wang et al.，2019），黏土含量、含水量、含沙量、深度、pH值和有机碳含量等土壤理化性质也是影响土壤容重变化的主要因素（Carlos Céspedes - Payret et al.，2017），本研究中，在0~20cm土层，杨树-小麦、白蜡-大豆间作模式容重较小，说明其土壤最松散，孔性最好。与其他间作模式相比，杨树-小麦、白蜡-大豆间作模式更有易于降低土壤容重，改良土壤结构，增强土壤透水、透气性能。而研究结果表明，在耕作层以下的20~60cm土壤，种植农作物对土壤容重的影响并不明显。土壤总孔隙度对土壤紧实度和结构有重要影响。一般而言，土壤总孔隙度在50%左右，其中非毛管孔隙比例为20%~40%时水气关系较为协调（王亚丽等，2021），本书中，在0~20cm层土壤，不同间作模式土壤总孔隙度最大值为44.53%，最小值为37.12%，而毛管孔隙度最大值为36.3%，最小值为28.3%，且不同间作模式20~40cm层、40~60cm层相比0~20cm层更低，表明该地区土壤的透水性、持水能力和通气性相对较差。不同间作模式样地土壤孔隙度存在差异，这可能是由于土壤表层存在的草本植物丰富性存在差异，表层土壤中根量分布的增加，提高了土壤的孔隙度。

土壤pH值是评价土壤质量的重要因素。研究发现，土壤pH值受土壤黏粒含量变化影响较小，而是受土壤机械组成中粉粒含量影响较大，砂粒与土壤pH值无显著相关性，即在土壤机械组成中，黏粒所占含量越低，粉粒所占含量越高，土壤pH值可能越高。在0~20cm土层，土壤pH值的大小与土壤粉粒含量呈显著正相关，与黏粒呈显著负相关，这与前人研究不谋而合；而从整体趋势上看，土壤粒级逐渐变小，土壤pH值变化趋势并不显著，对贵州省黔西南州的研究则表明，土壤 pH 值随土壤变黏而降低。这可能是由于研究的样本数量不同、样本来源的区域母质不同及不同区域人为耕作活动影响所导致的。

　　土壤中的氮元素、磷元素、钾元素是供植物吸收利用的三大元素，同时也是土壤养分的主要部分，其含量既是评价土壤肥力质量、反映土壤内部元素循环和平衡的重要指标，也是植物群落发育的重要条件。本书中，不同间作模式下各样地土壤全氮含量表现为表层较高，随着土层深度的增加，呈逐渐下降趋势，这与汪宗飞（2018）等的研究一致，这是由于各样地植物凋落物主要分布于土壤表层，土壤中有机物的分解作物促进了有机碳、全氮相互转化。高君亮（2019）的研究表明：土壤中磷元素、钾元素之间的关系十分密切，而在本书中，土壤全磷、全钾指标之间虽然没有显著性差异，但两者变化趋势一致，均随着土层深度的增加，无较大变化，趋势较为稳定，这可能是与黄泛沙地土壤贫瘠，土壤养分较低有关。而不同的间作模式下土壤的 C、N、P 生态化学计量特征表现不同，这与土壤中所含有机碳、全氮、全磷含量有关，总体上表现为表层高、底层低。

5.8.2　黄泛沙地农林间作模式对土壤碳固持特征的影响

　　土壤碳库评价是土壤质量的重要指标之一，研究表明，土地利用方式以及植被覆盖类型是影响土壤碳库的关键因素，但是，由于植被覆盖类型等因素的影响以及土壤自身特性的差异，对不同区域土壤碳库研究还存在不确定性。本书发现，不同农林间作模式下，土壤有机碳含量均随着土层深度的增加而逐渐减少，这与以往研究结果一致（Ghosh et al.，2018），这是因为种植制度是一种可通过人为措施对土壤有机碳含量施加影响的重要因素，碳是组成植物干物质的重要元素，与深层土壤相比，表层土壤中含有更多的植物凋落物，凋落物分解后，碳一部分会被植物根系吸收后重新利用，另一部分会固定在土壤团聚体中，这些凋落物在土壤中经微生物分解，转化成为土壤生物所需要的营养性有机碳，使土壤表层的有机碳增多，因此土壤有机碳含量往往表现出表聚现象（张维理等，2020）。经现场调查发现，杨树-小麦间、白蜡-大豆作模式土壤中含有较多的枯落物，表明其表层土壤碳储存能力较强，加大了土壤的稳定作用，随即改善了土壤的物理及化学性质，使得土壤质量明显提升（Haynes et al.，2020）。

　　土壤有机碳储量与土壤有机碳含量呈显著正相关，且均虽土层深度的增加而减少，这是因为农业是碳固持的重要手段，通过农作物的种植与收获，大部分残留物成为有机碳的重要来源，可显著提升土壤碳库含量，但仍需注意的是本研究区土壤固碳能力较弱，这主要是与黄泛沙地土壤特性有关，黄泛沙地土壤肥力相对较弱，土壤贫瘠，尤其是深层土壤碳含量较低，土壤供给性较差。

5.8.3　黄泛沙地农林间作模式的土壤质量评价分析

　　土壤质量评价是对土壤肥力等方面进行的综合鉴定，通过对黄泛沙地不同农林间作模式对土壤质量的研究发现，土壤各物理、化学指标之间并非独立存在，而是具有一定的相关关系，相关系数高的变量大多会进入同一个主成分，近年来许多数学统计方法被应用于土壤质量评价之中，而其中多数研究者采用主成分分析法来评价土壤肥力质量。本书采用主成分分析法，利用降维的思想提取 4 个主成分来评价土壤质量，主成分 1 主要支配土壤有机碳、全氮、全磷、碳磷比（C/P）、氮磷比（N/P）、碳储量 6 个指标，方差累计贡献率为 37.218%，主成分 2 主要支配砂粒、粉粒、黏粒 3 个指标，方差累计贡献利率为 18.856%，主成分 3 主要支配土壤容重、总孔隙度、毛管孔隙度 3 个指标，方差累计贡献率为 14.806%，主成分 4 主要支配土壤全钾这个指标，方差累计贡献率为 13.146%，4 个主成分方差累计贡献率为 84.026%＞80%，4 个主成分可以涵盖大部分原变量且原变量整体没有丢失，因此利用提取的 4 个主成分进行土壤质量评价是可靠的。

通过主成分-聚类分析可以发现，可以将土壤肥力等级分为 6 类，土壤质量大小为 T4＞T3＞CK2＞CK1＞T5＞T1＞T6＞T2，其中杨树-小麦和白蜡-大豆间作模式对土壤质量的改良效果最好，这与前人的研究一致，在不同土地利用方式中，小麦、豆科牧草与林木间作可显著提高土壤微生物的多样性并改善土壤微生物的群落结构，同时降低土壤氮矿化速率，提高土壤中氮素的稳定性，利于氮素积累，花生虽是豆科植物，但其对土壤质量改善并不明显，这或许与其采用双垄种植有关。纯林种植模式对土壤质量也有较好的改良效果，这是由于林地土壤枯落物较多，经微生物分解后产生较多的腐殖质，有利于有机碳的积累，这也与相关的研究结果一致（王合云等，2016）。可见不同农林间作模式是影响土壤质量评价的重要因素，主成分-聚类分析的结果验证了"用""养"结合即可保证粮食产出又可保持水土，培肥地力。

5.8.4 黄泛沙地农林间作模式对经济效益的影响

赵振利等（2020）研究表明：农林复合经营模式不但能够在一定的土地面积上收获更多的产品，而且收获的产品在数量和品质上比单一种植效益更加明显，在其研究中，复合经营模式的亩产效益提高了 27% 以上，明显增加了土地利用率和林农的经济收入。而在本书中，不同农林间作模式与纯林相比，前期虽增加了农业资料费用以及管理费用，但收获时均显著提高了样地的经济价值，增加了农民的收入，不同间作模式投入产出比与资金利润率也均高于纯林模式，因此，在不影响林木和农作物正常生长的前提下，可以优先选择高附加值作物的复合经营模式，从而获得最大的经济效益。不同农林间作模式不仅能降低林分抚育成本，提高土地利用率，增加农林附加值，在增加农民收入方面具有积极作用，同时可优化地方的林农结构，为改善农民生活水平提供强大的推动力。

5.9 小结

（1）黄泛沙地不同农林间作模式土壤物理性质各有差异，土壤机械组成中，0~60cm 土层白蜡-花生间作模式土壤砂粒含量高于其他间作模式，黏粒明显低于其他间作模式，表明白蜡-花生间作模式更容易增加土壤砂粒含量。随着土层深度的逐渐增加，不同农林间作模式各样地土壤容重总体上呈增加趋势，在 20~60cm 土层，各样地土壤容重无显著差异，表明种植农作物对耕层以下土壤容重影响不大，而杨树-小麦、白蜡-大豆间做方式可明显降低 0~20cm 土层土壤容重。土壤总孔隙度、毛管孔隙度在 0~20cm 土层、40~60cm 土层变化不大且差异性不显著，各间作模式对土壤总孔隙度，毛管孔隙度的影响在 20~40cm 土层最为明显，尤其是白蜡纯林种植模式，说明白蜡纯林种植模式较其他种植模式更能有效地降低土壤 20~40cm 土层紧实度，提高毛管孔隙度。

（2）在 0~60cm 土层，各间作模式土壤 pH 值均匀分布在 7.28~8.60，其中杨树-小麦间作模式 pH 值最高，为 8.54～8.57，说明杨树-小麦间作模式土壤粉粒含量相对较多，但不同间作模式下土壤 pH 值总体上变化不大，土壤全氮含量在 0～40cm 土层表现为杨树-小麦间作模式最高，并随土壤深度的增加而逐渐降低，这与土壤有机碳变化趋势相同，表明土壤全氮与土壤有机碳之间关系十分密切。总体上土壤全磷、全钾含量在 0～60cm 土层变化不大，趋势与土壤全氮不同，表现较为稳定。土壤有机碳含量、碳储量均表现为表聚性，随着土层深度的增加其含量呈逐渐降低的趋势，而在 0～40cm 土层，杨树-小麦间作模式土壤有机碳含量最高，即杨树-小麦间作模式更容易增加土壤耕层有机碳含量，提高土壤固碳能力。

（3）本研究中共选取了 15 个土壤指标进行主成分分析，分别为土壤砂粒、粉粒、黏粒、容重、总孔隙度、毛管孔隙度、pH 值、有机碳、全氮、全磷、全钾、碳储量、碳氮比（C/N）、碳磷比（C/P）、氮磷比（N/P），对这 15 个土壤指标进行土壤质量评价，采用聚类分析，将各间作模式土壤肥力类别分为六类，基于主成分-聚类分析对土壤质量得分排序为：T4(杨树-小麦)＞T3(白蜡-大豆)＞CK2(杨树纯林)＞CK1(白蜡纯林)＞T5(杨树-花生)＞T1(白蜡-菊花)＞T6(杨树-决明子)＞T2(白蜡-花生)。

（4）采用静态评价指标对轮伐期白蜡、杨树不同农林间作模式进行经济效益分析可知，两种林木单独种植时，总体利润均低于间作模式，白蜡间作模式总产值为白蜡纯林的 2.28～2.65 倍，而杨树间作模式总产值为杨树纯林的 1.8～1.89 倍，且白蜡、杨树不同农林间作模式投入产出比与资金利率润均高于纯林模式；在白蜡不同农林间作模式中，白蜡大豆资金利润率最高，达 466 元/100 元，且总成本最低，因此，仅从经济效益进行分析，白蜡-大豆间作模式可作为优选模式；在杨树不同农林间作模式中，杨树-小麦间作模式投入产出比与资金利润率均为最高，投入产出比为 9.58，资金利润率可达 858 元/100 元，因此，仅从经济效益进行分析，杨树-小麦间作模式可作为优选模式。

（5）根据土壤质量与经济效益对比，8 种不同农林间作模式中，杨树-小麦、白蜡-大豆两种间作模式对土壤质量的改善最为明显，投入产出比与资金利润率高，综合考虑各模式对土壤质量及单位土地面积经济效益的提升效应，在黄泛平原风沙区生产上应优先选择杨树-小麦、白蜡-大豆这两种农林间作模式。

6 滨海盐碱地不同土地利用方式土壤理化性质及颗粒分形特征

6.1 引言

土壤是具有自相似性结构的多孔介质，受制于研究方法和手段，使得截至目前没有完全做到定量化的描述土壤形态与性质（程先富等，2003）。从20世纪80年代起，分形理论作为描述不规则几何形体的有效方法应用于土壤学领域（李艳茹等，2006），不仅解决了传统方法无法解决的许多问题，而且探索了土壤学中的新规律，推动了土壤形态、过程等复杂问题的解决，并在一定程度上促进了土壤的定量化研究，为研究土壤的无规则特性提供了非常好的工具，成为如今研究土壤学最有效的理论和方法之一。分形学主要研究土壤粒径、颗粒表面、颗粒体积、颗粒孔隙度等具有统计意义上的自相似性质，并对土壤颗粒尺寸分布及其表面裂纹尺寸和分布等土壤性能进行了描述；同时模拟了扩散、吸附、水及水溶液的传输、脆性断裂等土壤物理过程。近些年来运用各种分形模型计算孔隙度、团聚体、微团粒和土壤PSD的分形维数来表征土壤的结构和质地及其均匀程度，成为定量描述土壤的内部结构特征的新方法（高雅宁等，2021）。目前关于土壤结构的分形模型多是基于土壤结构的单重分形特征而提出的，而单重分形只能对土壤微观结构进行整体性、平均性的描述与表征，不能充分描述粒径分布的整个粒径范围，因此，采用单重分形的方法来研究土壤受到了限制。近年来，国内外学者采用多重分形方法来描述土壤结构特征，即借助多重分形谱来刻画土壤结构局部变异性和非均匀特征（Martín et al.，2002；Montero，2005），结果表明，多重分形方法能够采用多个分形参数来描述复杂的土壤几何体、刻画土壤特征、捕捉土壤粒径分布更为广泛和细致的信息，因此，多重分形技术是研究土壤颗粒分布的成功选择（Adolfond et al.，2003）。激光粒度分析技术（Linda et al.，2006）的使用可以精确分析土壤的颗粒组成，保证足够数据用于单重分形和多重分形的计算。因此多重分形方法与激光粒度分析技术的结合为土壤粒径分布的研究提供了一种精确的分析方法。

黄河三角洲是我国三大河口三角洲之一，也是世界著名的河口三角洲中开发度较低的三角洲，被誉为"金三角"地带，是我国重点经济开发区。该区土地资源丰富，但由于游垦、游牧和灌水等不合理的农业耕作措施以及缺少植被覆盖等，形成了数量惊人的盐碱滩涂裸地（宋玉民等，2003）。加速盐碱地治理，提高盐碱地土地利用效率，备受人们关注。迄今为止，关于黄河三角洲不同植被土壤的水文生态效应研究成果报道较多，而对其不同土地利用方式下土壤颗粒的分形学研究尚未见报道。本书以黄河三角洲盐碱土壤为研究对象，利用单重与多重分形学理论和方法，研究分析了滨海盐碱地不同土地利用方式土壤单重和多重分形特征及其与土壤性质的相关性，探讨了土地利用方式对滨海盐碱地土壤颗粒分形参数的影响，以期为滨海盐碱地治理与开发提供理论依据和技术指导。

6.2 材料与方法

6.2.1 研究区概况

1. 地理位置

研究区设在山东省东营市河口区孤岛镇境内（$37°45'\sim38°10'$N，$118°10'\sim119°05'$E）。该区位于山东省东营市东北部，北临渤海、东靠莱州湾、西邻沾化县、南接利津县、东南面毗邻垦利县，北距东营海港 35km，与胶东半岛隔海相望。研究区辖西韩、镇苑两个行政村，总面积 159.46km²。

2. 地质地貌

研究区属于典型的黄河三角洲地貌，地势南高北低，西高东低，有内地向沿海平缓降低，向海缓倾，其坡度内侧较大，外侧较平缓，自然比降为 1∶10000～1∶15000。

3. 土壤

土壤分类根据《中国土壤》土壤分类系统，研究区土壤类型主要是以滨海盐土为主，从内陆向近海，土壤逐渐由潮土向盐土递变，新生土壤次生盐渍化严重。滨海盐土表层（0～20cm）含盐量一般为 1.0%～3.0%，土体含盐量为 0.4%～1.0%，就同一剖面而言，表层含盐量与土体含盐量差异不大。土壤有机质含量差异较大，速效磷含量较高，土壤速效钾含量受海水影响含量很高，在微量元素中，有效硼和有效铜含量较高。

4. 植被

研究区属于暖温带落叶阔叶林区域，暖温带北部落叶栎林亚地带，黄河、海河平原栽培植被区。植被覆盖率为 19.2%，植被优势种主要为优势树种主要为刺槐、油松、侧柏、欧美杨、山杨等；灌木有柠条、胡枝子和酸枣、芦苇、碱蓬等，经济作物主要有棉花和花生等。其中，人工营造的刺槐林面积达到 113 km²，是中国平原地区最大的人工刺槐林。

5. 气候

研究区属暖温带季风型大陆性气候，由于地理位置、纬度以及黄河泥沙等多重因素的影响，大陆性季风对该区的影响甚于海洋气候类型，因此，该区冬寒夏热，四季分明。春季干旱多风回暖快，夏季炎热多雨，秋季凉爽多晴天，冬季寒冷少雪多干燥。多年平均气温 12.1℃，极端最低气温 −23.3℃，极端最高气温 41.5℃，年均降水量为 585mm，年均蒸发量 1942.6mm，年均风速为 2.98m/s，无霜期 132～142d。全年平均日照时数 2700h。

6. 水文与水资源

研究区主要河道皆为季节性河流，汇流面积小，且径流量主要集中于汛期降水，加之河流源短流急，以及因盐碱土地的盐化，地表水的含盐量较高，故地表径流难以利用，同样，地下水矿化度高，也难以利用，导致全区淡水资源匮乏。黄河水是唯一可供利用的（客水）淡水资源，由引蓄黄河水可控制灌溉面积 2 万 hm^2，但由于黄河水难以保障，再加上油田生产用水和居民生活用水，供需矛盾仍在加剧。因此，应大力发展节水农业，走节水之路。

6.2.2 研究内容

（1）不同土地利用方式对滨海盐碱地土壤理化性状变化的影响。分别测定 4 种土地利用方式下 0～10cm、10～20cm、20～40cm 土层的土壤容重、土壤总孔隙度、土壤非毛管孔隙度、土壤电导率、土壤入渗速率、土壤 pH 值、土壤有机质、土壤全氮、土壤碱解氮、土壤全磷、土壤速效磷等指标，进而研究不同土地利用方式对土壤物理性状变化影响及其在土壤剖面上的变化特征。

（2）滨海盐碱地土壤颗粒单重分形特征研究。采用单重分形方法计算 4 种土地利用方式下 0～10cm、10～20cm、20～40cm 土层的土壤颗粒的单重分形维数，进而研究不同土地利用方式土壤颗粒单重分形维数的差异性及其在土壤剖面上的变化特征。

（3）滨海盐碱地土壤颗粒多重分形特征研究。采用多重分形方法计算 4 种土地利用方式下 0～10cm、10～20cm、20～40cm 土层土壤颗粒的多重分形参数并绘制 Rényi 谱，进而研究不同土地利用方式土壤颗粒多重分形参数的差异性及其在土壤剖面上的变化特征。

（4）滨海盐碱地土壤颗粒分形特征与土壤主要性质的相关性研究。运用 SPSS 统计分析软件和 Excel 软件分析土壤颗粒单重分形维数和多重分形参数与土壤容重、土壤总孔隙度、土壤非毛管孔隙度、土壤电导率、土壤入渗、土壤 pH 值、土壤有机质、土壤全氮、土壤碱解氮、土壤全磷、土壤速效磷等指标之间的相关关系。

6.2.3 样地设置

在野外实地调查基础上，选择研究区域内 4 种具有典型滨海盐碱地土地利用方式的地块，分别在株行距 3m×2.5m 的刺槐林地（20～30 年）、株行距 3m×2m 的欧美杨林地（20～30 年，间伐强度 50%）、种植棉花地（20～30 年）、生长有芦苇和碱蓬的荒草地上选择标准样地（10m×10m）各 2 个。分别于 2009 年 8 月和 2010 年 8 月在选定的样地内，按照 0～10cm、10～20cm、20～40cm 三层测定土壤容重、土壤总孔隙度、非毛管孔隙度等指标，并设置 2 次重复；在每个标准地内采用 5 点采样法采集土壤样品，每点取样深度为 40cm，分别按照 0～10cm、10～20cm、20～40cm 三层采集土壤样品，混合均匀装入土壤袋中，并设置 2 次重复。

6.2.4 土壤理化性质测定

1. 物理性质的测定

采用环刀（静水浸泡称重）法测定土壤容重及土壤孔隙度；采用土壤水分温度电导率仪测定电导率；采用单环入渗法测定土壤入渗速率。

2. 化学性质的测定

土壤化学性质各指标均参照《土壤实验实习教程》中相关的标准方法进行测定；采用pH计（PHSJ-3F实验室pH计）测定土壤pH值；采用重铬酸钾容量法-外加热法测定有机质；采用半微量凯氏法（KDN-08C定氮仪）测定全氮；采用扩散法测定碱解氮；采用硫酸-高氯酸酸溶-钼锑抗比色法测定全磷；采用0.5mol/L碳酸氢钠浸提法测定速效磷。

6.2.5 土壤颗粒单重分形维数的计算

1. 土壤样品的处理

将所取土壤带回实验室，进行风干处理，采用LS13320激光粒度分析仪进行土壤粒径分析。该仪器搅拌器速度2500r/min，速度范围可调，遮光范围8%～20%，测量范围为0.02～2000μm。具体方法为：首先将土壤样品中大于2mm的石砾、树根等杂物筛出，然后取土样0.3g左右放入50mL试管，加入10mL浓度为10%的H_2O_2，置水中加热使其充分反应以便有效地除去样品中的有机质，之后加入10mL浓度为10%的HCl，并煮沸使其充分反应除去碳酸盐。将试管中注满去离子水并静置12h，抽取上层清液，反复静置除酸直至pH值为6.5～7.0，然后加入10mL浓度为0.1mol/L的六偏磷酸钠分散剂并用超声波清洗机振荡30s后，利用LS13320激光粒度仪进行测量，得到0.02～2000μm的不同粒径土壤的体积百分含量。试验中每个土样处理方法和测量过程相同，设3次重复。

2. 土壤颗粒单重分形维数的计算

土壤粒径分布遵循自相似原理，大于某一粒径R_i（$R_i > R_{i+1}$，$i = 1,2,3,\cdots$）的土壤颗粒体积之和为$V(r > R_i)$，则V可表示为

$$V(r > R_i) = C_V [1 - (R_i / \lambda_v)^{3-D}] \tag{6-1}$$

式中：R_i为特征尺度；C_V、λ_v为描述颗粒形状、尺度的常数。

对式（6-1）进行整理得出：

$$\lg \left| \frac{V(r < R_i)}{V_T} \right| = (3-D) \lg \left| \frac{R_i}{R_{\max}} \right| \tag{6-2}$$

式中：V_T为土壤颗粒总体积；$R_{\max}$为最大粒径2000μm；D为土壤粒径分布的单重分形维数，其值为3与$\dfrac{V(r < R_i)}{V_T}$和$\dfrac{R_i}{R_{\max}}$的对数线性回归拟合方程斜率的差值。

6.2.6 土壤颗粒多重分形参数计算

取激光粒度仪测量区间$I = [0.02, 2000]$，测量得到的是100个子区间$I_i = [\varphi_i, \varphi_{i+1}]$（$i = 1,2,\cdots,100$）相对应的土壤颗粒的体积百分含量，即$v_1$，$v_2$，$\cdots$，$v_{100}$，$\sum\limits_{i=1}^{100} v_i = 100$，$\varphi_i$为激光粒度仪测得的粒径。根据激光粒度仪划分粒径的原理，同时为满足使用多重分形分析方法，使粒径分布的各个子区间长度一样，需对区间内$\lg(\varphi_{i+1}/\varphi_i)$进行一个常数变换，得到$\psi_i = \lg(\varphi_i/\varphi_1)$，$i = 1,2,\cdots,100$，由此构造一个新的无量纲区间$J = [0, 5]$，其中有100个等距离的子区间$J_i = [\psi_i, \psi_{i+1}]$，$i = 1,2,\cdots,100$。

在区间 J 中，有 2^k 个同尺寸的小区间 $\varepsilon = 5 \times 2^{-k}$，每个小区间里至少包含一个测量值，为使最小的子区间中包含测量值，k 的取值范围为 $1 \sim 6$。$\mu_i(\delta)$ 为每个子区间土壤粒径分布的概率密度，即为落在子区间 J_i 内所有测量值 V_i 的总和，其中 $V_i = v_i / \sum\limits_{i=1}^{100} v_i$，$i = 1, 2, \cdots, 100$，$\sum\limits_{i=1}^{100} V_i = 1$。由尺度 δ 和给定的参数 q，利用 $\mu_i(\delta)$ 构造一个配分函数族 $u_i(q, \delta)$：

$$u_i(q, \delta) = \frac{u_i(\delta)^q}{\sum\limits_{i=1}^{n(\delta)} u_i(\delta)^q} \qquad (6-3)$$

式中：$u_i(q, \delta)$ 为第 i 个子区间的 q 阶概率，q 为实数；$\sum\limits_{i=1}^{n(\delta)} u_i(\delta)^q$ 是对所有子区间的 q 阶概率求和。

描述多重分形有两套等价的语言 $f[\alpha(q)] - \alpha(q)$ 和 $D(q) - q$，这两套参量之间可以通过 Legendre 进行交换。这两套语言都能够对土壤颗粒分布进行描述。

1. 多重分形谱函数 $f[\alpha(q)]$ 和奇异性指数 $\alpha(q)$ 的计算

利用配分函数族可以计算出粒径分布的奇异性指数 $\alpha(q)$ 为

$$\alpha(q) = \lim_{\delta \to 0} \frac{\sum\limits_{i=1}^{n(\delta)} u_i(q, \delta) \lg[u_i(1, \delta)]}{\lg \delta} \qquad (6-4)$$

相对于 $\alpha(q)$ 的粒径分布的多重分形谱函数 $f[\alpha(q)]$ 为

$$f(\alpha) = \lim_{\delta \to 0} \frac{\sum\limits_{i=1}^{n(\delta)} u_i(q, \delta) \lg[u_i(q, \delta)]}{\lg \delta} \qquad (6-5)$$

由式（6-4）和式（6-5），通过最小二乘拟合，$-10 \leqslant q \leqslant 10$，步长为 0.5 计算，可得土壤粒径分布的奇异性指数 $\alpha(q)$ 以及多重分形谱函数 $f[\alpha(q)]$。

2. 广义维数谱［Rényi 信息熵 $D(q)$］

广义维数 $D(q)$ 可以直接按照定义计算，严格的定义为：

$$D(q) \approx \lim_{\delta \to 0} \frac{1}{q - 1} \times \frac{\lg\left[\sum\limits_{i=1}^{n(\delta)} u_i(\delta)^q\right]}{\lg \delta} \qquad q \neq 1 \qquad (6-6)$$

$$D_1 \approx \lim_{\delta \to 0} \frac{\sum\limits_{i=1}^{n(\delta)} u_i(\delta) \lg u_i(\delta)}{\lg \delta} \qquad q = 1 \qquad (6-7)$$

利用式（6-6）和式（6-7）计算出 $-10 \leqslant q \leqslant 10$ 范围内，步长为 0.5 的土壤粒径分布的多重分形参数 D_0、D_1、D_2 和 D_1/D_0，并绘制 Rényi 谱。

这两套语言都能够对土壤颗粒分布进行描述，本书采用广义维数谱的 D_0、D_1、D_2 和 D_1/D_0 等多重分形参数来描述土壤颗粒的多重分形特征。其中，D_0 为 $q = 0$ 时的容量维数，它用来衡量粒径分布的跨度；D_1 为 $q=1$ 时的信息维数，它能够提供土壤粒径分布不规律程度的信息；D_2 为 $q=2$ 时的关联维数，它能够提供土壤颗粒分布聚集程度的信息；D_1/D_0 用来衡量土壤粒径分布的异质程度。

6.2.7 数据处理与分析

运用 Excel 和 SPSS 统计分析软件中双变量相关来计算土壤颗粒单重分形维数和多重分形参数与土壤理化性质的相关性。

6.3 滨海盐碱地不同土地利用方式对土壤理化性状变化的影响

6.3.1 不同土地利用方式土壤水文物理特性

滨海盐碱地的土壤水文物理特性因土地利用方式的不同而呈现出较大的差异性，这表明土地利用方式的不同对土壤水文物理特性影响显著。

土壤 pH 值和电导率变化状况是反映滨海盐碱地土壤改良的重要参数。由表 6-1 可以看出，研究区不同土地利用方式各土层 pH 值、电导率差异较大，pH 值均在 7.97 以上，刺槐林地、欧美杨林地和棉花地中各土层的 pH 值和电导率都低于荒草地各土层的对应值，从土层的垂直变化来看，0~10cm 土层的 pH 值、电导率低于 10~20cm 土层和 20~40cm 土层，从 pH 值均值来看，刺槐林地、欧美杨林地和棉花地的 pH 值比荒草地分别下降 7.6%、6.2% 和 7.5%；而 3 种土地利用方式的电导率相对于荒草地分别下降 79.4%、70.3% 和 78.1%。荒草地由于表层返盐的影响恰好相反，导致其表层土 pH 值及电导率提高，进一步分析可知，由于该地区蒸降比较大，有限的降雨不能充分淋洗土壤剖面中存在的盐分，使得表层土积累了较多的盐分，导致其 pH 值、电导率要高于其他土地利用方式，此外农田由于人为干扰因素较重，人为的农事活动导致土壤含盐量较低，而滨海盐碱地采取刺槐林、欧美杨林等不同土地利用方式后压碱抑盐效果明显，特别是表土层受枯枝落叶分解及覆盖的影响，改良盐碱效果较好。

土壤容重的大小反映了植被对土壤物理性质的改善程度，土壤容重和孔隙度直接影响到土壤的通气性和透水性，是决定土壤水源涵养功能的重要指标（魏强等，2008）。由表 6-1 可知，刺槐林地、欧美杨林地和棉花地中各土层的土壤容重均低于对应的荒草地，且 0~10cm 土层容重低于 10~20cm 土层和 20~40cm 土层；从土壤容重均值来看，刺槐林地、欧美杨林地、棉花地分别比荒草地下降 13.2%、11.1% 和 8.3%。总孔隙度和非毛管孔隙度从土壤垂直梯度上均表现一致，随土层深度的增加而变小，4 种土地利用方式的总孔隙度和非毛管孔隙度均值表现为刺槐林地＞欧美杨林地＞棉花地＞荒草地，刺槐林地、欧美杨林地和棉花地总孔隙度依次比荒草地高 19.5%、18.1% 和 11.7%，而 3 种土地利用方式非毛管孔隙度较荒草地分别提高为 124%，45% 和 27%，这表明刺槐林地、欧美杨林地、棉花地的土壤透水性、通气性和持水能力相对于荒草地来说较为协调。

表 6 - 1　　　　　滨海盐碱地不同土地利用方式土壤水文物理特征参数

指　标	土层厚度/cm	刺槐林地	欧美杨林地	棉花地	荒草地
pH 值	0～10	7.97±0.06aA	8.23±0.10aB	8.03±0.10aC	8.99±0.12aB
	10～20	8.42±0.10bA	8.50±0.06bA	8.38±0.06bA	8.94±0.08aB
	20～40	8.45±0.06bA	8.49±0.08bA	8.50±0.10cA	8.89±0.09aB
	0～40	8.28±0.05cA	8.41±0.08bA	8.30±0.09bA	8.97±0.10aB
电导率 /(μS/cm)	0～10	235±13aA	332±26aB	251±10aA	1239±11aC
	10～20	241±15aA	339±17aB	262±22aA	1180±20bC
	20～40	275±17bA	408±15bB	282±20aA	1225±18aC
	0～40	250±15abA	360±19aB	265±17aA	1214±16aC
容重 /(g/cm³)	0～10	1.22±0.03aA	1.26±0.04aA	1.28±0.03aA	1.40±0.05aB
	10～20	1.25±0.04abA	1.27±0.02aA	1.32±0.04abA	1.45±0.05aB
	20～40	1.29±0.03bA	1.30±0.02aA	1.36±0.03bB	1.48±0.04aC
	0～40	1.25±0.03abA	1.28±0.03aA	1.32±0.03abA	1.44±0.05aB
总孔隙度 /%	0～10	49.66±0.22aA	48.84±0.11aB	45.93±0.14aC	40.83±0.17aD
	10～20	47.51±0.20bA	47.12±0.18bA	45.24±0.22bB	39.84±0.23bC
	20～40	45.71±0.18cA	45.21±0.19cB	42.38±0.13cC	38.89±0.15cD
	0～40	47.62±0.20bA	47.05±0.16bB	44.52±0.16dC	39.85±0.18bD
非毛管孔隙度 /%	0～10	4.25±0.18aA	2.41±0.20aB	2.05±0.15aB	1.78±0.19aC
	10～20	2.97±0.15bA	2.26±0.18aB	2.08±0.17aB	1.56±0.17aC
	20～40	3.22±0.21bA	2.09±0.12bB	1.78±0.20bC	1.30±0.20bD
	0～40	3.48±0.18cA	2.25±0.16aB	1.97±0.17aB	1.55±0.18cD

注：字母不同表示在 $P<0.05$ 水平上差异显著；大写字母表示不同土地利用方式的比较，小写字母表示参数在不同土层深度的比较。下同。

6.3.2　不同土地利用方式土壤入渗特性

土壤入渗过程和渗透能力决定了降雨过程再分配中地表径流和土壤水分的贮存及壤中流与地下径流的产生和发展，渗透速率越大，表示降水后大部分降水很快通过非毛管孔隙转入地下水，因此，土壤渗透性是反映土壤水源涵养、理水调洪功能的重要指标。由图 6 - 1 可知，不同土地利用方式土壤渗透速率的变化趋势一致，其渗透曲线可分为 3 个阶段，即渗透初期的渗透率瞬变阶段、其次为渐变阶段，随着时间的推移而下降，最后达到平稳阶段。不同土地利用方式的土壤入渗特征曲线可用乘幂方程进行拟合，即 $f=at^{-b}$，式中：f 为入渗速率，mm/min；a 和 b 为常数；t 为入渗时间，min。刺槐林地、欧美杨林地、棉花地和荒草地的模拟方程分别为 $f=12.42t^{-0.43}$，$f=10.21t^{-0.43}$，$f=7.65t^{-0.41}$ 和 $f=3.94t^{-0.48}$，R^2 均在 0.98 以上，模拟效果较好。刺槐林地、欧美杨林地和棉花地的土壤入渗性能明显好于荒草地，刺槐林地、欧美杨林地和棉花地的初渗速率分别是荒草地（4.11mm/min）的 2.3 倍、2.2 倍和 1.8 倍，稳渗速率分别是荒草地（1.24mm/min）的 1.7 倍、1.5 倍和 1.3 倍。分析表明，刺槐林地、欧美杨林地和棉花地均具有提高土壤入渗性能的效应。随着土地利用方式的不同，其土壤入渗特性表现出一定的差异性，其中林地最好，农田次之。已有研究表明，低山丘陵区小流域混交林的稳渗速率值为 5.73mm/min，纯林为 3.02mm/min，黄土丘陵区不同退耕地土壤稳渗速率值最小为 0.64mm/min，最大为 1.83mm/min，而在本书中土壤稳渗速率值最大的刺槐林地仅为 2.11mm/min，小于低山丘陵区，与黄土区接近，表明土壤水分入渗特性与土壤质地、机械组成、孔隙度有较大关系。

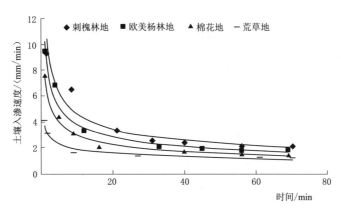

图 6-1　滨海盐碱地不同土地利用方式的土壤入渗速率过程

6.3.3　不同土地利用方式土壤化学特性

土壤有机质、氮元素和磷元素含量是评价土壤养分的最佳指标，它能促进林木生长发育，促进土壤微生物的活动，提高土壤的保肥力和缓冲性，并具有活化土壤矿质元素的作用。研究区土壤为滨海盐土，土壤有机质含量低，且变异系数大，土壤碱解氮含量较低，速效磷、速效钾含量较高。

土壤有机质是土壤的重要组成部分，是土壤生物多样性的必要条件，它能反映出气候、植被、水土保持等状况。由表 6-2 可以看出，不同土地利用方式间土壤有机质含量存在显著差异，刺槐林地、欧美杨林地和棉花地中各土层的有机质含量都高于荒草地各土层的对应值，且从土层的垂直变化来看，其 0～10cm 土层的有机质高于 10～20cm 土层和 20～40cm 土层；从均值来看，刺槐林地含量最高，欧美杨林地和棉花地其次，荒草地含量最低；但是棉花地 0～10cm 土层有机质含量高于欧美杨林地，但低于刺槐林地，这是由于对棉花的种植采取一定的农事活动，增加土壤中有机质的含量，但由于棉花的种植深度较浅，导致有机质含量在土壤剖面上变化较大。

表 6-2　　　　　　　滨海盐碱地不同土地利用方式土壤化学性质

指　标	土层厚度/cm	刺槐林地	欧美杨林地	棉　花　地	荒　草　地
有机质 /(g/kg)	0～10	18.54±1.55aA	13.86±1.15aB	15.11±1.12aB	3.85±0.34aC
	10～20	16.05±1.42abA	11.41±1.02bB	11.16±1.10bB	2.96±0.25bC
	20～40	12.49±1.03cA	10.75±0.88bB	6.71±0.56cC	2.73±0.33bD
	0～40	15.69±1.33bA	12.01±1.02abB	10.99±0.93bC	3.18±0.31bD

续表

指　标	土层厚度/cm	刺槐林地	欧美杨林地	棉 花 地	荒 草 地
全氮 /(g/kg)	0～10	1.25±0.15aA	0.88±0.11aB	0.58±0.10aC	0.19±0.06aD
	10～20	0.91±0.12bA	0.78±0.10aA	0.42±0.07aB	0.18±0.05aC
	20～40	0.73±0.09bA	0.53±0.08bB	0.26±0.05bC	0.16±0.04aC
	0～40	0.96±0.12bA	0.73±0.10aB	0.42±0.07abC	0.18±0.05aD
碱解氮 /(mg/kg)	0～10	79.51±3.21aA	69.72±3.25aB	61.50±3.21aC	12.04±2.21aD
	10～20	54.69±3.50bA	55.30±3.15bA	42.38±2.52bB	10.58±2.02aC
	20～40	46.95±2.98cA	48.86±2.98cA	21.15±3.20cB	8.52±3.02aC
	0～40	60.38±3.23bA	57.96±3.12bA	41.68±2.97bB	10.38±2.41aC
全磷 /(g/kg)	0～10	0.74±0.08aA	0.70±0.10aA	0.65±0.15aA	0.32±0.08aB
	10～20	0.69±0.09aA	0.55±0.11aAB	0.51±0.09bB	0.28±0.07aC
	20～40	0.51±0.07abA	0.52±0.10aA	0.41±0.08bAB	0.27±0.08aB
	0～40	0.65±0.07bA	0.59±0.13aA	0.52±0.11bA	0.29±0.08aB
速效磷 /(mg/kg)	0～10	6.02±0.56aA	5.95±0.65aA	6.13±0.75aA	3.88±0.33aB
	10～20	5.66±0.64aA	5.70±0.66aA	4.69±0.63bA	3.29±0.28abB
	20～40	5.58±0.32aA	5.46±0.70aA	4.69±0.54bA	2.45±0.36cB
	0～40	5.75±0.51aA	5.70±0.67aA	5.17±0.64abA	3.21±0.32bB

　　土壤中的氮是植物生长必需的营养元素，它与植物产量和品质有密切关系，而磷是植物生长发育必需的三大营养元素之一，在植物生命活动中起着重要作用。本研究测定土壤全氮、速效氮、全磷和碱解磷含量作为衡量土壤氮素、磷素含量水平的主要指标。由表6-2可知，不同土地利用方式间土壤全氮、碱解氮、全磷和速效磷含量存在显著差异，刺槐林地、欧美杨林地和棉花地中各土层的含量都高于荒草地各土层的对应值，且从土层的垂直变化来看，其表现出与有机质含量一致的规律，上层含量高于下层含量；从均值来看，土壤全氮、速效氮、全磷和碱解磷含量表现出一致的规律，即刺槐林地＞欧美杨林地＞棉花地＞荒草地，且均与荒草地的差异显著；但棉花地速效磷在表层（0～10cm）含量高于欧美杨林地和刺槐林地，进一步分析可知，棉花在种植的过程中常年施用大量的磷肥，导致土壤表层磷元素含量增加，尤其是能直接促进棉花生长的速效磷，含量增加显著。

　　林地（刺槐林地、欧美杨林地）的养分状况较好，尤其是土壤有机质含量较高。由此可见，长期的林业经营不仅没有恶化地力，而且保持了比较好的养分水平。选择的树种不同、经营的强度和目标不同，对土地产生的影响可能会有所差异。棉花地由于长期的人为大量培施各种速效养分，提高了速效磷和碱解氮等速效养分的含量，改善了土壤质量，提高了土壤的养分水平。荒草地的养分状况最差，特别是土壤全氮与有机质含量偏低，这可能是除含盐量高以外，制约该地类土地利用的另一个重要因素。

6.4 滨海盐碱地土壤颗粒的单重分形特征

6.4.1 不同土地利用方式土壤颗粒机械组成

土壤颗粒组成是土壤最基本的物理性质之一，它主要影响土壤质地，而且还进一步影响着土壤的理化性质以及土壤的生物学特性。土壤颗粒的大小还决定着土壤 N、P、K 的供应能力，进而影响着植物的生长发育。大小不同的颗粒对有机质亲和、阳离子交换以及生物活动有巨大影响，不同粒径的土粒其理化性质有所不同，因此土壤的粒径分布在某种程度上决定了土壤的结构和性质。

1. 不同土地利用方式土壤颗粒组成

按照国际制土壤粒级划分标准，即黏粒（<0.002mm）、粉粒（0.002～0.02mm）、细砂粒（0.02～0.2mm）、粗砂粒（0.2～2mm），分别对 4 种土地利用方式土壤颗粒组成进行划分。由表 6-3 可知，不同土地利用方式间土壤黏粒、粉粒、砂粒含量存在显著差异，从均值来看，黏粒、粉粒和砂粒均遵循一致的规律，即刺槐林地＞欧美杨林地＞棉花地＞荒草地；从黏粒含量来看，两种林地的含量要显著高于棉花地和荒草地，且在垂直分布上遵循上层含量高于下层的规律，而棉花地和荒草地却遵循相反的规律，下层含量高于上层含量；4 种土地利用方式的粉粒含量和砂粒含量差异较大，其中粉粒含量为 18.36%～70.19%，砂粒含量为 20.67%～75.70%，粉粒含量在高的事刺槐林地和欧美杨林地，砂粒含量最高的是棉花地和荒草地，粉粒和砂粒在土壤垂直分布上的规律性不强。

表 6-3　　　　　　　　滨海盐碱地不同土地利用方式土壤颗粒组成

土壤粒级/mm	土层深度/cm	刺槐林地	欧美杨林地	棉花地	荒草地
黏粒<0.002	0～10	9.13±0.13aA	8.89±0.49aA	5.26±0.19aB	2.93±0.16abC
	10～20	8.26±0.14bcA	8.11±0.69aA	5.53±0.19aB	3.13±0.38abB
	20～40	8.12±0.14cA	7.90±0.31aA	6.58±0.54bB	3.76±0.75bB
	0～40	8.50±0.14bA	8.30±0.51aA	5.79±0.31aB	2.27±0.31aC
粉粒0.002～0.02	0～10	70.19±0.30aA	61.17±1.34aB	29.01±1.21aC	18.36±0.11aD
	10～20	62.05±1.56bA	64.95±1.18bcB	12.70±0.92bC	21.30±0.58bD
	20～40	63.61±1.56bcA	66.83±0.22cA	34.78±2.86cB	24.38±1.59cC
	0～40	65.28±1.14cA	64.32±0.91bA	25.49±1.66dB	21.35±0.76bC
砂粒0.02～2	0～10	20.67±0.17aA	29.94±1.73aB	65.72±1.18aC	75.70±0.14aD
	10～20	29.69±1.43bA	26.93±1.87bB	84.10±1.09bC	75.55±1.25aD
	20～40	28.26±1.43bA	25.26±0.51bA	56.64±1.41cB	71.85±1.21bC
	0～40	26.21±1.01abA	27.38±1.37abA	68.82±1.23dB	74.36±0.86aC

注：砂粒含量包括细砂粒和粗砂粒的含量。

2. 土壤粒径分布频率

对土壤质地而言，质地越均匀，说明绝大多数颗粒集中在越狭窄的粒径范围内，土壤粒径分布的曲线的异质性越大；而对于土壤粒径分布曲线而言，曲线的变化幅度越小，则说明各个分级内颗粒体积百分比数值越趋向于一致，土壤颗粒分布的异质程度越大（王德等，2007）。不同土地利用方式不同土层的不同粒径段土壤颗粒体积含量与土壤颗粒直径之间的频率分布见图6-2~图6-4。由图可知，各土样不同粒径范围内的土壤颗粒含量呈非均匀分布，土壤粒径分布表现出了很大的非均匀特性。由土壤粒径分布频率曲线能比较直观地看出，相对于其他的土地利用方式，刺槐林地的频率分布曲线变化幅度较小，各个粒径段土壤含量较为平均，土壤中的细粒物质（<20μm）的含量较高，而且其分布范围要宽于其他土地利用方式，土壤颗粒不集中分布在某个粒径段，这表明刺槐林地的土壤颗粒分布非均匀程度较大；而欧美杨林地、棉花地和荒草地的土壤颗粒分布范围较窄，土壤颗粒分布较为集中，土壤颗粒分布非均匀程度较小。从垂直分布来看，刺槐林地和欧美杨林地0~10cm土层土壤粒径分布频率曲线比10~20cm和20~40cm土层变化幅度小，各个粒径段土壤含量也较为均匀，土壤中的细粒物质（<20μm）的含量较高，而且其分布范围要宽于深层土壤，这表明其土壤颗粒分布非均匀程度要大于深层土壤；与之相反的是棉花地和荒草地，其0~10cm土层土壤粒径分布频率曲线比10~20cm和20~40cm土层变化幅度大，而且其分布范围要窄于深层土壤，各个粒径段土壤含量较为集中，这表明其土壤颗粒分布非均匀程度要小于深层土壤。

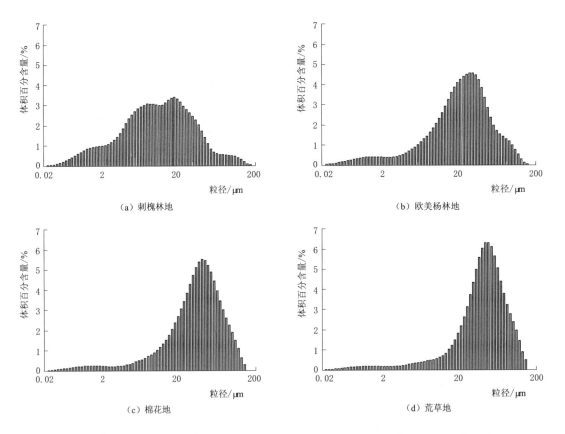

（a）刺槐林地　　　　　　　　　　（b）欧美杨林地

（c）棉花地　　　　　　　　　　（d）荒草地

图6-2　滨海盐碱地不同土地利用方式0~10cm土层土壤颗粒的体积含量频率分布

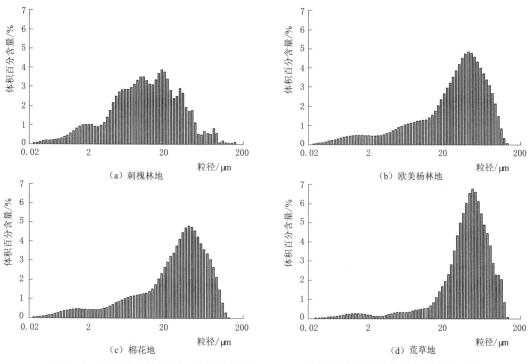

图 6-3 滨海盐碱地不同土地利用方式 10～20cm 土层土壤颗粒的体积含量频率分布

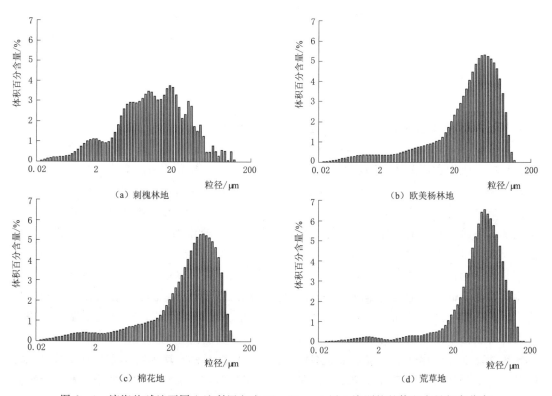

图 6-4 滨海盐碱地不同土地利用方式 20～40cm 土层土壤颗粒的体积含量频率分布

6.4.2 不同土地利用方式土壤颗粒单重分形特征

土壤颗粒分形维数作为描述土壤颗粒几何形体的参数，其实质是颗粒对土壤空间填充能力的反映，即土壤细粒物质含量越高，颗粒直径越小，其填充空间能力越强，土壤分形维数就越大；反之亦然。不同质地类型的土壤分形维数越高，表明土壤质地相对较好；分形维数越低，则表明土壤结构越松散，保水保肥能力越差。

按照国际制土壤粒级划分标准，采用土壤颗粒单重分形的方法对土壤的颗粒组成数据进行分析，利用回归分析得出4种土地利用方式土壤颗粒的单重分形维数，图6-5为刺槐林地、欧美杨林地、棉花地和荒草地的分形维数平均值，其值分别为2.6661、2.6617、2.5829和2.4923，土地利用方式的不同导致土壤颗粒分形维数产生较大差异。土壤分形维数是反映土壤结构几何形状的参数，土壤质地越粗，越不易形成良好的结构，分形维数越小；反之土壤分形维数越大。林地在改良土壤方面优于其他土地利用方式，表现出较高的分形维数；棉花地由于长期的人为活动，包括翻耕、施肥等农事活动，导致土壤结构优于荒草地，使得其分形维数要大于荒草地。

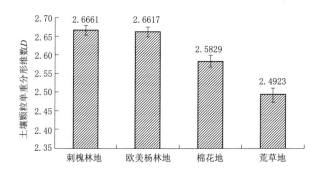

图6-5 滨海盐碱地不同土地利用方式土壤颗粒单重分形维数

6.4.3 土壤颗粒单重分形特征在土壤垂直剖面上梯度变化

图6-6不仅反映了4种土地利用方式土壤颗粒单重分形维数纵向变化的差异性，也反映出同一土地利用方式下随着土壤深度的增加土壤分形维数的渐序变化规律。

刺槐林地和欧美杨林地的土壤颗粒的粒径分布分形维数在土壤垂直剖面上变化很小，值域（最大值与最小值差值）分别为0.02和0.01，土壤颗粒粒径分布分形维数从土层上部到下部有轻微降低的趋势；对于棉花地和荒草地，其分形维数在垂直剖面上变化较大，值域要大于刺槐林地和欧美杨林地，分别为0.03和0.05，在趋势上，呈现随深度增加分形维数逐渐增加的趋势。对于棉花地来说，农耕活动将底层（耕层深度一般为25～30cm）的土壤翻动、混合，造成土壤0～30cm土壤的均质化，因此棉花地土壤的分形维数变化很小，尤其是在0～20cm土层的分形维数变化更小。在降雨季节，棉花地不能充分阻止径流对于土壤中细粒物质的冲洗，此外每年土壤未翻动之前，尤其是在冬季，深部土壤未受到风蚀，能保留比表层土壤更多的细粒物质，因此深部的土壤颗粒单重分形维数有稍微的升高；对于林地，林下植被较高的覆盖度能抑制降雨对于细粒物质的冲洗，而且能阻止大风对土壤细粒物质的吹蚀，由此造成了其土壤粒径分布分形维数比棉花地和荒草地表层

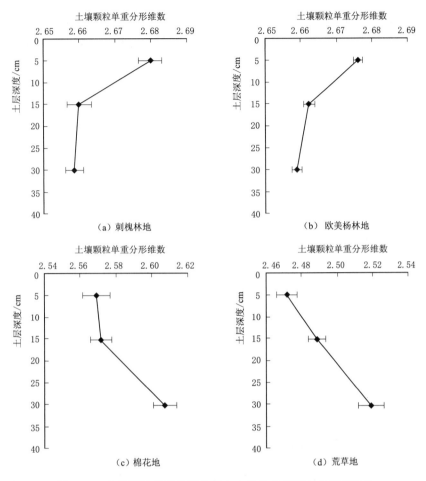

图 6-6 土壤颗粒单重分形维数在土壤垂直剖面上的梯度变化

土壤粒径分布分形维数要高，对于林地深部的土壤而言，由于扰动较少，土壤处于自然演化状态，随着时间的推移，土壤中团聚体将由小变大，土体逐渐趋于紧实，小团聚体和小孔隙减少，而大团聚体和大孔隙增加。因此，这也造成了深部土壤颗粒单重分形维数比表层土壤的要小。荒草地由于覆盖度较低，无法阻止雨季降雨对于土壤表面细粒物质的冲洗，且土壤表层土壤颗粒收到风蚀的影响，部分细粒物质流失，导致土壤表层颗粒单重分形维数要明显小于其他土地利用方式，深层土壤由于扰动较小，土壤中的细粒物质相对于表层土壤来说保留的较为完整，最终使得土壤颗粒单重分形维数在土壤剖面上有增加的趋势。

6.4.4 土壤颗粒单重分形维数与各粒级土壤颗粒含量的关系

对土壤颗粒单重分形维数值与各粒级土壤颗粒含量进行回归分析，由图 6-7 可知，土壤颗粒单重分形维数与不同粒级土壤颗粒含量的相关性具有明显差别，D 值与黏粒和粉粒含量显著正相关（$R^2 = 0.9869$ 和 $R^2 = 0.9318$），与砂粒含量显著负相关（$R^2 = 0.9431$），表明土壤中黏粒和粉粒含量越高，土壤颗粒单重分形维数越大，而砂粒含量越高，土壤颗粒单重分形维数越小。线性回归分析结果显示，土壤颗粒单重分形维数与黏粒含量之间的相关系数相对较大，其次是与砂粒含量和粉粒含量，这说明土壤颗粒单重分形维数对各个粒级土壤颗粒含量反应程度的大小不同，其中，最大的是黏粒含量，其次是粉粒含量和砂粒含量。

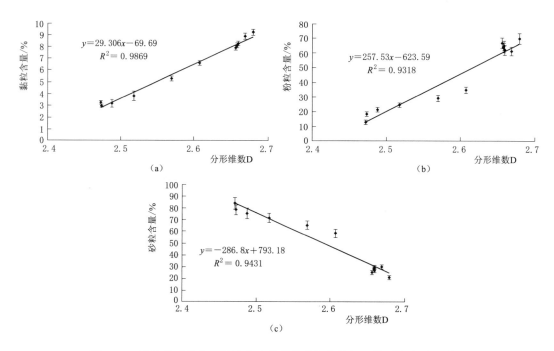

图 6-7 滨海盐碱地土壤颗粒单重分形维数与各粒级土壤颗粒含量的关系

土壤颗粒单重分形维数是反映土壤结构体的参数（吕文星等，2010），也就是反映了土壤颗粒对空间的填充能力，因此，土壤中的细颗粒物质含量越高，土壤颗粒对空间的填充能力就越大，分形维数就也就相应的越大，这是本书中分形维数与黏粒含量和粉粒含量呈正相关的原因。相反，土壤中粗粒物质含量越高，分形维数就越小。这也与很多学者的结论一致（邓良基等，2008）。

6.5 滨海盐碱地土壤颗粒的多重分形特征

6.5.1 不同土地利用方式土壤颗粒多重分形特征

利用式（2-6）、式（2-7）计算出不同土地利用方式不同土层深度土壤颗粒的多重分形参数，并绘制 $-10 \leqslant q \leqslant 10$ 范围内、步长为 0.5 的多重分形谱 $D(q)$ 以及多重分形参数在土壤梯度上的变化规律。

1. 不同土地利用方式土壤颗粒分布的 Rényi 谱

图 6-8 为 $-10 \leqslant q \leqslant 10$ 范围内、步长为 0.5 的 Rényi 谱，从图中可以看出不同土地利用方式不同土层深度的 Rényi 谱为典型的反 S 形递减函数，容量维 D_0 取值范围介于

$0.8182 \sim 0.8415$，信息维 D_1 取值范围介于 $0.7579 \sim 0.8095$，关联维 D_2 取值范围介于 $0.7426 \sim 0.7779$，而且多重分形参数均表现出 $D_0 > D_1 > D_2$ 的趋势，这说明所有土壤粒径分布不是均匀分布，对其进行多重分形分析是有必要的。

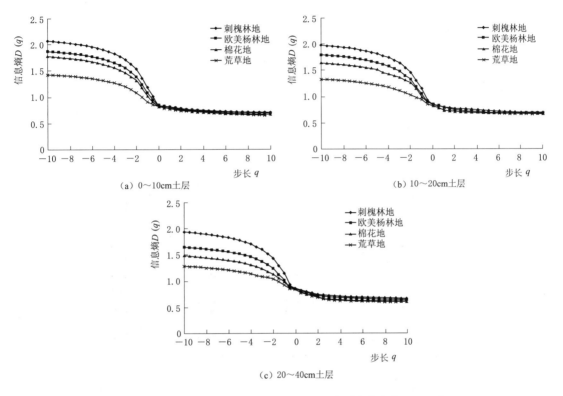

（a）0～10cm土层　　　　　　　　　　（b）10～20cm土层

（c）20～40cm土层

图6-8　滨海盐碱地不同土地利用方式土壤颗粒分布的 Rényi 谱

2. 不同土地利用方式土壤颗粒多重分形特征

土壤粒径分布仅仅用简单的单重分形不能充分描述粒径分布的整个范围，于是学者们开始引入多重分形理论来描述土壤 PSD 的内在结构。多重分形是定义在分形结构上的无穷多个标度指数所组成的一个集合，是通过一个谱函数来描述分形结构上不同的局域条件、或在演化过程中不同层次所导致的特殊的结构行为与特征。它从系统的局部出发来研究其整体的特征，并借助统计物理学的方法来讨论特征参量概率的分布规律。用激光粒度分析方法可以得到足够的数据用于多重分形研究，为多重分形方法的使用提供了数据支持。

本书结合激光粒度分析技术和多重分形方法的广义维数谱 $D(q)$ 来刻画土壤粒径分布的不均匀性。广义维数谱 $D(q)$ 随 q 取值不同，系统信息的参量从 q 不同层次上扫描不同浓度的区域，当 $q \gg 1$ 时，大浓度或高聚集度的信息被放大，当 $q \ll -1$ 时，小浓度或低聚集度的信息被放大。当 $q = 0$ 时，广义维数谱 $D(q)$ 就是容量维数 D_0，也就是经典分形维数，也叫计盒维数（Box - Counting Dimension），它提供研究一个分布的最基本信息，当 $q=1$ 时，广义维数谱 $D(q)$ 就是信息维 D_1，是与香农多样性相联系的维数，提供分布的不规律程度（均匀度或异质性）的信息，当 $q=2$ 时，广义维数谱 $D(q)$ 就是关联维数 D_2，是与 Simpson 多样性指数相关的维数，提供分布聚集程度的信息。当 $D(q)$ 随 q 变化的谱线为直线时，即 $D_0=D_1=D_2=D_3$，系统分布遵循单重维数，并且该分布是一个均匀分布。

D_0 可以用来衡量粒径分布的跨度；由图 6-9 可知，多重分形参数 D_0 值介于 0.8247～0.8396，其中，刺槐林地和欧美杨林地最高且相等（0.8396），其次是棉花地（0.8268），最低的是荒草地（0.8247）。D_0 值越大，说明土壤粒径分布的范围越宽，刺槐林地和欧美杨林地的 D_0 值最大，表明两者的粒径分布范围相对于棉花地和荒草地来说较宽，土壤颗粒较为广泛地分布于各个粒径段，而棉花地和荒草地的粒径分布范围则较窄。

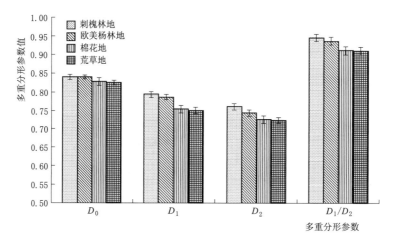

图 6-9 滨海盐碱地不同土地利用方式的土壤颗粒多重分形特征

D_1 能够提供土壤粒径分布不规律程度的信息；由图 6-9 可知，多重分形参数 D_1 值介于 0.7499～0.7933，其中，刺槐林地的 D_1 值最高（0.7933），其次是欧美杨林地（0.7858）和棉花地（0.7530），最低的是荒草地（0.7499）。D_1 值越大，表示土壤颗粒分布的不规律程度越高，颗粒的分布在整个粒径段呈现均衡化分布趋势，刺槐林地和欧美杨林地的 D_1 值最大，表明两者土壤颗粒呈现出较高的不规律分布，且各粒径段呈现出较为均衡的分布趋势，而棉花地和荒草地的粒径分布较为规律，各粒径段分布的均衡程度较低。

D_2 能够提供土壤颗粒分布聚集程度的信息；由图 6-9 可知，多重分形参数 D_2 值介于 0.7231～0.7598，其中，刺槐林地的 D_2 值最高（0.7598），其次是欧美杨林地（0.7422）和棉花地（0.7251），最低的是荒草地（0.7231）。D_2 值越大，表示土壤颗粒分布的均匀度越大，土壤颗粒分布较分散，刺槐林地和欧美杨林地的 D_2 值最大，表明两者土壤颗粒分布的均匀程度最高，颗粒分布最分散，而棉花地和荒草地的粒径分布则较为聚集。

D_1/D_0 用来衡量土壤粒径分布的异质程度；由图 6-9 可知，多重分形参数 D_1/D_0 值介于 0.9096～0.9449，其中，刺槐林地的 D_1/D_0 值最高（0.9449），其次是欧美杨林地（0.9359）和棉花地（0.9108），最低的是荒草地（0.9096）。D_1/D_0 值越大，表示土壤颗粒分布异质程度越大，刺槐林地和欧美杨林地的 D_1/D_0 值最大，表明两者土壤颗粒分布的异质程度最高，各个分级内颗粒体积百分比数值越趋向于一致，而棉花地和荒草地的粒径分布异质程度较低。

从以上结果和分析可以看出，所有的多重分形参数几乎都遵循这一次序：刺槐林地＞欧美杨林地＞棉花地＞荒草地，说明刺槐林和欧美杨林地土壤粒径分布范围较宽，颗粒分布较为分散，且土壤粒径分布不规律性和异质性程度较大，其次为农田棉花地，而荒草地土壤粒径分布范围较窄，颗粒分布比较聚集，且土壤粒径分布不规律性和异质性程度较小。

6.5.2 土壤颗粒多重分形特征在土壤垂直剖面上梯度变化

图 6-10 不仅反映了 4 种土地利用方式多重分形参数纵向变化的差异性，也反映出同一土地利用方式下随土层深度的增加多重分形参数的渐序变化规律。

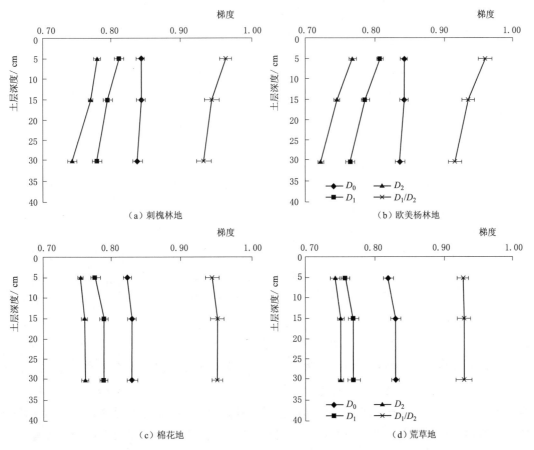

图 6-10 滨海盐碱地多重分形参数在土壤垂直剖面上的梯度变化

在土壤垂直剖面上，刺槐林地和欧美杨林地的容量维 D_0 变化很小，值域（最大值与最小值差值）都为 0.0058，且呈现出从上部到下部有轻微降低的趋势；对于棉花地和荒草地，其在垂直剖面上容量维 D_0 变化较大，值域要大于刺槐林地和欧美杨林地，分别为 0.0062 和 0.107，在趋势上，呈现随深度增加 D_0 值逐渐增加；刺槐林地和欧美杨林地的信息维 D_1 变化较大，值域（最大值与最小值差值）分别为 0.032 和 0.0417，且呈现出从上部到下部有轻微降低的趋势；对于棉花地和荒草地，其在垂直剖面上信息维 D_1 变化较小，值域要小于刺槐林地和欧美杨林地，分别为 0.0116 和 0.0114，在趋势上，呈现随深度增加 D_1 值逐渐增加；刺槐林地和欧美杨林地的关联维 D_2 变化较大，值域（最大值与最小值差值）分别为 0.0353 和 0.0452，且呈现出从上部到下部有轻微降低的趋势；对于棉花地和荒草地，其在垂直剖面上关联维 D_2 变化较小，值域要小于刺槐林地和欧美杨林地，分别为 0.0061 和 0.008，在趋势上，呈现随深度增加 D_2 值逐渐增加；刺槐林地和欧美杨林地的多重分形参数 D_1/D_0 变化较大，值域（最大值与最小值差值）分别为 0.0316 和 0.0432，且呈现出从上部到下部有轻微降低的趋势；对于棉花地和荒草地，其在垂直剖面上多重分形参数 D_1/D_0 变化较小，值域要小于刺槐林地和欧美杨林地，分别为 0.007 和 0.0018，在趋势上，呈现随深度增加多重分形参数 D_1/D_0 值逐渐增加。

总之，不同土地利用方式土壤颗粒的多重分形参数在土壤剖面上的表现出两种截然相反的趋势，刺槐林地和欧美杨林地的所有多重分形参数随土壤深度的增加均呈现降低的趋势，而棉花地和荒草地随土层深度的增加，多重分形参数有增加的趋势。通过分析单重分形维数在土壤剖面上的分布情况以及多重分形参数与土壤各粒级土壤含量的关系可以得出，黏粒和粉粒等细粒物质的含量越高，分形参数值越大，砂粒含量越高，分形参数值越小；通过对土壤粒径分布频率进行分析，刺槐林地和欧美杨林地在 0～10cm 土层的土壤分布范围要宽于深层土壤，且土壤颗粒要广泛分布于各个粒径段，各粒径段分布较为均衡和均匀，这使得土壤颗粒分布的异质程度要高于深层土壤，多重分形参数在土壤垂直剖面上呈现出从上部到下部降低的趋势；从土壤粒径分布频率上来看，棉花地和荒草地的深层土壤颗粒分布范围要宽于表层土壤，这使得其深层土壤颗粒分布的异质性要高于表层土壤，多重分形参数在土壤垂直剖面上呈现出从上部到下部增加的趋势。对于棉花地，由于长期的人为活动，使得 0～30cm 土层土壤呈现均质化，因此多重分形参数在土壤剖面上变化不大。在降雨季节，棉花地不能充分阻止径流对于土壤中细粒物质的冲洗，加上在棉花种植结束后，表层没有其他的覆盖物进行覆盖，遇到大风天气，风的吹蚀作用使得表层的细粒物质容易流失，细粒物质的流失导致土壤颗粒在整个粒径段分布的宽度降低，土壤颗粒的分布变的较为聚集，最终使得土壤颗粒分布的异质程度降低，而深层土壤保留了较多的细粒物质，导致深层土壤颗粒的异质程度有升高的趋势。对于林地来说，较高的植被覆盖度能够阻止降雨冲洗和大风吹蚀部分细粒物质，这导致其粒径的分布的异质程度要高于其他土地利用方式；对于林地的深层土壤，扰动较小，土壤中的团聚体将由小变大，土壤颗粒分布较为集中于此粒径段，造成土壤颗粒分布的范围变窄，分布不均衡，较为聚集，因此使得深层土壤颗粒的异质程度有降低的趋势。荒草地由于覆盖度较低，无法阻止雨季降雨对于土壤表面细粒物质的冲洗，且土壤表层土壤颗粒收到风蚀的影响，部分细粒物质流失，导致土壤表层的粒径分布范围要窄，而深层土壤由于未受到水蚀、风蚀等作用，土壤中的细粒物质相对于表层土壤来说保留的较为完整，最终使得土壤多重分形参数在土壤剖面上有增加的趋势。

6.5.3 土壤颗粒多重分形参数与各粒级土壤颗粒含量的关系

对土壤颗粒多重分形参数与各粒级土壤颗粒含量进行回归分析，由图 6-11 可知，多重分形参数 D_0 与不同粒级土壤颗粒含量的相关性具有明显差别，D_0 值与黏粒和粉粒含量显著正相关（$R^2=0.725$ 和 $R^2=0.7452$），与砂粒含量显著负相关（$R^2=0.748$），表明土壤中黏粒和粉粒含量越高，D_0 值越大，而砂粒含量越高，D_0 值越小。

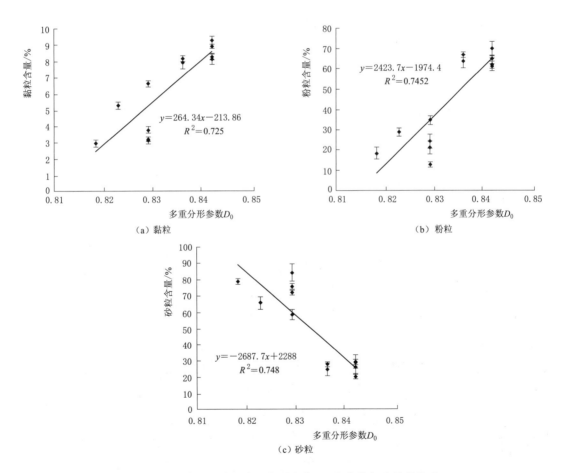

图 6-11　滨海盐碱地多重分形参数 D_0 与各粒级含量的关系

多重分形参数 D_1、D_2、和 D_1/D_0 与不同粒级土壤颗粒含量的相关性趋势和 D_0 与不同粒级土壤颗粒含量趋势相同，总体上与土壤黏粒、粉粒含量成正比，与砂粒含量成反比，但其相关系数较低，故未做具体分析与比较。

通过对土壤颗粒多重分形参数与各粒级土壤颗粒含量进行回归分析可知，土壤颗粒多重分形参数 D_0、D_1、D_2 和 D_1/D_0 与土壤黏粒、粉粒和砂粒含量呈现一致的相关性，整体上与黏粒和粉粒含量均成正相关关系，与土壤砂粒含量成负相关关系，相关系数因参数不同而表现出差异。从整体上说，土壤颗粒的黏粒、粉粒含量越高，多重分形参数越大，砂粒含量越高，多重分形参数越小。土壤颗粒多重分形参数与各个粒级土壤颗粒含量反应程度的大小不同，总体上来说反应程度最大的是黏粒含量，其次是粉粒含量和砂粒含量。

6.6　滨海盐碱地土壤颗粒分形参数与土壤理化性质的相关性

6.6.1　分形参数与土壤物理性质的相关性

不同土地利用方式土壤颗粒的分形参数与土壤物理性质之间的相关性见表 6-4。由表可知，电导率与土壤颗粒单重分形维数和多重分形参数均成负相关，且与 D、D_0、D_1 成极显著负相关（$P<0.01$），相关系数分别为 -0.846、-0.466 和 -0.570，与 D_2、D_1/D_0 的相关性不显著（$P>0.05$）；容重与土壤颗粒单重分形维数和多重分形参数均成负相关，且与 D、D_0、D_1 成极显著负相关（$P<0.01$），相关系数分别为 -0.811、-0.407 和 -0.468，与 D_2、D_1/D_0 的相关性不显著；总孔隙度与土壤颗粒单重分形维数和多重分形参数均成正相关，且与 D、D_0、D_1、D_1/D_0 成极显著正相关（$P<0.01$），相关系数分别为 0.896、0.65、0.68 和 0.502，与 D_2 成显著的正相关性（$P<0.05$），相关系数为 0.294；非毛管孔隙度与土壤颗粒单重分形维数和多重分形参数均成正相关，且与 D、D_0、D_1、D_1/D_0 成极显著正相关（$P<0.01$），相关系数分别为 0.818、0.561、0.655 和 0.563，与 D_2 成显著的正相关性（$P<0.05$），相关系数为 0.324；土壤稳渗速率与土壤颗粒单重分形维数和多重分形参数均成正相关，且与 D、D_0、D_1、D_1/D_0 成极显著正相关（$P<0.01$），相关系数分别为 0.948、0.780、0.679 和 0.421，与 D_2 成显著的正相关性（$P<0.05$），相关系数为 0.332。

表 6-4　　滨海盐碱地土壤颗粒分形参数与土壤物理性质的相关分析

	D	D_0	D_1	D_2	D_1/D_2	电导率	容重	总孔隙度	毛管孔隙度
D_0	0.761**								
D_1	0.646**	0.730**							
D_2	0.117	0.294*	0.746**						
D_1/D_0	0.355*	0.444**	0.850**	0.863**					
电导率	-0.846**	-0.466**	-0.570**	-0.208	-0.477**				

续表

	D	D_0	D_1	D_2	D_1/D_2	电导率	容重	总孔隙度	毛管孔隙度
容重	$-0.811**$	$-0.407**$	$-0.468**$	-0.121	-0.255	$0.846**$			
总孔隙度	$0.896**$	$0.650**$	$0.680**$	$0.294*$	$0.502**$	$-0.856**$	$-0.902**$		
非毛管孔隙度	$0.818**$	$0.561**$	$0.655**$	$0.324*$	$0.563**$	$-0.875**$	$-0.854**$	$0.961**$	
稳渗速率	$0.948**$	$0.780**$	$0.679**$	$0.332*$	$0.421**$	$-0.789**$	$-0.809**$	$0.946**$	$0.830**$

注：*表示在 0.05 水平上显著（$P<0.05$），**表示在 0.01 水平上显著（$P<0.01$），下同。

　　土壤颗粒分形参数是反映土壤几何形状的一个参数，而土壤容重、孔隙度、土壤入渗是衡量土壤紧实程度、通气性、透水性的主要指标，疏松多孔的土壤容重小，孔隙度大，土壤入渗速度较快，且疏松多孔的土壤质地较细，土壤颗粒的分形参数较大，因此，土壤颗粒分形参数与容重呈负相关，与孔隙度、土壤入渗成正相关。

　　电导率能够直接反映土壤中电解质的含量，它能够反映滨海盐碱地土壤的盐碱状况，电导率高表明土壤盐碱化较重。土壤质地可以严重影响土壤的盐碱情况，较高的土壤毛管孔隙度加快了水分的移动速度，而疏松多孔的土壤结构更为土壤中盐分的积累提供便利，因此，土壤颗粒分形参数与电导率呈现负相关。

6.6.2　分形参数与土壤化学性质的相关性

　　不同土地利用方式土壤颗粒的分形参数与土壤化学性质之间的相关性见表 6-5。由表可知，pH 值与土壤颗粒单重分形维数和多重分形参数均成负相关，且与 D、D_1、D_1/D_0 成极显著负相关（$P<0.01$），相关系数分别为 -0.718、-0.523 和 -0.481，与 D_0、D_2 成显著负相关（$P<0.05$），相关系数分别为 -0.317 和 -0.302；有机质与土壤颗粒单重分形维数和多重分形参数均成正相关，且与 D、D_0、D_1、D_2、D_1/D_0 成极显著正相关（$P<0.01$），相关系数分别为 0.871、0.671、0.703、0.369 和 0.558；全氮与土壤颗粒单重分形维数和多重分形参数均成正相关，且与 D、D_0、D_1、D_2、D_1/D_0 成极显著正相关（$P<0.01$），相关系数分别为 0.847、0.757、0.74、0.401 和 0.549；碱解氮与土壤颗粒单重分形维数和多重分形参数均成正相关，且与 D、D_0、D_1、D_1/D_0 成极显著正相关（$P<0.01$），相关系数分别为 0.861、0.638、0.648 和 0.516，与 D_2 成显著正相关（$P<0.05$），相关系数为 0.292；全磷与土壤颗粒单重分形维数和多重分形参数均成正相关，且与 D、D_0、D_1、D_2、D_1/D_0 成极显著正相关（$P<0.01$），相关系数分别为 0.688、0.555、0.605、0.437 和 0.663；速效磷与土壤颗粒单重分形维数和多重分形参数均成正相关，且与 D、D_0、D_1、D_1/D_0 成极显著正相关（$P<0.01$），相关系数分别为 0.801、0.604、0.581 和 0.555，与 D_2 的相关性不显著（$P>0.05$）。

表 6-5　　　　　　　滨海盐碱地土壤颗粒分形参数与土壤化学性质的相关性

	D	D_0	D_1	D_2	D_1/D_0	pH 值	有机质	全氮	碱解氮	全磷
D_0	0.761**									
D_1	0.646**	0.730**								
D_2	0.117	0.294*	0.746**							
D_1/D_0	0.355*	0.444**	0.850**	0.863**						
pH 值	−0.718**	−0.317*	−0.523**	−0.302*	−0.481**					
有机质	0.871**	0.671**	0.703**	0.369**	0.558**	−0.818**				
全氮	0.847**	0.757**	0.740**	0.401**	0.549**	−0.704**	0.957**			
碱解氮	0.861**	0.638**	0.648**	0.292*	0.516**	−0.859**	0.956**	0.926**		
全磷	0.688**	0.555**	0.605**	0.437**	0.663**	−0.740**	0.879**	0.823**	0.893**	
碱解磷	0.801**	0.604**	0.581**	0.242	0.555**	−0.715**	0.885**	0.828**	0.897**	0.930**

　　土壤 pH 值是土壤重要的化学性质，它的变化直接影响着土壤中营养元素的存在状态和有效性，而且还能影响土壤离子交换、运动、迁移和转化及土壤微生物的活性等。滨海盐碱地土壤属于滨海盐土，土壤整体呈现碱性，土壤酸碱度过大会影响土壤中养分的有效性，降低土壤质量。土壤各粒级在保持植物营养元素方面表现出不同的能力，其中，较细小颗粒中含有较多的植物营养元素，而分形参数与细粒物质有显著的正相关关系，使得土壤颗粒分形参数与土壤化学性质之间存在较为显著的关系。

6.7　讨论

6.7.1　滨海盐碱地土壤颗粒分形参数与各粒级土壤颗粒含量的关系

　　土壤颗粒粒径的大小对土壤颗粒间的结合、孔隙的大小、数量及几何形态都起着决定性的作用。土壤分形参数是反映土壤结构几何形体的参数，在参数上表现出黏粒含量越高，其分形参数越高，土壤砂粒含量越低。在本研究中，通过对土壤颗粒单重分形及多重分形参数与各粒级土壤颗粒含量进行回归分析可知，土壤颗粒分形参数整体上与黏粒和粉粒含量均成正相关关系，与土壤砂粒含量成负相关关系，相关系数因参数不同而表现出差异。杨培岭等（1993）测定了从壤质砂土到黏土的 11 种不同质地土壤，其结果表明分形维数的大小与土壤质地密切相关。随着土壤质地由壤质砂土、砂质壤土、轻壤土、轻粉质壤土、中粉质壤土、壤质黏土、黏土的变化，分形维数逐渐增大。张世熔等（2002）研究发现，土壤颗粒分形维数主要受土壤黏粒和粉粒含量的影响。在本研究中，土壤颗粒分形参数与各个粒级土壤颗粒含量的相关系数可知，黏粒含量与分形参数相关系数最大，其次是粉粒含量和砂粒含量，这说明土壤颗粒分形参数虽然可反映土壤颗粒组成或质地均匀程度，但对各个粒级土壤颗粒含量反应程度大小不同，总体上来说反应程度最大的是黏粒含量，其次是粉粒含量和砂粒含量。

6.7.2 滨海盐碱地不同土地利用方式对土壤颗粒分形参数的影响

已有研究表明，土地利用方式不同导致土壤颗粒的分形参数呈现显著差异，土地利用方式的不同会改变土壤质地组成、土壤有机质等土壤特性（Pan et al.，2022），从而进一步影响土壤颗粒分形参数。胡云锋等（2005）通过计算并对北方农牧交错区的无侵蚀、微弱侵蚀、轻度侵蚀、中度侵蚀以及强度侵蚀区的土壤粒径分布的分形特征研究表明：植被覆盖度越高，土壤分维越大；风蚀强度越大，土壤分维越小。本书通过对滨海盐碱地不同土地利用方式土壤颗粒分形特征研究得出，其分形参数遵循一致的规律：刺槐林地＞欧美杨林地＞棉花地＞荒草地。土地利用方式不同引起了土壤颗粒分形参数的差异，对于棉花地来说，在降雨季节，较低的植被覆盖度不能有效阻止降雨对土壤表层的冲洗，导致土壤表层大量细粒物质的流失；另外，由于棉花地在冬季均有一段闲置时期，其地表处于裸露状态，受该地气候影响，风蚀较为严重，造成表层土壤细粒物质的吹蚀，土壤质地变粗，细颗粒数量减少，每年大量肥料的使用利用土壤中团聚体的形成，导致细粒物质较少；对于荒草地来说，由于植被覆盖较少，大多呈裸露状态，土壤性状不断恶化，随着水土流失，表层细颗粒物质被大量冲失；对于林地来说，林地的土壤受人为扰动较少，长期处于自然演化状态，随时间的推移，土壤的细颗粒物质增加，并且大量的枯枝落叶通过物质循环将物质与能量归还于森林地表借以维持森林生态系统中养分的含量，较高的植被覆盖度，阻止了降雨径流对土壤的冲洗淋蚀，加上植被根系对土壤的穿插作用，减少了由于大量降雨等原因造成的土壤细粒物质的流失；对于刺槐林地和欧美杨林地来说，选择的树种不同、经营的强度和目标不同最终导致两者土壤质地上的差异性，刺槐林地由于未进行砍伐等措施，林地质量一直保持较好，欧美杨林地由于采伐和更新的缘故，土壤质量要低于刺槐林地。

分形参数与土壤质地密切相关，黏粒含量越高维数值越大，砂粒含量越高维数值越小，本书也得出了相同的结论。自然环境对于土壤的搬运和堆积作用改变了土壤的砂粒和黏粒含量，从而影响了不同土地利用方式下的土壤颗粒分形参数。林地中的细粒物质较多，这也解释了土壤颗粒分形参数值要大于棉花地和荒草地的原因，林地中细粒物质较多，从土壤颗粒分布频率上可以看出，土壤颗粒分布的范围较宽，且土壤粒径各个分级内的颗粒体积百分比数值趋于一致，这使得林地土壤颗粒分布的不规律性和异质性程度要大于棉花地和荒草地，土壤粒径分布的异质性程度越大，表示土壤质地组成的均匀程度越低；土壤质地不均匀，分形维数越大，这也进一步验证了土壤颗粒单重分形维数 D 的排列次序。

在土壤剖面上，林地的深层土壤由于自然演替的作用，土壤中颗粒将出小变大，土体逐渐趋于紧实，细小颗粒减少，而大颗粒增加，土壤颗粒分布的范围变窄，且土壤粒径较分布比较集中于几个粒径段，使得土壤颗粒分布的不规律性和异质性程度变小，导致土壤颗粒单重分形维数和多重分形参数在土壤剖面上呈现降低的趋势；棉花地和荒草地的深层土壤由于未受到水蚀和风蚀的作用，土壤各粒径段的颗粒保存较为完整，尤其是细粒物质，土壤颗粒分布范围相对于表层土壤来说变宽，颗粒分布较为均匀，土壤颗粒分布的不规律性和异质性程度变大，导致土壤颗粒单重分形维数和多重分形参数在土壤剖面上呈现上升的趋势。

6.7.3 土壤颗粒单重和多重分形参数与土壤理化性质的相关性分析

土壤颗粒分形特征能够反映土壤的几何形状，可以较好地表征土壤粒径大小和质地组成的均匀程度，且土壤颗粒组成能够直接影响土壤的某些物理性质，因此利用分形参数作为综合性指标定量描述土壤质地、容重和孔隙结构等物理性状与水文性质方面，具有较大的研究价值与潜力。本书研究了土壤单重分形维数和多重分形参数与土壤容重和孔隙度的相关性，结果表明：土壤分形参数与土壤容重呈极显著负相关，与孔隙度呈极显著正相关。这与王丽等（2007）的研究结果相似，土壤颗粒分形参数作能够反映土壤结构几何形体，其实质上反映了土壤颗粒对空间填充的能力，并与颗粒大小、数量及其分布均匀程度密切相关。土壤颗粒直径越小、细粒物质（黏粒、粉粒、有机质等）含量越高，对空间的填充能力越强，土壤分形参数就越大。同时，细粒物质的增多有利于形成较多的团粒结构，存在于团粒内部的毛管孔隙和团粒之间的非毛管孔隙数量越多（孔隙度越高），则土壤容重就越低。而王富等（2009）和张世熔等（2002）研究结果却表明：分形维数越高，表明土壤结构越紧密，土壤容重越大，土壤孔隙越小，这可能在实际中耕层土壤受人为因素的影响而与本研究研究结果不同。

土壤化学性质是土壤的本质属性，它反映了土壤系统本身的物质成分、结构和土体构型，以及土壤各种过程和性质。土壤颗粒组成对土壤化学性质的影响，尤其是对土壤肥力的影响，这就为利用分形参数代替土壤颗粒组成来研究与土壤肥力的关系提供了可行性。已有研究表明，土壤颗粒组成的分形参数在作为土壤肥力诊断指标方面具有很好的应用潜力。土壤粒径的分形维数能客观地反映退化土壤结构状况和退化程度，可以作为退化土壤结构评价的一项综合性指标（谢贤健，2024）。大量研究结果表明，土壤颗粒分形参数与土壤有机质含量、全氮含量均呈正相关关系，但是程先富等（2003）的研究结果与之相反，他们发现随土壤颗粒分形维数的增加，土壤有机质含量减少，因此土壤颗粒分形参数对土壤养分指示作用可能具有很强的空间特异性。在本书中，土壤颗粒的单重分形维数和多重分形参数均与土壤有机质含量、全氮含量成极显著正相关，这是由于土壤各粒级之间，对植物营养元素表现出不同的能力，同时，就其本身化学成分来比较，同样呈现明显的差异。较细小颗粒的化学组成中含有较多的营养元素，且其化学性质越活泼。随着分形维数的增大，土壤颗粒变细，包含有较多营养成分的细粒物质增加，导致土壤中有机质含量和氮元素含量增加，土壤的保肥能力增大。在一定范围内，土壤颗粒的分形参数可以较好地作为土壤肥力特性的定量化指标。

本书选取了土壤容重、总孔隙度、非毛管孔隙度、土壤入渗速率、电导率、土壤有机质、土壤 pH 值、全氮、碱解氮、全磷、速效磷等 11 个相对独立的变量，来研究分析土壤颗粒的分形特征与土壤理化性质的关系，比较全面地反映了两者之间的关系。但是由于受取样条件的限制，以及其他环境因子如盐分、温度等对土壤理化性质造成的影响比较复杂，可能导致有些偏差，因此，相关研究结果有待于进一步深入研究。

6.7.4 多重分形方法在土壤颗粒分析方法的改进

借助于多重分形方法的谱函数来描述具有分形结构的复杂体，从系统的局部出发来研究其整体的特征，并借助统计物理学的方法来讨论复杂体的分布规律，这使得采用多重分形方法能够得到土壤颗粒空间分布的丰富信息，并可以将其定量化，不仅可以得出土壤颗粒百分含量空间分布从密集到稀疏的整体特征，还可以分析某一粒径百分含量分布的特征，从而克服了单重分形方法在描述土壤颗粒分形特征只能对其整体性和平均性进行描述和表征的缺陷，激光粒度仪的使用克服了分形维数在计算过程中的由于粒径段划分所造成的差异，而且能够较为直观地看出土壤粒径段的某些异常变换。

多重分形方法能够分析土壤结构局部变异性及其非均匀特征，而采用其谱函数来描述土壤结构能够包含比单重分形维数更多的特征信息，众多学者采用多重分形方法对土壤粒径分布进行了研究。本书研究结果进一步表明，多重分形比单重分形能够提供更多的信息，多重分形模型更加符合土壤的内在结构特征。因此采用多重分形分析方法对滨海盐碱地土壤进行研究，能够充分的描述粒径分布的整个粒径范围，能够更进一步的表述土壤结构特征，为土壤粒径分布的定量研究提供了一种精确的分析方法。

6.8 小结

本书以滨海盐碱地土壤为研究对象，分析了不同土地利用方式下不同土层深度土壤理化性质的差异性，并利用单重分形与多重分形学理论和方法，分析了滨海盐碱地不同土地利用方式土壤颗粒的分形特征及其与土壤理化性质的相关性，具体得到如下结论。

6.8.1 滨海盐碱地不同土地利用方式对土壤理化性质影响显著

（1）土地利用方式的不同导致土壤水文物理特性具有明显的差异性，从土壤 pH 均值来看，荒草地（8.97）最大，而刺槐林地（8.28）与棉花地（8.30）接近，但要略微小于欧美杨林地（8.41）；电导率也呈现相同的规律，荒草地（1214μS/cm）最大，其次是欧美杨林地（360μS/cm），刺槐林地（250μS/cm）和棉花地（265μS/cm）最小并且接近；土壤容重最大的荒草地（1.44g/cm^3），其次分别是棉花地（1.32g/cm^3）、欧美杨林地（1.28g/cm^3）、刺槐林地（1.25g/cm^3）；而土壤总孔隙度、非毛管孔隙度均表现为刺槐林地＞欧美杨林地＞棉花地＞荒草地。在土壤垂直剖面上，表层土壤 pH 值、电导率、土壤容重的数值要低于深层土壤，而土壤总孔隙度、非毛管孔隙度数值要高于深层土壤，但荒草地表层土壤 pH 值、电导率却高于深层土壤；这表明滨海盐碱地采取刺槐林、欧美杨林、棉化地等不同土地利用方式后压碱抑盐效果明显，并且其土壤透水性、通气性和持水能力也较为协调。

（2）不同土地利用方式的土壤入渗速率差异明显。刺槐林地的土壤稳渗速率最大（2.11mm/min），这与欧美杨林地的土壤稳渗速率（1.82mm/min）相差不大，而棉花地的土壤稳渗速率（1.57mm/min）明显小于 2 种林地，但大于荒草地的土壤稳渗速率（1.24mm/min）；林地的土壤稳渗速率越快表征其土壤在质地、机械组成、孔隙度等指标上要优于其他土地利用方式。

（3）土地利用方式的不同导致土壤化学特性具有明显的差异性，从均值来看，5个指标均表现为刺槐林地＞欧美杨林地＞棉花地＞荒草地；从有机质含量的均值来看，刺槐林地含量最高（15.69g/kg），其次是欧美杨林地（12.01g/kg）和棉花地（10.99g/kg），荒草地最低（3.18g/kg）；分析各土地利用方式中土壤氮元素的含量，刺槐林地的全氮（0.96g/kg）和碱解氮（60.38mg/kg）的含量最高，其次是欧美杨林地（0.73g/kg、57.96mg/kg）和棉花地（0.42g/kg、41.68mg/kg），含量最低的是荒草地（0.18g/kg、10.38mg/kg）；各土地利用方式中土壤磷元素的含量，刺槐林地的全磷（0.65g/kg）和速效磷（5.75mg/kg）的含量最高，其次是欧美杨林地（0.59g/kg、5.70mg/kg）和棉花地（0.52g/kg、5.17mg/kg），含量最低的是荒草地（0.29g/kg、3.21mg/kg）；在土壤垂直剖面上，表层土壤有机质含量、全氮、碱解氮、全磷、速效磷数值要高于深层土壤，这表明各种土地利用方式的表层土壤的养分状况要好于深层土壤。

以上研究结果表明，林地（刺槐林地、欧美杨林地）对于土壤的改良能力要明显高于其他土地利用方式，由于选择的树种不同、经营的强度和目标不同，林地之间的改良效果也存在一定差异；棉花地由于长期的人为活动，改善了土壤结构，提高了土壤质量；荒草地由于覆盖度较低，地表长期裸露，制约了土壤质量的提高。

6.8.2 滨海盐碱地不同土地利用方式土壤颗粒单重分形特征差异显著

分析不同土地利用方式土壤颗粒组成及其分布频率得出，土壤颗粒单重分形特征因土地利用方式的不同而差异显著，土壤颗粒的单重分形维数（D）表现为刺槐林地（2.6661）最高，欧美杨林地（2.6617）次之，棉花地（2.5829）第三，荒草地（2.4923）最低；在土壤垂直剖面上，刺槐林地和欧美杨林地的分形参数在呈现随深度增加而变小的趋势，而棉花地和荒草地则表现出随深度增加而变大的趋势；通过对土壤颗粒单重分形维数与各粒级土壤颗粒含量进行回归分析可知，土壤颗粒单重分形维数与土壤黏粒、粉粒和砂粒含量呈现一定的线性相关性，与黏粒和粉粒含量均成正相关关系，与土壤砂粒含量成负相关关系，相关系数均在0.95以上。

6.8.3 滨海盐碱地不同土地利用方式土壤颗粒多重分形特征差异显著

利用多重分形方法研究土壤颗粒的分形特征，并通过多重分形特征Rényi谱来描述土壤结构，研究结果表明，土壤颗粒多重分形谱是典型的反S形递减函数，且多重分形参数表现出$D_0 > D_1 > D_2$的趋势，这说明土壤粒径分布不是均匀分布，对其进行多重分形分析是有必要的；土壤颗粒多重分形特征因不同土地利用方式的不同而差异显著，土壤颗粒的多重分形参数（D_0、D_1、D_2和D_1/D_0）均表现为刺槐林地（0.8396、0.7933、0.7598和0.9449）和欧美杨林地（0.8396、0.7858、0.7422和0.9359）最高，棉花地（0.8268、0.7530、0.7251和0.9108）次之，荒草地（0.8247、0.7499、0.7231和0.9096）最低；在土壤垂直剖面上，刺槐林地和欧美杨林地的所有分形参数在呈现随深度增加而变小的趋势，而棉花地和荒草地则表现出随深度增加而变大的趋势；通过对土壤颗粒多重分形参数与各粒级土壤颗粒含量进行回归分析可知，土壤颗粒多重分形参数D_0、

D_1、D_2 和 D_1/D_0 与土壤黏粒、粉粒和砂粒含量呈现一定的相关性,整体上与黏粒和粉粒含量均成正相关关系,与土壤砂粒含量成负相关关系,相关系数因参数的不同而表现出差异。

6.8.4　土壤颗粒分形参数与土壤理化性质呈现一定的相关性

分析土壤分形参数与土壤理化性质的相关性可知:土壤颗粒的单重分形维数(D)、多重分形参数(D_0、D_1、D_2 和 D_1/D_0)与土壤各理化性质均存在线性关系,与土壤 pH 值、电导率和土壤容重呈负相关关系;而与土壤总孔隙度、非毛管孔隙度、稳渗速率、有机质、全氮、碱解氮、全磷和速效磷含量呈正相关关系。

土壤分形参数能较好地反映土壤的结构性状,而且他们与土壤理化性质的相关关系使其能够进一步反映分形参数与土壤理化性质之间的关系,对深入探讨分形学在表征土壤结构性状与土壤肥力特征中的应用具有十分重要意义。

7 滨海盐碱地生物炭和印度梨形孢联用改良土壤促进高丹草生长的机理

7.1 引言

据联合国教科文组织和粮农组织不完全统计，全世界盐碱地的面积为 9.5438 亿 hm^2，其中我国为 9913 万 hm^2，目前我国滨海地区的盐碱地约 $1.3 \times 10^5 km^2$。山东东营滨海盐碱化土壤由于盐碱程度高，土壤养分含量水平过低等特征已经严重阻碍农业活动的生产与发展（李珊等，2022），而土壤是农业生产的基础，盐碱地作为我国重要的后备耕地资源，改良滨海盐碱土对地区生态恢复与重建、地方经济的稳定与发展和国家粮食安全具有重大的现实意义。因此，治理盐碱土壤的前景广阔、意义重大，而如何对其进行改良以适应植物的生长是当地亟须解决的问题。已有研究显示该区域盐碱土的改良已经取得了一定的成效，齐广耀等（2022）将大球盖菇菌渣施于滨海盐碱土中，通过大田试验证明菌渣对滨海盐碱土有明显的改良作用。钙制剂、糠醛渣和风化煤显著改善了中度滨海盐碱土的理化性质，促进了玉米的生长发育（王德领等，2021）。但是综合已有的研究发现，单一改良剂所达到的改良效果是有限的，适合在盐碱化较轻的土壤上使用，而对于盐碱化严重、理化性质恶劣的滨海盐碱土，为了能够达到更好的改良效果，复合改良剂的挑选和应用是土壤改良发展的趋势之一。

近年来，生物炭作为高稳定型土壤改良剂受到了广泛的关注（Haider，2022）。作为多功能的颗粒粉状物质，生物炭本身具备多种生物活性功能，有利于土壤固持养分提高肥力，提高养分利用率，改良土壤性状，改善微生物生境。当土壤盐碱化程度严重时，生物碳能够帮助调节土壤有机碳含量，充当土壤改良剂（Luo et al.，2017），从而达到提高土壤质量并促进作物增产的双赢效果。已有研究表明，生物炭能促进盐分淋洗，降低土壤的 Na^+ 质量浓度、电导率和容重，对盐碱胁迫下的土壤质量和植物生长具有改善作用。生物炭通过缓解盐渍土对玉米的盐分胁迫和氧化应激，提高玉米的叶绿素质量分数和光合能力，提高盐渍土玉米产量（方明航等，2023）。尽管与其他改良剂相比，生物炭具有诸多优势，但由于制备原料的不同，不同材料生物炭本身的理化性状和吸附特征等方面均存在差异，且因生物炭是由高温裂解制得，其养分含量较低，对土壤养分改善具有一定的局限性。生物炭与无机肥、有机肥等化学肥料的联合应用虽有效改善了生物炭养分低的缺陷，但化肥的使用容易引发二次污染问题（于法稳等，2022），而微生物及其衍生的生物菌肥与传统化肥相比，具有低污染、高效益的优势，已逐渐应用于农业生产中。相关研究表明，微生物施入土壤后，土壤 pH 值呈现降低的趋势（Anam，2019）。微生物的施加能显著提高土壤的有机质含量，并可改善土壤的持水性、透气性等理化特性。研究表明在盐碱地上施用微生物菌肥，可以降低土壤电导率、水溶性 Na^+ 和 K^+ 含量，提高土壤有效磷含量（王启尧等，2021）。其中，印度梨形孢是一种植物根内生真菌，具有巨大的生物防治和土壤改良潜力。研究表明，印度梨形孢能定殖于多种作物的根部（Johnson et al.，2014），通过促进植物对氮、磷等矿物质的吸收，增强植物对逆境胁迫的忍耐性，诱导植物产生抗性，促进植物生长。现今，印度梨形孢作为一种很好的生物肥料，在农、林业和园林花卉业等产业中应用非常广泛，国内外对印度梨形孢的作用机制等的研究也不断增多。综上，印度梨形孢和生物炭在土壤改良方面前景巨大，然而，国内外学者对生物炭和印度梨形孢联合作用的研究其少，且主要针对非盐碱化土壤，而有关生物炭和印度梨形孢联合施用对滨海盐碱土壤改良和植物生长的研究几乎没有，其联合作用的影响和机制尚不明确。

随着畜牧业的快速发展，饲草料的需求也急剧增加。高丹草由高粱和苏丹草杂交培育而成的，富含粗蛋白及碳水化合物，适合青贮（白春生等，2020）。其快速生长，根系广泛密集，刈割后的再生以及对土壤盐分的高耐受性，是应用于盐碱土壤改良的理想选择（孔德真等，2022）。基于此，本书采用高丹草作为供试植物，采用室内盆栽的方法，研究生物炭和印度梨形孢联合施用对土壤理化性质、土壤养分和高丹草生长的影响，为今后滨海盐碱地的改良和绿色开发利用提供新的思路和一定的科学依据，并为逆境植物的修复提供了生物炭-微生物复合修复的参考。

7.2 材料与方法

供试生物炭由立泽环保科技公司提供。制备过程：将废弃的玉米秸秆和竹子材料碎成小块后，在 80℃ 下充分干燥，然后在 500℃ 的氮气裂解炉中进行 2～3h 无氧裂解而成。供试草种为高丹草，购于济南高夫草坪有限公司。供试菌种为印度梨形孢（简称 P），由山东省林业科学研究院提供，后于山东农业大学实验室进一步培育使用。供试土壤取自山东省东营市河口区盐碱地表层土壤 0～20cm。自然风干后，过 2mm 筛清除土壤中的石块和植物碎片，取少量土壤样本过 0.149mm 筛后用于土壤理化特性分析，其土壤基本物理化学性质见表 7－1。

表 7－1　　　　　　　　　　　土壤基本物理化学性质

项目	pH 值	电导率 /(mS/cm)	水溶性 Na^+ /%	水溶性 Cl^- /%	有机质/%	碱解氮 /(mg/kg)	速效磷 /(mg/kg)
值	8.10	0.25	0.051	0.089	0.91	5.6	14.56

7.2.1　实验设计

盆栽实验于 2022 年 5 月 25 日开始。实验采用 3 种生物炭（不添加生物炭、玉米秸秆生物炭和竹炭生物炭）和 4 种剂量印度梨形孢菌液（0mL、40mL、80mL、120mL）接种处理。将不同种类的生物炭按 5%（质量比）（刘泽茂等，2022）掺入试验土壤样品中，分别标记为 P（未添加生物炭＋接种印度梨形孢）、CP（添加玉米秸秆生物炭＋接种印度梨形孢）、BP（添加竹炭生物炭＋接种印度梨形孢），将印度梨形孢菌液采用灌根法按每盆 0mL（不接种）、40mL（接种 1 次）、80mL（接种 2 次）、120mL（接种 3 次）的接种量（每盆每次接种 40mL，间隔 15d 接种）与试验土壤混合进行高丹草盆栽实验。采用上口径 23cm，底部直径 15cm，高 20cm 的试验盆，每盆装 4.2kg 纯土壤或土壤和生物炭的混合物，试验期间适量浇水。本试验采用完全随机实验设计，每个处理设置 3 个重复，共 36 盆。

挑选状态良好的种子，每盆播种 5 粒。播种 15d 后，进行间苗，每盆各保留 3 株长势相对一致的高丹草幼苗。自出苗之日 70d 后，收获土壤样品和植物样品进行后续分析。采收时取样测定菌根侵染率及株高、叶数和生物量。采集的土壤样品自然干燥、研磨、筛分，测定土壤理化性质和养分含量。具体的实验设置见表 7-2。

表 7-2　　　　　　　　　　　　实 验 处 理

处　　　理	生 物 炭 类 型	印度梨形孢接种量/mL
P0	不添加生物炭（P）	0
P40		40
P80		80
P120		120
CP0	玉米秸秆生物炭（CP）	0
CP40		40
CP80		80
CP120		120
BP0	竹炭生物炭（BP）	0
BP40		40
BP80		80
BP120		120

7.2.2　固体和液体培养基的配制

采用 PDA 培养基制备固体菌。称取 46.0g PDA 溶于蒸馏水，在 121℃高压灭菌器中灭菌 20min，倒入培养皿中冷却。液体培养基参照先露露（2022）和徐万茹（2021）等的方法制备。

7.2.3　印度梨形孢固体及液体菌剂的制备

固体菌剂使用固体培养基进行培养，在无菌操作台将培养好的固体菌，切成 1cm³ 左右的方块，菌丝朝下贴在冷却凝固好的固体培养基上，用封口膜封好后在室温下避光培养。在 300mL 的锥形瓶中加入 200mL 的液体培养基培养液体菌剂，取 8 个 1cm³ 固体培养基小块（含有菌丝）放入锥形瓶中，封口膜封好后放入摇床中避光培养一周后成型（温度 25℃，转速 160r/min）。印度梨形孢固体和液体菌剂的培养过程见图 7-1。

图 7-1　印度梨形孢固体和液体菌剂的培养过程

7.2.4　种子萌发和种植

试验分别挑选颗粒饱满的高丹草种子，用 70％乙醇消毒 20min，再用温水浸泡 6h 以激活种子，之后均匀播种到种植盆内。

7.2.5　印度梨形孢接种和定殖情况检测

待高丹草种子萌发后立即接种培养好并打碎均匀的印度梨形孢菌液（徐万茹等，2021）。当最后一次接种印度梨形孢 15d 后，分别随机选取不同处理的高丹草，用蒸馏水冲洗根部，将每株幼苗的根剪成 1cm 长度的根段，用台盼蓝染色法在 100×倍显微镜下观察是否有印度梨形孢的梨形孢子侵染根部。

7.2.6　印度梨形孢侵染观察

菌根使用台盼蓝染色法进行侵染。样品根部用无菌水反复冲洗后切成 1cm 长的根段，放入装有 20％ KOH 溶液的烧杯中 60℃水浴 60min，100℃煮沸 10min 后透明处理。再用 5％乙酸酸化 5min 后用 5％醋酸墨水染色液染色 30min，最后在水中浸泡 14h 脱色。每张玻片上平行放置 3～5 个脱色后的根段，盖玻片上覆盖适量的甘油明胶封口剂。使用正置荧光显微镜进行观察和拍照。在定殖植株的根皮层细胞中观察到有典型的菌根结构和梨形孢子，如图 7-2 所示。

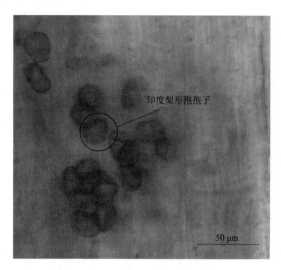

印度梨形孢孢子

50 μm

图 7 - 2　高丹草根系侵染状况

7.2.7　生长状况测定

2023 年 8 月 8 日，分别选取不同处理下 3 株具有代表性的植株进行生长指标的测定，用直尺测量株高，记录叶片数，在测定完气体交换参数和叶绿素荧光参数后，挖取植株全样，清洗干净，在鲜重测量完成后，将样本装入纸袋中采用烘干法测定其干重，编好号后放入烘箱中 105℃ 杀青 30min，75℃ 烘干后测定干重。

7.2.8　气体交换参数的测定

2023 年 8 月 7 日，参照刘军（2019）等的方法，使用 Li - 6800 便携式光合测定仪在晴朗的 8：00—11：30 分析测定叶片的气体交换速率及其相关参数，如净光合速率（Pn）、叶片蒸腾速率（Tr）、胞间 CO_2 浓度（Ci）和气孔导度（Gs）。所有的测量都是在相对湿度为 55%，叶温为 30℃，光强为 $1000\mu mol/(m^2 \cdot s)$，叶腔内 CO_2 浓度保持在 $400\mu mol/mol$ 的条件下进行的。检测时每株植物选取中上部结构完整、健康成熟的叶片 3 片，每个叶片测 3 次数据，取平均值。

7.2.9　叶绿素含量的测定

光合作用测定后，采集植物叶片用乙醇浸提法（刁亚南等，2014）测定叶绿素含量。吸取提取的叶绿体色素于酶标板在 665nm、649nm、470nm 波长下测定吸光值（徐万茹，2021）。按式（7-8）～式（7-11）计算色素含量。

$$C_a = 13.95A_{665} - 6.88A_{649} \tag{7-1}$$

$$C_b = 24.964A_{649} - 7.32A_{665} \tag{7-2}$$

$$总叶绿素浓度 A = C_a + C_b \tag{7-3}$$

$$叶绿素含量(mg/g) = (叶绿素浓度 \times 提取液体积 \times 稀释倍数)/样品鲜重 \tag{7-4}$$

7.2.10　土壤盐离子含量的测定

2023 年 8 月 9 日，收获植株，从高丹草根际采集土壤样品，将土壤样品经过自然风干后，均匀过 1mm 筛存储用于土壤相关指标的测定。称取 50g 过 2mm 筛孔的风干土样置于 500mL 干燥的锥形瓶中，加入 250mL 无 CO_2 的水，振荡 3min 后立即过滤，滤液作为为土壤可溶盐分测定的待测液。水溶性 Na^+ 和 Cl^- 分别采用火焰光度计法和 $AgNO_3$ 滴定法进行测定。

7.2.11 土壤理化性质的测定

土壤含水量采用烘干法测定。将土壤样品放置于铝盒，于烘箱中 105℃ 烘干至恒重，以每组 3 次重复测量值的平均值为最终土壤含水量。土壤 pH 值和电导率均按照 2.5∶1 的水土比测定。土壤样品经过自然风干后，均过 1mm 筛存储用于养分含量的测定；土壤速效磷采用 $NaHCO_3$ 浸提—钼锑抗比色法测定；土壤碱解氮采用碱解扩散法测定。

7.2.12 数据统计与分析

所有数据均采用 Excel 2019 处理，均为 3 个重复的平均值±标准误差。不同处理间的差异性采用单因素方差（ANOVA）分析和 Duncan 差异显著性检验比较（SPSS20.0），采用主成分分析（PCA）法对不同处理下是高丹草生长和土壤改良效果进行综合排序，采用 Origin 9.0 进行结果绘制。

7.3 滨海盐碱地高丹草根系印度梨形孢侵染情况

图 7-3 显示高丹草根系印度梨形孢侵染率变化范围为 26.5%～78.51%，其中 P 组的侵染率为 26.5%～56.33%，CP 组的侵染率为 52.70%～78.51%，BP 组的侵染率为 50.45%～69.00%。添加生物炭显著提高了高丹草根部印度梨形孢的侵染率，高丹草根系印度梨形孢侵染率随菌液量的增加而升高，不同菌液量下三组处理的侵染率从高到低表现均为 CP＞BP＞P。

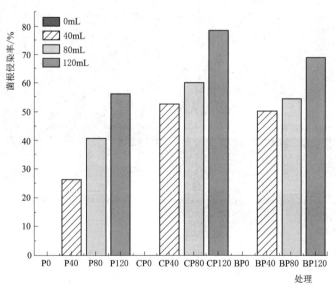

图 7-3 不同生物炭和印度梨形孢联合作用下的菌根侵染率

7.4 滨海盐碱地生物炭和印度梨形孢联用对高丹草生长的影响

如图 7-4 所示，不同处理下高丹草的生长状况存在差异。BP 组和 CP 组植株的生长均优于 P 组，说明添加生物炭促进了高丹草的生长。不同菌剂量下高丹草的生长状况存在差异，植株的生长状况随菌剂量的增加而增强，P 组、CP 组和 BP 组的植株均在 120mL 菌剂量下生长最好。生物炭和印度梨形孢联合处理下，BP 组的生长状况优于 CP

（a）P 组高丹草的生长状况

（e）40mL 菌液量下三组生物炭处理的生长状况

（b）CP 组高丹草的生长状况

（f）80mL 菌剂量下三组生物炭处理的生长状况

（c）BP 组高丹草的生长状况

（g）120mL 菌剂量下三组生物炭处理的生长状况

（d）0mL 菌液量下三组生物炭处理的生长状况

图 7-4　生物炭和印度梨形孢对高丹草生长的形态表现

组，但在低菌剂量下，高丹草的生长状况无明显差异。

由表7-3可知，生物炭种类对高丹草的叶片数无显著影响（$P>0.05$），菌剂量对高丹草的叶片数影响显著（$P<0.05$），两者联用对高丹草叶片数的协同效应不显著（$P>0.05$）。P组高丹草的叶片数在不同菌剂量下无显著差异，而施加生物炭的CP和BP组的叶片数存在显著差异（$P<0.05$），三组处理的叶片数均在120mL的菌剂量下最多，其中CP120处理下叶片数最多，分别比CP0、CP40和CP80多32.05%、26.87%和26.87%。平均来看，不同处理的叶片数从高到低为CP＞BP＞P。

由表7-3可知，生物炭种类对高丹草的株高影响显著（$P<0.05$），菌剂量对高丹草的株高影响不显著（$P>0.05$），两者联用对高丹草株高无显著的协同效应（$P>0.05$）。三组生物炭处理植株的株高随菌剂量的增加均呈上升趋势，三组处理的株高均在120mL的菌剂量下最大，其中BP120处理高丹草株高最大，分别比CP120和P120高出11.98%和23.98%。平均来看，不同处理的株高从高到低为BP＞CP＞P。

表7-3　　　　　生物炭和印度梨形孢联合作用对高丹草生长的影响

处 理	株 高/cm	叶 片 数/片	生 物 量/(g/株)
P0	60.00±5.20aA	7.00±1.00aA	3.82±0.50aA
P40	65.17±6.17aA	8.33±0.58aA	4.46±0.44aA
P80	67.33±8.62aA	8.33±1.53aA	5.50±2.09aA
P120	67.50±8.05aA	9.00±1.73aA	5.46±0.75aA
CP0	73.27±8.54aA	8.33±0.58bA	3.81±1.32bA
CP40	73.83±4.65aA	8.67±2.08abA	5.08±1.28abA
CP80	77.67±15.33aA	8.67±0.58abA	5.25±0.97abA
CP120	79.33±9.71aA	11.00±1.00aA	7.60±1.45aA
BP0	67.67±10.69aA	8.67±0.58bA	4.29±1.06bA
BP40	78.33±5.51aA	9.00±1.00abA	4.38±1.17bA
BP80	87.40±14.50aA	9.00±1.00abA	7.14±1.57abA
BP120	88.83±17.96aA	9.33±0.58aA	8.09±2.14aA
Significance			
Biochar	**	NS	NS
P. indica	NS	*	***
Biochar× *P. indica*	NS	NS	NS

注：不同小写字母代表同一生物炭下不同菌剂量之间的显著差异性，$P<0.05$；不同大写字母代表同一菌剂量下不同生物炭之间的显著差异性，$P<0.05$。下同。NS表示无显著差异，* 表示 $P<0.05$，** 表示 $P<0.01$，*** 表示 $P<0.001$。

由表7-3可知，生物炭种类对高丹草的生物量无显著影响（$P>0.05$），菌剂量对高丹草的生物量影响显著（$P<0.05$），两者联用对高丹草生物量的协同效应不显著（$P>0.05$）。由生物量结果可以发现，生物炭与印度梨形孢联合处理下的生物量明显高于单独施加生物炭或印度梨形孢的处理，高丹草的生物量随菌剂量的增加而增加，3 组处理的生物量均在 120mL 下生物量最大，CP120 分别比 CP0、CP40 和 CP80 高 99.48％、49.61％ 和 44.76％，BP120 分别比 BP0、BP40 和 BP80 高 88.58％、84.70％ 和 11.74％。平均来看，不同处理的生物量从高到低为 BP＞CP＞P。

7.5　滨海盐碱地生物炭和印度梨形孢联用对高丹草光合作用的影响

7.5.1　对叶绿素总量的影响

生物炭和印度梨形孢对植物叶片叶绿素含量的影响如图 7-5 所示。由图 7-5 可知，生物炭种类对高丹草叶片的叶绿素含量有显著影响（$P<0.05$），印度梨形孢菌液量对叶绿素含量有显著影响（$P<0.05$），但两者联用未见显著的协同效应（$P>0.05$）。不同处理下叶绿素含量随印度梨形孢菌剂量的增加而增加，在 120mL 处理下叶片内的叶绿素含量较高，在 P 组中，较 P0 相比，高丹草叶片内叶绿素含量分别升高了 56.76％、60.81％ 和 93.24％。CP 组中，叶绿素含量较 CP0 相比分别升高 27.72％、37.62％ 和 55.45％。BP 组中，叶绿素含量较 BP0 相比，分别升高了 10.38％、27.36％ 和 50.94％。

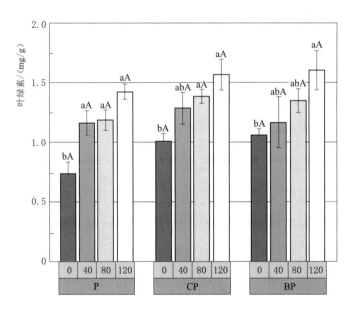

图 7-5　生物炭和印度梨形孢联合作用对叶绿素含量的影响

注：不同小写字母代表同一生物炭下不同菌剂量之间的显著差异性，$P<0.05$；不同大写字母代表同一菌剂量下不同生物炭之间的显著差异性，$P<0.05$。下同。

7.5.2　对净光合速率的影响

生物炭和印度梨形孢对植物叶片净光合速率（Pn）的影响如图 7-6 所示。由图 7-6 可知，不同生物炭处理之间的净光合速率存在显著的差异性（$P<0.05$），印度梨形孢菌

剂量也对净光合速率影响显著（$P<0.05$），且两者联用有显著的协同效应（$P<0.05$）。净光合速率随着菌剂量的增加，呈现不断上升的趋势。

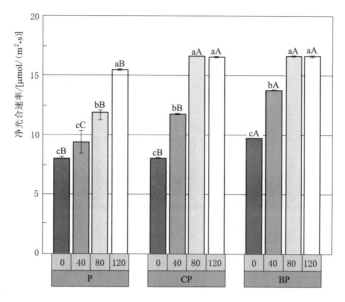

图 7-6　生物炭和印度梨形孢联合作用对净光合速率的影响

结果表明，与单独施用生物炭或印度梨形孢处理相比，生物炭与印度梨形孢联合作用的植株表现出更高的净光合速率，与 P0 处理相比，生物炭与印度梨形孢联合处理的净光合速率提高了一倍。在 0～40mL 菌剂量下，BP 组的净光合速率显著高于 CP 组（$P<0.05$）。在生物炭和印度梨形孢联合应用下，CP 组和 BP 组植株的净光合速率随菌剂量的增加而增加，在 80mL 菌剂量下最高。平均来看，3 组生物炭处理之间的净光合速率表现为 BP>CP>P。

7.5.3　对蒸腾速率的影响

生物炭和印度梨形孢对植物叶片蒸腾速率（Tr）的影响如图 7-7 所示。接菌显著提高了叶片的蒸腾速率，3 组生物炭处理植株的蒸腾速率随着菌剂量的增加总体呈不断上升的趋势，且存在显著差异（$P<0.05$）；在同一菌剂量下，不同生物炭处理对蒸腾速率也存在显著差异（$P<0.05$）；且两者联用对蒸腾速率有显著的协同效应（$P<0.05$）。结果表明，与单独应用生物炭或印度梨形孢菌液相比，生物炭与印度梨形孢联合作用的蒸腾速率最高。P 组和 CP 组处理的植株的蒸腾速率在菌剂量为 80mL 时最高，而 BP 处理的植物在菌剂量为 120mL 时蒸腾速率最高。平均来看，蒸腾速率表现为 BP>CP>P。

7.5.4　对胞间 CO_2 浓度的影响

不同生物炭与不同剂量印度梨形孢菌液单独添加或联合应用对植物叶片胞间 CO_2 浓度（Ci）的影响如图 7-8 所示。

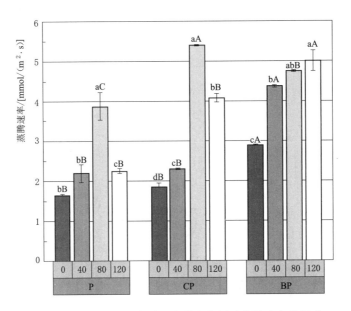

图 7-7 生物炭和印度梨形孢联合作用对蒸腾速率的影响

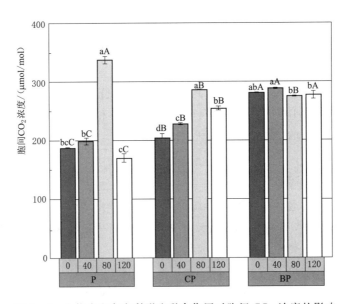

图 7-8 生物炭和印度梨形孢联合作用对胞间 CO_2 浓度的影响

由图 7-8 可知，同一菌剂量下，不同生物炭处理之间的胞间 CO_2 浓度存在显著差异（$P<0.05$）；同一生物炭处理下，不同菌剂量对高丹草的胞间 CO_2 浓度影响显著（$P<0.05$），且随着菌剂量的变化呈现先增加后降低的趋势。生物炭和印度梨形孢的联合应用对高丹草的胞间 CO_2 浓度表现出明显的协同效应（$P<0.05$）。P 组和 CP 组的胞间 CO_2 浓度在 80mL 菌剂量时达到最高，而 BP 组在 120mL 菌剂量时最高。BP 组和 CP 组

植株的胞间 CO_2 浓度的变化幅度小于 P 组，且三组处理中胞间 CO_2 浓度的变化幅度由大到小表现为 P＞CP＞BP。

7.5.5 对气孔导度的影响

不同生物炭与不同剂量印度梨形孢菌液单独添加或联合应用对植物叶片气孔导度（Gs）的影响如图 7-9 所示。由图 7-9 可知，生物炭处理对高丹草的气孔导度影响显著（$P<0.05$），不同印度梨形孢菌液对气孔导度存在显著影响（$P<0.05$），且两者联用对气孔导度表现出明显的协同效应（$P<0.05$）。BP 组植株的气孔导度随菌剂量的增加逐渐上升，在 120mL 菌剂量下最大；而 P 组和 CP 组气孔导度随菌剂量的增加先升高再降低，在 80mL 菌剂量下最大。接种印度梨形孢的菌液量在 0mL、40mL、120mL 时，高丹草叶片的气孔导度从大到小均为 BP＞CP＞P，而在 80mL 表现为 CP＞BP＞P。CP 组植株的气孔导度在 80mL 菌剂量下急剧上升，达到 0.299mol/(m² · s)，分别比 P80 和 BP80 高出 80.34％和 13.04％。平均来看，生物炭和印度梨形孢对高丹草气孔导度的影响表现为 BP＞CP＞P。

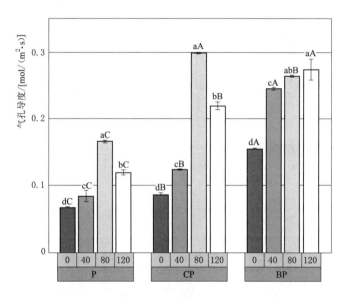

图 7-9　生物炭和印度梨形孢联合作用对气孔导度的影响

7.6　滨海盐碱地生物炭和印度梨形孢联用对土壤理化性质的影响

7.6.1　对土壤含水量的影响

图 7-10 为不同生物炭与不同剂量印度梨形孢菌液单独添加或联合应用对滨海盐碱土土壤含水量的影响。由图 7-10 可知，3 种生物炭处理对土壤含水量影响显著（$P<0.05$），不同印度梨形孢菌液量对土壤含水量也存在显著影响（$P<0.05$），但两者联合应

用对土壤含水量没有表现出显著的协同效应（$P > 0.05$）。土壤含水量随着印度梨形孢菌液接种量的增加显著提高，各处理在 120mL 菌剂量下的土壤含水量最大，P120、CP120 和 BP120 的含水量为 19.73%、23.99% 和 19.66%，分别比 P0、CP0 和 BP0 增加了 22.09%、52.12% 和 28.48%。平均来看，不同处理在提高土壤含水量方面的表现为 CP > BP > P。

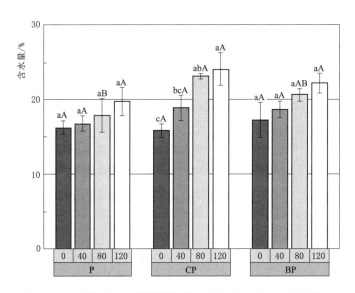

图 7-10　生物炭和印度梨形孢联合作用对土壤含水量的影响

7.6.2　对土壤 pH 值的影响

图 7-11 为不同类型生物炭与不同剂量印度梨形孢菌液单独添加或联合应用对滨海盐

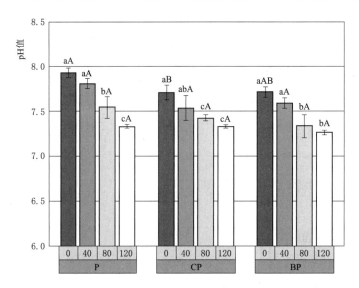

图 7-11　生物炭和印度梨形孢联合作用对土壤 pH 值的影响

碱地土壤 pH 值的影响。由图 7-11 可知，土壤 pH 值随印度梨形孢菌剂量的增加呈下降趋势，P 组中，与 P0 相比，土壤 pH 值分别降低了 1.55％、4.83％和 7.60％；CP 组中，土壤 pH 值与 CP0 相比分别降低了 2.21％、4.02％和 4.89％；BP 组中，土壤 pH 值较 BP0 相比，分别降低了 1.68％、4.88％和 5.92％。

结果表明，单独添加生物炭或接种印度梨形孢均可以显著降低土壤 pH 值（$P < 0.05$），但生物炭和菌剂量的联合施用未表现出明显的协同效应（$P > 0.05$）。平均来看，生物炭与印度梨形孢联合应用对土壤 pH 值影响较小，波动范围仅在 0.7 个单位范围内。不同处理在降低土壤 pH 值方面平均表现为 BP＞CP＞P。

7.6.3　对土壤电导率的影响

图 7-12 为不同类型生物炭与不同剂量印度梨形孢菌液单独添加或联合应用对滨海盐碱地土壤电导率的影响。由图 7-12 可知，不同生物炭和印度梨形孢菌剂量处理下土壤电导率均得到不同程度得降低，脱盐效果显著（$P < 0.05$），但生物炭和菌剂量的联合施用未表现出明显的协同效应（$P > 0.05$）。随着印度梨形孢菌剂量的增加，土壤电导率随之降低，所有处理中 BP120 处理降盐效果最好。在 P 组处理中，P40、P80 和 P120 土壤电导率比 P0 分别降低了 0.95％、15.71％和 19.05％。CP40、CP80 和 CP120 土壤电导率比 CP0 分别降低了 10.53％、19.47％和 22.64％。BP40、BP80 和 BP120 土壤电导率比 BP0 分别降低了 0％、22.28％和 34.20％。不同处理在降低土壤电导率方面的平均表现为 BP＞CP＞P。

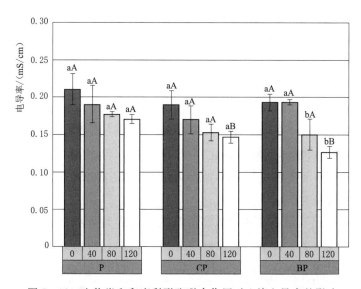

图 7-12　生物炭和印度梨形孢联合作用对土壤电导率的影响

7.6.4　对土壤水溶性钠离子含量的影响

图 7-13 为不同类型生物炭与不同剂量印度梨形孢菌液单独添加或联合应用对滨海盐碱土可溶性钠离子含量的影响。

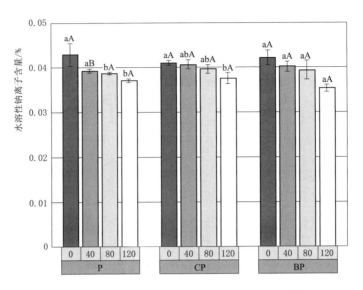

图 7-13　生物炭和印度梨形孢联合作用对土壤中
水溶性钠离子含量的影响

由图 7-13 可知，生物炭处理可以降低土壤可溶性钠离子的含量，但效应不显著（$P>0.05$）。印度梨形孢对水溶性钠离子含量的影响显著（$P<0.05$），印度梨形孢菌剂不同程度地降低了土壤的可溶性钠离子含量，其含量且随着添加量的增大呈下降趋势，但两者联合应用对降低滨海盐碱土可溶性钠离子含量不具有显著的协同改善效果（$P>0.05$）。所有处理中，BP120 处理的钠离子含量最低。在 P 组处理中，P40、P80 和 P120 土壤可溶性钠离子比 P0 分别降低了 9.30%、9.30% 和 13.95%。CP40、CP80 和 CP120 土壤可溶性钠离子比 CP0 分别降低了 0.74%、1.96% 和 6.86%。BP40、BP80 和 BP120 土壤可溶性钠离子比 BP0 分别降低了 4.76%、7.14% 和 16.67%。

7.6.5　对土壤水溶性氯离子含量的影响

图 7-14 为不同类型生物炭与不同剂量印度梨形孢菌液单独添加或联合应用对滨海盐碱土可溶性氯离子含量的影响。

由图 7-14 可知，生物炭处理可以显著降低土壤可溶性氯离子的含量（$P<0.05$），印度梨形孢对水溶性氯离子含量的影响显著（$P<0.05$），印度梨形孢菌剂不同程度地降低了土壤的可溶性氯离子含量，其含量且随菌剂量添加量的增加呈下降趋势，但两者联合应用对降低滨海盐碱土可溶性氯离子含量不具有显著的协同效应（$P>0.05$）。所有处理中，BP120 处理的氯离子含量最低。在 P 组处理中，P40、P80 和 P120 土壤可溶性氯离子比 P0 分别降低了 15.71%、24.29% 和 25.71%。CP40、CP80 和 CP120 土壤可溶性氯离子比 CP0 分别降低了 0.70%、8.77% 和 10.53%。BP40、BP80 和 BP120 土壤可溶性氯离子比 BP0 分别降低了 5.45%、9.09% 和 14.55%。

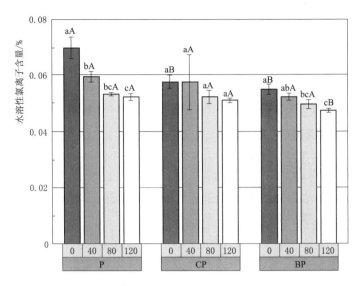

图 7-14　生物炭和印度梨形孢联合作用对土壤中水溶性氯离子含量的影响

7.7　滨海盐碱地生物炭和印度梨形孢联用对土壤养分含量的影响

7.7.1　对土壤有机质含量的影响

图 7-15 为不同生物炭与不同剂量印度梨形孢菌液单独添加或联合应用对滨海盐碱地土壤有机质（SOM）含量的影响。土壤有机质含量是表示土壤肥力高低的一个重要指标，结果显示，CP0、BP0 处理的有机质含量分别比 P0 高了一倍多，不同生物炭处

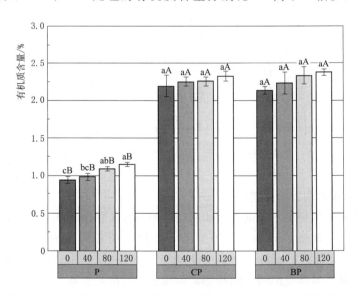

图 7-15　生物炭和印度梨形孢联合作用对土壤有机质含量的影响

理对土壤有机质含量的影响显著（$P<0.05$）。印度梨形孢菌剂量对有机质含量影响显著（$P<0.05$），但两者联合应用对提高滨海盐碱土有机质含量上不具有显著的协同效应（$P>0.05$）。有机质含量随着印度梨形孢接种量的增加呈增加的趋势，所有处理中，BP120 处理下的有机质含量最高。平均来看，在 0mL 和 40mL 下，3 组处理在提高土壤有机质含量上的效果由大到小 CP>BP>P，而在 80mL 和 120mL 下，则表现为 BP>CP>P。

7.7.2 对土壤速效磷含量的影响

图 7-16 为不同生物炭与不同剂量印度梨形孢菌液单独添加或联合应用对滨海盐碱地土壤速效磷（AP）含量的影响。结果显示，不同生物炭处理对速效磷含量的影响不显著（$P>0.05$），印度梨形孢菌剂量对速效磷含量的影响显著（$P<0.05$），但两者联合应用对提高滨海盐碱土速效磷含量上不具有显著的协同效应（$P>0.05$）。不同处理下土壤速效磷含量较 P0 相比均不同程度有所增加，其中 BP120 处理下含量最高，达 11.92mg/kg。在 P 和 BP 组处理中，速效磷含量随菌剂量的增加而增加，而 CP 组处理则是先增加后降低，在 80mL 下含量最高。平均来看，不同处理在提高土壤速效磷含量的平均表现为 CP>BP>P。

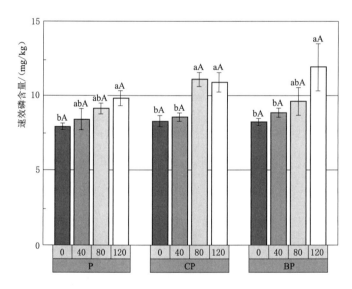

图 7-16 生物炭和印度梨形孢联合作用对土壤速效磷含量的影响

7.7.3 对土壤碱解氮含量的影响

图 7-17 为不同生物炭与不同剂量印度梨形孢菌液单独添加或联合应用对滨海盐碱地土壤碱解氮（AN）含量的影响。结果显示，生物炭处理对碱解氮含量的影响不显著（$P>0.05$），印度梨形孢对碱解氮含量的影响显著（$P<0.05$），随印度梨形孢接种量的增加各个处理的碱解氮含量呈增加的趋势，但两者联合应用对提高滨海盐碱土碱解氮含量上不具有显著的协同效应（$P>0.05$）。土壤碱解氮含量在 0~40mL 增加幅度最大，分别

增加了 79.95％、16.48％和 32.07％。土壤碱解氮含量在 0mL 和 120mL 菌液量的复合措施下从高到低均表现为 CP＞BP＞P，而在 40mL 和 80mL 下表现为 BP＞CP＞P，CP120处理土壤碱解氮含量最高。平均来看，不同处理在提高土壤碱解氮含量的平均表现为 BP＞CP＞P。

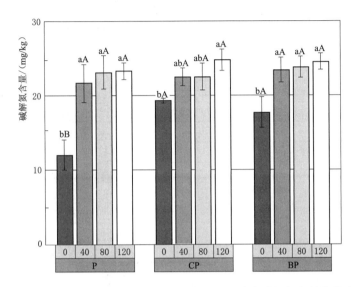

图 7-17　生物炭和印度梨形孢联合作用对土壤中碱解氮含量的影响

7.8　滨海盐碱地生物炭和印度梨形孢联用对土壤质量及高丹草生长的综合评价

对不同处理下测定的高丹草生长、气体交换参数以及土壤的理化性质和养分指标进行相关性分析，由图 7-18 可知，各指标间存在不同程度的相关性，生物量与株高、叶绿素、Pn、Tr、Ci、Gs、速效磷和碱解氮含量呈极显著正相关性，与 pH 值、电导率、水溶性钠离子和氯离子的含量呈显著负相关性，其中与 Pn、pH 值、电导率、水溶性氯离子含量存在极显著相关性（$P＜0.001$），与其他指标间无明显相关性。Pn 与其他指标之间均有显著相关性，与生物量、叶绿素含量、Tr、Gs、含水量、速效磷和碱解氮含量呈极显著正相关，与 pH 值、电导率和水溶性氯离子的含量呈极显著负相关性。土壤有机质含量与叶片数、株高、Pn、Tr、含水量、速效磷和碱解氮含量呈极显著正相关性，与 pH 值、电导率和水溶性氯离子含量呈显著负相关性，与其余指标之间无显著相关性。通过相关性分析结果表明，高丹草的生长指标、光合作用指标、土壤的理化特性和养分含量等很多指标之间大多数都达到了显著和极显著水平。

由表 7-4 可知，对植物和土壤的 16 个指标进行主成分分析，呈现了特征值及累积贡献率的情况，选入了两个特征值大于 1 的公因子。其中这两个公因子主成分的贡献率分别为 71.75％和 10.21％，累计贡献率高达 81.96％，这两个公因子能够比较完整地解释

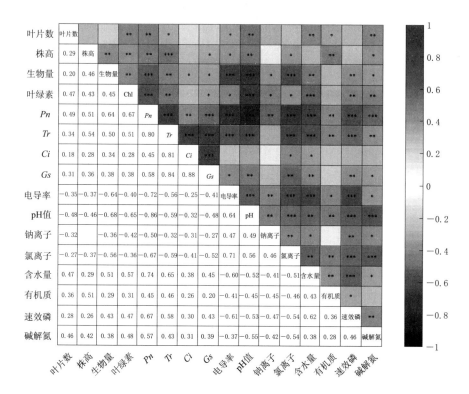

图 7-18 不同生物炭和印度梨形孢联合作用下各指标间的相关性分析

注：P 代表个指标间的相关性，$***P<0.001$；$**P<0.01$；$*P<0.05$。

16 个指标的绝大部分信息。通过转换将原来的 16 个指标转换为 2 个独立的综合指标，分别将它们定义为主成分 1（Y1）和主成分 2（Y2），再由因子负荷矩阵通过旋转后得到特征向量，这样得到的主成分能够更好地解释和命名变量。其中主成分 1 贡献特征向量较大的有株高、叶片数、生物量、含水量、Pn、Tr、Gs、叶绿素、pH 值、电导率、水溶性 Na^+ 和 Cl^-、速效磷和碱解氮，特征值 11.480，贡献率为 71.747%；主成分 2 贡献特征向量较大的有株高、土壤含水量、Ci、Pn、Tr、Gs、水溶性 Cl^-、有机质，特征值 1.634，贡献率为 10.212%。

表 7-4　　　　　　　　　　因子负荷矩阵和特征向量矩阵

指标变量	因　子　负　荷		特　征　向　量	
	主成分 1	主成分 2	主成分 1	主成分 2
叶片数	0.766	−0.043	0.665	0.383
株高	0.855	0.238	0.587	0.666
生物量	0.884	−0.193	0.846	0.321
叶绿素	0.940	−0.291	0.946	0.269

续表

指标变量	因 子 负 荷		特 征 向 量	
	主成分 1	主成分 2	主成分 1	主成分 2
Pn	0.942	−0.069	0.827	0.457
Tr	0.830	0.402	0.476	0.790
Ci	0.492	0.693	0.033	0.849
Gs	0.864	0.437	0.485	0.838
电导率	−0.938	0.159	−0.872	−0.378
pH 值	−0.941	0.200	−0.898	−0.347
钠离子	−0.781	0.516	−0.937	0.006
氯离子	−0.905	−0.064	−0.724	−0.548
含水量	0.914	−0.060	0.799	0.449
有机质	0.610	0.478	0.250	0.734
速效磷	0.907	−0.155	0.845	0.365
碱解氮	0.840	−0.152	0.787	0.331
特征值	11.480	1.634		
贡献率	71.747	10.212		
累计贡献率	71.747	81.960		

由表 7-5 不同处理的综合得分可知，生物炭和印度梨形孢联合应用的综合效应较单独生物炭或印度梨形孢处理均有所提高，说明生物炭和印度梨形孢联合应用能够进一步提高盐碱土下高丹草的生长和土壤改良效果。3 组处理的主成分综合值随着菌剂量的增加而增加，所有处理的得分从高到低依次是：BP120＞CP120＞BP80＞CP80＞P120＞BP40＞P80＞CP40＞BP0＞P40＞CP0＞P0。在 4 种印度梨形孢菌液施用量下，3 组生物炭处理之间综合得分由高到低排序均为：BP＞CP＞P。由此可见，竹炭在与印度梨形孢联合改良滨海盐碱土上与玉米秸秆生物炭相比具有更好的效应。

表 7-5　　不同生物炭和印度梨形孢联合作用下各处理的主成分得分表

处理	综合值	排序	处理	综合值	排序
P0	−1.38	12	CP80	0.56	4
P40	−0.59	10	CP120	0.93	2
P80	−0.11	7	BP0	−0.55	9
P120	0.24	5	BP40	−0.02	6
CP0	−0.7	11	BP80	0.61	3
CP40	−0.14	8	BP120	0.15	1

7.9　讨论

7.9.1　滨海盐碱地生物炭和印度梨形孢联用对高丹草生长的影响

植物的鲜重、干重是反映植株生长的有效指标，已有研究表明盐碱土壤中生物炭的添加增加了土壤有机碳的含量，而在植物生长过程中有机碳可有效促进植株营养物质累积，进而提高作物产量（Kamau et al.，2019）。同时印度梨形孢对植物的生长也有不同程度的促进作用（L Liang et al.，2020；Boorboori et al.，2022），这在本书中也得到验证，不同处理下高丹草的生长指标较 P0 相比都有所升高。本书中，生物炭与印度梨形孢联合添加时，高丹草的生物量最大，表明生物炭和印度梨形孢的联合应用比它们各自的单一应用更能减轻盐碱胁迫对高丹草带来的负面影响，这与 Ndiate 等（2022）联合应用生物炭与 AM 真菌对盐胁迫下小麦生长的研究结果一致。这可能部分归因于生物炭对真菌的保护作用，使得印度梨形孢和生物炭的共同应用比单一印度梨形孢应用更有效。植物依靠共生微生物来充分利用生物炭在土壤中的潜力，生物炭本身所含有的易分解有机物可以为微生物提供碳源，因此，生物炭和印度梨形孢联合作用可以促进根际土壤中有益微生物的定殖，提高真菌的成活率，发挥协同增效作用。这在本书中也得到证实，施加生物炭处理的高丹草根系印度梨形孢的定殖率明显升高。

联合作用表现更好的促生效应还可能是由于生物炭和印度梨形孢相互作用诱导植株的抗氧化酶活性增加，增强了光合色素的合成和不饱和脂肪酸的产生，改善植株的光合速率，通过维持组织渗透压来缓解盐胁迫，与本书中接种 *P. indica* 的植株有更高的叶绿素含量和净光合速率结果一致。叶绿素含量可直接影响植物干物质积累和产量，含量越高植物抗逆性越好生长越好。光合作用是植物生理生长的基础（Gururani，2015），生物炭和印度梨形孢处理下，净光合速率和蒸腾速率均显著升高，这表明联合处理提升了植株的光合作用能力，使之干物质累积加快，从而促进植株的生长。不同印度梨形孢接种量均可以促进植物的生长，其生物量随接种量的增加有增长趋势。Smith 等（2018）发现真菌通过改善植物磷营养随后增加植物生长，与本书中生长更好的植株盆栽土中观察到更高的土壤有效磷一致。Cheng 等（2022）研究表明，接种印度梨形孢不但能提高脐橙的产量，还能改善其品质。本书中不同联合措施对植株的株高、叶片数和生物量具有促进作用，进一步表明了接种印度梨形孢能促进植物生长，提高产量。此外，对土壤指标和植株生长指标的相关性分析表明，土壤 pH 值、电导率、含水量、有机质及速效氮磷等指标皆整体与高丹草植株生长指标之间存在显著或极显著的相关关系，表明生物炭和印度梨形孢可通过改良土壤质地、提升土壤肥力而促进高丹草的生长发育。

7.9.2　滨海盐碱地生物炭和印度梨形孢联用对高丹草光合作用的影响

植物叶片的光合积累和干物质转运密切相关，盐碱胁迫已被证明会减少光合色素的产生并抑制植物的生长和发育（Yi，2012）。这是由于胁迫下植物体内活性氧大量积累，对植株的新陈代谢和生长产生负面影响（Sharma，2012）。本研究结果表明，BP 和 CP 处理植株的光合性能显著提高，说明生物炭和印度梨形孢的联合应用显著降低了盐渍土对植物的盐胁迫，其联合作用在促进高丹草光合作用方面表现出显著的协同效应。生物炭会影响植物的光合特征，一项短期温室实验表明，生物炭可以通过改善生物生长和光合活性来缓解盐添加对植物的负面影响。Usman 等（2016）的研究发现生物炭的施用提高了番茄叶片的气体交换参数，促进植株的养分摄取和植物激素的调节，并提高微咸水灌溉下番茄的质量，这在本书中也得到证实。本书中，所有联合处理对高丹草的光合作用有不同程度的增加，但对 BP 和 CP 组处理下的胞间 CO_2 浓度和气孔导度影响不同，这可能是生物炭种类的不同影响了根际的微生物群落与数量，可能与其输入至土壤中的根际分泌物有关。在盐碱土壤这样有限的水分供应下，防止蒸腾作用造成的水分损失也很重要，这可以通过气孔闭合或减少叶面积来实现。印度梨形孢定殖植物的水分状况改善也反映在 Gs 的显著增加上，本书中，Gs 在施用 80mL 和 120mL 印度梨形孢菌液的处理中增加了 1 倍多。本书的研究结果支持先前的观察结果，即高丹草采用敏感的气孔闭合来响应盐碱胁迫，如菌剂量较低或未添加生物炭处理下植株表现出较低的气孔导度。生物炭和印度梨形孢联合处理下，叶片叶绿素含量随印度梨形孢菌液量的增加显著增加。而叶绿素是植物进行光合作用的重要色素，其含量与植物光合作用的强弱密切相关，此外，叶绿素还能反映植物的健康状态。本书中更高的叶绿素含量伴随着更高的净光合速率和生长增强，这在先露露等（2022）的研究中也得到证实。

7.9.3 滨海盐碱地生物炭和印度梨形孢联用对滨海盐碱土理化性质的影响

生物炭对滨海盐碱土中水溶性钠离子具有淋洗和吸附作用，可有效降低土壤的可溶性钠含量（韩剑宏等，2019），从而降低了土壤的盐度和碱化度（Haider et al.，2022），本书中，生物炭的添加在一定程度上展现了对钠离子的吸附作用，但作用较低。研究发现盐渍土中添加生物炭，会因为生物炭多孔隙结构和容重小的特点，提高土壤孔隙度，后期在灌溉过程中促进盐渍土中部分钠离子随水分通过土壤孔隙排出。又因为生物炭吸水能力较强，所以施用生物炭可以显著提高含水量，而生物炭的孔隙结构，能够改善土壤结构，有效抑制土壤中水分的蒸发，提高土壤的保水能力（Liang et al.，2021）。本书中，生物炭和印度梨形孢联合能有效提高土壤含水量，且随着印度梨形孢接种量的增加可以显著提高土壤含水量，即施加印度梨形孢菌剂提高土壤的保水性能（Hussin，2017）。这是由于印度梨形孢菌丝体能在接种植物的根部周围形成一个网络，延伸到根际并支持水和养分的吸收，此外，根际中这种菌丝体网络的存在可以稳定土壤聚集体，进而增加其持水能力（Jisha，2019）。

土壤 pH 值与土壤肥力、植物生长密切相关，高丹草的生长增强可能是由于较低 pH 值和电导率。高碱度、盐度以及养分缺乏是抑制植物生长的限制因素（Kumar，2017）。其中，电导率、Na^+ 和 Cl^- 是公认的土壤盐度指标，在施用生物炭和相关有机物质的玉米小区中，电导率、Na^+ 和 Cl^- 均降低了 30% 以上，这与本书中土壤 Na^+ 和 Cl^- 含量的减少幅度相似。与生物炭相比，印度梨形孢对土壤 pH 值的影响更为显著，这可能与生物炭本身灰分含量较高呈碱性有关（连神海等，2022）。生物炭和印度梨形孢的联合作用显著降低了土壤 pH 值，然而，尽管 pH 值的降低非常显著，但测量到的降低幅度似乎太小，无法完全解释植物生长的改善。这一观察结果与 Ndiate 等（2022）的研究一致，该研究显示生物炭与真菌联合与土壤 pH 值的相互作用没有显著关系。土壤电导率显示了土壤溶液中溶解盐类总含量，是衡量土壤盐度和土壤浸出液传导电荷能力的指标，可以作为离子强度的判断标准，也可以表示为土壤溶液中各种阳阴离子之和（李珊等，2022）。本书中，生物炭和印度梨形孢联用对滨海盐碱土电导率具有改善效果，土壤中不断繁殖的印度梨形孢可以吸收土壤溶液中的可溶性阳离子和阴离子，从而导致随着接种量的增加，土壤电导率逐渐下降。电导率的降低还可能是由于 Na^+ 从土壤溶液被吸附到生物炭表面引起的。虽然生物炭和印度梨形孢的添加都改善了高丹草的盐胁迫，但本书没有发现盐碱胁迫下的两者在改善土壤理化性质上之间有显著的协同效应。在胁迫指标等测量参数中，印度梨形孢在盐度下比生物炭具有更强的改善效果。

7.9.4　滨海盐碱地生物炭和印度梨形孢联用对滨海盐碱土养分的影响

土壤肥力是衡量土壤营养环境的重要指标，同时能够反映土壤为植物生长所提供的养分能力。滨海盐碱地土壤普遍养分含量水平较低且为碱性，而土壤 pH 值过高不利于土壤有机质的分解和土壤养分的释放，进而影响植物的生长（王启尧等，2021）。通常，pH值的变化会导致土壤养分可用性的变化或土壤保水能力的变化，从而导致植物生长增加（Lehmann，2007）。本书中在不同复合措施的作用下，滨海盐碱土的土壤 pH 值均有所下降，同时土壤电导率显著下降，这是因为微生物分泌出的有机酸使土壤中难溶性的磷酸盐溶解（Johnson et al.，2014；Li. et al.，2022），致使土壤 pH 值和电导率均有不同程度的降低。相比之下，本书发现：联合处理下 pH 值变化幅度较小；相反，土壤有机质含量显著增加，这表明更好的养分有助于观察到植物生长的增加。

添加生物炭后，土壤有机质含量显著增加，提高了一倍多，说明生物炭对土壤有机质含量的升高具有显著贡献作用，这可能与生物炭本身碳含量较高有关（Kamau et al.，2019），也可能是生物炭的施用增加了植株对土壤磷的吸收量。本书中也观察到在添加生物炭处理的土壤中有更高的有效磷含量，这是因为生物炭可以通过多种方式对植物营养产生积极影响，特别是生物炭颗粒的内表面含有大量活性官能团并带有负电荷，对土壤中的阳基离子具有吸附效应，因此能够减少矿物离子对磷的吸附固定（张登晓，2021），同时通过改变具有溶磷功能细菌的活性而增加土壤中磷有效性（Luo et al.，2017）。印度梨形孢的添加也对盐碱土起活化作用，可刺激植物中的一些功能性的酶产生（Sahu et al.，2019），如磷酸酶，进而有效促进养分循环，加速土壤中无效磷的有效化，促使土壤释放出更多的有机质，并减缓土壤全氮、有效磷和速效钾的消耗，增加土壤中磷对植株的供应（Veresoglou，2012；Babu，2014）。然而，到目前为止，人们对其联合作用的背景知之甚少。Hammer 等（2014）发现真菌可以将生物炭表面吸附的磷酸盐转移到宿主植物中，这种额外的磷很大程度上不能被根直接利用，相比之下，真菌菌丝既薄又长，足以探索这个孔隙空间。如果生物炭能够维持生态系统中的养分，并且真菌能够获取和回收这些养分，则可以防止养分浸出或固定，养分循环将变得更加封闭。此外，有研究发现在盐化土中施加印度梨形孢可增加土壤中的微生物数量，改善土壤微生物群落结构，进一步改善土壤环境，提高土地肥力（Mukherjee et al.，2021）。BP 和 CP 组的土壤碱解氮含量分别是P0 处理的 1.05~1.47 倍和 1.02~1.18 倍，表明生物炭和印度梨形孢的联合应用对土壤提供了一定可用的氮素养分。结果表明，生物炭和印度梨形孢的联用可以提高滨海盐碱土的土壤养分含量，然而，本书未发现印度梨形孢和生物炭的添加对土壤养分有明显的协同效应，说明需要与营养学不同的机制来解释两者对植物产量的加性作用，需要进一步研究植物生理、微生物群落或详细的土壤参数。

7.10 小结

本书以山东东营滨海盐碱土为研究对象，以绿色可持续发展为出发点，通过室内盆栽试验，以青贮饲料高丹草为供试植物，对生物炭与印度梨形孢联合措施下植物生长指标、光合指标、土壤理化性质及养分含量等进行了综合评价，优选出促进高丹草生长效果和土壤改良的最佳联合措施。为探究生物炭与印度梨形孢联合时的最佳施用方式，进行了 3 种生物炭类型（不添加生物炭、玉米秸秆生物炭、竹炭）×4 种菌液量（0、40mL、80mL和 120mL）联合试验，进一步探究生物炭与印度梨形孢联合处理的改良效果。主要得到如下结论：

（1）生物炭的添加可增强印度梨形孢的定殖，生物炭与印度梨形孢联合应用能促进植株生长和提高生物量。3 组生物炭处理下植株的生物量随菌液量的增加而增加，且玉米秸秆生物炭和竹炭的响应趋势相同。高丹草的株高随菌液量的增加无显著变化，叶片数和生物量随生物炭的添加而显著增加，但竹炭对高丹草株高的促生的效果较玉米秸秆生物炭略好。

（2）所有联合处理均能显著提高高丹草的光合潜力，且生物炭和印度梨形孢的联合应用在提高高丹草光合作用方面表现出明显的协同效应。随着生物炭的添加，高丹草的叶绿素含量随印度梨形孢接种量的增加而显著增加。联合施用下植株的光合效应比单独用印度梨形孢或生物炭处理的更好，且印度梨形孢与竹炭生物炭联合的效应比与玉米秸秆生物炭的联合效应更有效。

（3）由于生物炭的添加和印度梨形孢的接种，土壤的理化性质得到不同程度的改善。生物炭与印度梨形孢的联合处理显著降低了土壤 pH 值、电导率、可溶性 Na^+ 和 Cl^- 的含量，并增加土壤含水量。3 种生物炭处理下的土壤理化指标均在菌液接种量为 120mL 时改良效果最佳。

（4）生物炭与印度梨形孢联合作用具有提高土壤肥力的潜力。土壤有机质、速效磷和碱解氮含量随接种印度梨形孢而显著提高，说明印度梨形孢能弥补生物炭养分较低的不足，促进高丹草的生长，3 种生物炭处理下的土壤养分含量均在菌液接种量为 120mL 时改良效果最佳，且竹炭和印度梨形孢联合处理的效果更佳。

（5）生物炭与印度梨形孢联合作用对土壤改良及高丹草生长的综合影响。不同处理下各主成分分析的综合值进行排序为：BP120＞CP120＞BP80＞CP80＞P120＞BP40＞P80＞CP40＞BP0＞P40＞CP0＞P0。BP 处理整体优于 CP 处理，表明生物竹炭对高丹草生长发育和土壤改良效果最优。整体上，与单一处理相比，生物炭与印度梨形孢的联合作用可显著提高土壤健康水平和生产力，缓解盐碱胁迫，同时提供养分改善土壤肥力，从而促进植物生长。因此，生物炭配施印度梨形孢可作为改善滨海盐碱地、促进盐碱地植物正常生长的一种策略。

8 滨海盐碱地优势牧草配施微生物肥料对土壤质量的提升效果

8.1 引言

黄河三角洲位于中国暖温带，是最年轻和最大的典型沿海湿地生态系统。盐胁迫和养分缺乏（例如有机碳、氮和磷）是抑制种子发芽和植物生长、制约黄河三角洲滨海盐碱土壤开垦和利用的关键因素（Zhang et al., 2017a）。据报道，全世界有 $9.45×10^9 hm^2$ 盐碱化土壤，且每年以约 100 万 hm^2 速度增长。中国约有 $8.0×10^7 hm^2$ 盐碱地，占中国土地总面积的 8%～9%，约 $1.0×10^6 hm^2$ 盐碱土分布于滨海地带。

土壤盐碱化影响土壤的物理化学性质，降低生物多样性、水质和农业生产力，土壤物理性质在调节土壤水分、肥力、气体和热量以及化学和生物过程中起着重要作用。土壤养分状况直接影响植物的生长和分布。土壤微生物在改善土壤结构和有效利用土壤养分方面发挥着重要的作用。土壤物化性质和养分含量的变化直接影响植物的生长。不同植被类型对盐碱地土壤质量的影响存在很大差异。土壤盐分可以显著影响盐碱地土壤养分和水分的有效性，导致不同植被类型之间的土壤酶、微生物和养分之间的复杂关系。土壤盐分是微生物活动、土壤理化性质的重要影响因素，过高会大幅度降低耕地土壤生产力。土壤盐分还会影响植物细胞内各种离子的浓度，进而影响植物的代谢活动。同时，过多施用的化肥以无机盐的形式析出，进而加剧土壤盐渍化、土壤板结等问题（张志强等，2020）。因此，改善盐碱地的物理和化学性质对于脆弱生态系统的恢复和可持续发展至关重要。

目前，在黄河三角洲盐碱地改良方面运用了诸多措施与方法，主要包括淡水淋洗、地下排水等水利工程措施，混砂和地表覆盖等物理措施（贾利梅等，2017），施用牛粪、石膏和秸秆（王睿彤等，2017）等化学改良措施及种植耐盐植物等生物改良措施。其中，生物措施被认为是盐碱地改良措施中最安全且有效的方式，通过微生物或植物的生长代谢活动，主要包括吸收、转移或者转化土壤中的盐分来改善土壤质量。生物措施主要包括微生物措施和植物措施。

近年来，微生物措施被广泛应用于盐碱地的修复。微生物肥料作为一种新型肥料，除了能为作物生长提供营养物质外，还具有其他功能，如提高化肥利用率、改善土壤生态环境、增强作物抗性。微生物肥料还可以显著增加土壤微生物多样性和活性，主要是增强细菌和放线菌的活性，同时能改善盐碱地的物理性质和土体结构，改善土壤板结状况，增加土壤孔隙度，降低容重。微生物活动产生有机酸，中和碱度，达到改良效果。筛选具有耐盐、抗逆、促生长等功能的有益微生物菌株，利用其开发生产适宜于盐碱地牧草、农作物种植的生物专用菌肥，可抑制土壤积盐，增加养分含量，改良土壤盐碱化，改善微生态环境。

植物措施改良盐碱地主要是通过种植耐盐植物实现的。种植耐盐植物可以改善土壤的理化性质、降低盐碱度以及恢复土壤的生物群落。通过其具有泌盐或聚盐的功能，直接吸收土壤中的盐分，植物根系还可以改善土壤的通透性。植物改良还可以通过植物的蒸腾作用来降低地下水位，从而降低土壤盐分。另外，植物还可以通过增加地表覆盖率来抑制地表水分蒸发，进而减少盐分表聚。在植物生长过程中，植物根系可改善土壤理化性质，如根系分泌及植物残体分解产生的有机酸，可以中和土壤碱度；植物的枯落物分解后可改善土壤结构，增加有机质，提高土壤养分含量。还有研究表明，盐生植物可以吸收和利用土壤里的可溶性盐离子，降低土壤中的盐含量，同时还可增加土壤中微生物的数量及种类。通过植被恢复改良盐碱地，促进了土壤肥力的高度可持续性和自我维持。因此，植物材料和植被类型的选择是盐碱地生物改良措施的关键部分。苜蓿已被证实可以明显改善盐碱土壤的理化性质，甜高粱作为一种耐盐作物，是研究耐盐机制的理想材料（Sun et al.，2023）。种植耐盐牧草可以改善滨海盐碱地，同时还可以解决饲草料不足、缓解天然草地放牧压力，实现用地养地相结合，发展生态草牧业（马惠茹，2020）。因此，筛选高产高效的牧草品种对土壤质量改良和提升土地生产力至关重要。

盐碱地是国家重要的耕地储备资源。在我国黄河三角洲地区滨海盐碱地广泛分布，是滨海盐碱地的典型分布区域。开展该区盐碱地的微生物改良、耐盐种质筛选及两者协同作用的研究，不仅有利于促进黄河三角洲盐碱土壤的质量提升，而且可通过筛选耐盐牧草及配施最佳的微生物肥料施用量来提升土地生产力，发展畜牧业，为黄河三角洲的高质量发展提供理论支撑。基于此，本研究以黄河三角洲滨海盐碱地为研究对象，以微生物肥料、苜蓿、甜高粱和墨西哥玉米为试验材料，进行大田试验。设置4种不同牧草种植方式（G1，苜蓿；C4，甜高粱；C5，墨西哥玉米；G0，盐碱荒地）和4种不同梯度微生物菌肥使用量处理：JN，不施肥；JL，低施肥量（$0.12kg/m^2$）；JM，中施肥量（$0.24kg/m^2$）；JH，高施肥量（$0.36kg/m^2$），采用双因素完全随机设计，共计16个处理。研究微生物肥料和不同牧草组合对盐碱地土壤理化性质、土壤酶活性等土壤指标的变化，还通过土壤高通量测序技术，研究施肥和牧草对土壤微生物群落多样性、组成和结构的影响，结合微生物群落与土壤因子的冗余分析揭示影响土壤微生物群落变化的环境因素，最后采用土壤质量综合评价指数（SQI）对改良效果进行综合评价。因此，本研究旨在探讨微生物肥料和不同牧草提升滨海盐碱土壤质量和土地生产力的潜力，以期为滨海盐碱土壤筛选耐盐碱高生产量的牧草及改土提质的最佳微生物肥料的施用策略提供依据。

8.2　材料与方法

8.2.1　研究区概况

本研究位于山东省东营市河口区山东省林业科学研究院试验基地，地理坐标为118°35′2″E，37°54′47″N。研究区属于暖温带半湿润大陆性季风气候区，年平均气温为12.3℃，年平均风速为3.1m/s，年均降雨量692mm，主要集中在夏季，蒸发量较大，年均蒸发量为1500mm。试验地为滨海盐碱地，地下水位1.5m，土壤类型为盐化潮土，土壤含盐量为3.78g/kg±0.25g/kg，属于滨海中度盐碱土。自然植被以草本为主体，植被类型少，结构单一。

8.2.2　研究内容

本研究以黄河三角洲滨海盐碱地为研究区，进行大田试验。选取苜蓿、甜高粱、墨西哥玉米3种牧草和4种微生物肥料施用量：JN，不施肥；JL，低施肥量（0.12kg/m²）；JM，中施肥量（0.24kg/m²）；JH，高施肥量（0.36kg/m²），进行双因素随机区组设计。探究牧草和施肥量对不同土层深度（0～20cm和20～40cm）土壤理化性质、土壤酶活性、土壤细菌和真菌多样性的差异性，以及微生物群落组成、结构和影响因素，并对施肥和牧草处理下土壤质量进行综合评价。探讨利用微生物肥料和牧草改良、利用盐碱土的可行性，使微生物肥料的应用理论更加完善，为改善滨海盐碱土壤提供理论依据。

1. 微生物肥料与不同牧草对盐碱土壤理化性质的影响

在牧草收获期采集土壤样品，通过测定土壤容重、含水率等物理指标，以及土壤pH值、电导率、有机碳含量、土壤碱解氮、速效磷、速效钾等化学指标，研究微生物肥料和牧草对滨海盐碱土壤理化性质的影响。

2. 微生物肥料与不同牧草对盐碱地土壤酶活性的影响

在牧草收获期采集土壤样品，测定土壤蔗糖酶（Soil Sucrase，S‐SC）、过氧化氢酶（Soil Catalase，S‐CAT）和土壤脲酶（Soil Urease，S‐UE）活性，研究微生物肥料和牧草对滨海盐碱土壤酶活性的影响。

3. 微生物肥料与不同牧草对盐碱地微生物群落的影响

在牧草收获期采集土壤样品，进行高通量测序，计算土壤细菌和真菌群落多样性指数，分析土壤微生物群落组成、结构及其影响因素，研究微生物肥料和牧草对土壤微生物群落的影响。

4. 土壤质量综合评价

利用土壤质量综合指数SQI，将土壤物理、化学和生物各指标进行土壤质量综合评价，研究改良盐碱地土壤质量的施肥与牧草种植效果良好的组合。

8.2.3　试验设计

2021年4月16日于东营市河口区试验地开始大田试验。本试验采用随机区组设计，共设 16 个处理。16 个处理为一个区组，共设 3 个区组作为 3 个重复，分别为区组一、区组二、区组三。每个区组面积为 300m²，每个区组之间间隔 2m。

根据该微生物肥料的常规施用量 0.24kg/m²，设置了 0 倍、0.5 倍、1 倍、1.5 倍 4 个施用梯度，分别为不施肥（记作 JN）、低施肥量（0.12kg/m²，记作 JL）、中施肥量（0.24kg/m²，记作 JM）和高施肥量（0.36kg/m²，记作 JH）。每个区组中，均分为 4 个施肥梯度；每一不同施肥处理中，均匀划分四块，随机分布 4 种牧草处理，分别为苜蓿（记作 G1）、甜高粱（记作 G4）、墨西哥玉米（记作 G5）、不种牧草（记作 G0）。每个区组共计 16 个样地。每块样地的面积为 10m²（2m×5m），样地之间间隔 1m。具体分布见图 8-1。

微生物肥料的施用深度为 0～20cm，施用方法为均匀撒于地表，然后用旋耕机均匀翻耕到 20cm 土层内，使土壤与微生物肥料混合均匀。草种播种采用条播法，用开沟器开沟，把种子均匀播种到沟内，每个样地内 5 行，行间距 40cm。

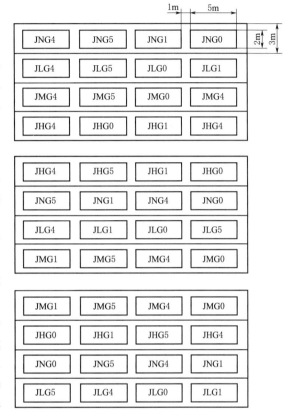

图 8-1 区组分布图

8.2.4 试验材料

试验所用的微生物肥料来源于山东农大肥业科技股份有限公司。微生物肥料选用的是复合型微生物肥料，菌种组成为枯草芽孢杆菌（80%）和地衣芽孢杆菌（20%），有效活菌 ≥6 亿/g，有机质 ≥60%，总养分（$N + P_2O_5 + K_2O$）=10%，特别添加氨基酸、黄腐酸。试验所用的牧草苜蓿、甜高粱、墨西哥玉米由济南高夫草坪有限公司提供。

8.2.5 土壤性质测定方法

1. 土壤理化指标测定

土壤理化指标采用常规方法测定：环刀法测土壤容重；土壤含水率采用烘干称重法测定；土壤电导率采用电导法（土：水为 1：1）；土壤 pH 采用酸度计法（土：水为 1：2.5）；土壤有机质的测定采用重铬酸钾容量法-外加热法；效磷采用碳酸氢钠浸提-分光光度计法；碱解氮采用碱解扩散法测定；土壤速效钾采用乙酸铵浸提-火焰光度计法。

2. 土壤酶活性测定

过氧化氢酶（Solid‐Catalase，S‐CAT）采用高锰酸钾（0.1mol/L KMnO$_4$）滴定法，酶活性以每 24h 内 5g 土消耗高锰酸钾的毫升数表示；脲酶（Solid‐Urease，S‐UE）活性采用苯酚钠-次氯酸钠比色法，酶活性以每 24h 后 5g 土中 NH$_3$‐N 的毫克数表示；蔗糖酶（Solid‐Sucrase，S‐SC）采用 3,5‐二硝基水杨酸比色法测定，酶活性以 24h 后 5g 土壤中生成的葡萄糖毫克数表示。

8.2.6 取样方法

2021 年 10 月 29 日，即在牧草成熟期，在每个处理小区内按 5 点取样法确定取样点，每个取样点采集 0～20cm、20～40cm 土层土样，每个处理 3 个重复，然后组合成每块样地的一个土样。采用环刀法测定不同土层的土壤容重；用抖根法采集根际土壤。所有土壤样本储存于冰盒中立即送回实验室。每个样本分成两部分，一部分土壤装于 10mL 无菌离心管中，－80℃ 储存用于 DNA 提取；另一部分土壤样品，进行自然干燥、研磨和筛分，在 1 个月内进行土壤化学性质及酶活性（干土法）的测定。

8.2.7 土壤微生物群落的测定方法

采用试剂盒提取微生物总 DNA，通过 0.8％琼脂糖凝胶电泳检测 DNA 提取质量，采用紫外分光光度计进行 DNA 定量。采用保守区特定引物的 rDNA 进行扩增：使用针对 V3‐V4 可变区的 341F（5′‐ CCTACGGGNGGCWGCAG‐3′）和 806R（5′‐ GGACTACHVGGGT‐WTCTAAT‐3′）引物对细菌 16S rDNA 进行 PCR 扩增；使用针对 ITS1 可变区的 ITS1F（CTTGGTCATTTAGAGGAAGTAA）和 ITS2（GCTGCGTTCTTCAT CGATGC）引物对真菌 ITS 进行 PCR 扩增。PCR 扩增产物通过 2％琼脂糖凝胶回收，用凝胶回收试剂盒纯化，纯化以后进行荧光定量，根据荧光定量的结果，按照每个样本的测序量需求，对各个样本按相应比例进行混合，用 Illumina Miseq 平台对聚合产物进行测序。

按照 QIIME2 分析流程对原始序列数据进行分析。按照参数聚类方法 Closed‐reference clustering，采用 Vsearch（V2.13.7）对拼接后的 fasta 序列进行聚类 OUT（85％相似度匹配），在聚类过程中去除嵌合体，得到 OTU 的代表序列；将所有优化序列 map 至 OTU 代表序列，选出与代表序列相似性在 97％以上的序列，生成 OTU 表格。16S 采用 Silva(Release 138.1) 进行注释，ITS 采用 Unite(Release 8.2) 进行注释。使用微生物生态学定量洞察（QIIME2）计算包括覆盖率，Chao1 指数和 Shannon 指数在内的 Alpha 多样性指数。

8.2.8 数据处理与分析

采用 SPSS 24.0 软件，结合双因素方差分析法（Two‐Way ANOVA）分析了各单因素以及不同因素的交互作用对土壤性状的影响，通过 Tukey 检验平均值之间的显著性差异，显著性用不同字母表示。利用隶属函数计算各指标的隶属度值，结合因子分析对各指标数据值进行标准化处理，通过标准化后的数值进行主成分分析（窦晓慧等，2022），计算土壤质量综合指数 SQI，最后以供试的不同牧草和不同施肥量对滨海盐碱地土壤质量的改良进行综合评价，该值越大表明土壤综合质量越高，改良效果越好。冗余分析（RDA）旨在探索土壤环境因素与微生物群里之间的关系。柱状图用 Origin 2022b 软件绘制。细菌和真菌的相对丰度、UPGMA 聚类分析、RDA 使用微科盟在线绘制。

隶属度函数类型依据土壤质量变异与各指标的正负相关性来确定,然后分别计算各指标的隶属度值(田平雅等,2020)。

升型分布函数公式:
$$F(x_i) = \frac{x_{ij} - x_{i\min}}{x_{i\max} - x_{i\min}} \tag{8-1}$$

降型分布函数公式:
$$F(x_i) = \frac{x_{i\max} - x_{ij}}{x_{i\max} - x_{i\min}} \tag{8-2}$$

式中:x_{ij} 为种植某一种牧草品种后土壤的某一指标的测定值;$x_{i\max}$ 为第 i 个指标的最大值;$x_{i\min}$ 为第 i 个指标的最小值。

施肥与牧草种植下土壤质量指标权重及质量指数(胡琴等,2020)的计算公式为

$$W_i = C_i / \sum_{i=1}^{n} C_i \tag{8-3}$$

$$SQI = \sum_{j=1}^{m} K_j \left\{ \sum_{i=1}^{n} W_i \times f(X_i) \right\} \tag{8-4}$$

式中:W_i 表示在某一主成分中第 i 个土壤质量评价指标权重;C_i 表示某一主成分中第 i 个土壤质量评价指标因子载荷量的绝对值;n 表示评价土壤质量指标的数目;m 为主成分的数目;K_j 表示第 j 个主成分的方差贡献率;$f(X_i)$ 表示第 i 项土壤质量评价指标的隶属度值;W_i 表示某一主成分中第 i 项土壤质量评价指标的权重。

Chao1 指数:估计样品中所含 OUT 数目的指数,在生态学中常用来估计微生物物种总数,对稀有物种很敏感。

$$Chao1 = S_{obs} + \frac{n_1(n_1 - 1)}{2(n_2 + 1)} \tag{8-5}$$

式中:S_{obs} 表示观察到的 OUT 数目;n_1 表示只含有一条序列的 OUT 数目;n_2 表示只含有两条序列的 OUT 数目。

Shannon 指数:用来估计样品中微生物多样性的指数,Shannon 指数值越大,表明群落多样性越高。

$$Shannon = -\sum_{i=1}^{S_{obs}} \frac{n_i}{N} \ln \frac{n_i}{N} \tag{8-6}$$

式中:S_{obs} 为观察到的 OUT 数目;n_i 为只含有 i 条序列的 OUT 数目;N 为序列总数。

8.3 滨海盐碱地不同牧草配施微生物肥料对土壤理化性质的影响

8.3.1 微生物肥料和不同牧草对土壤 pH 值的影响

将不同施肥量和不同牧草设为控制变量,0~20cm 土层土壤 pH 值设为观测变量,通过双因素方差分析进一步探讨施肥量、牧草种类与 0~20cm 土层土壤 pH 值之间的关系。方差结果见表 8-1。

表 8－1 0～20cm 土层土壤 pH 值双因素方差分析

来　源	Ⅲ类平方和	自由度	均　方	F	显著性
施肥	0.367	3	0.122	39.462	0.000
牧草	0.479	3	0.16	51.432	0.000
施肥×牧草	0.147	9	0.016	5.248	0.000
误差	0.099	32	0.003		
总计	3207.328	48			

注：$R^2 = 0.909$（调整后 $R^2 = 0.866$）。

从方差分析结果可以看出：施肥、牧草均呈现出显著性 $P < 0.05$，说明主效应存在，不同施肥量、不同牧草均会对 0～20cm 土层土壤 pH 值产生显著关系。并且，施肥和牧草的交互项 $P < 0.05$，说明两者之间对 0～20cm 土层土壤 pH 值有交互作用。

在不同施肥量和不同牧草处理下 0～20cm 土层土壤 pH 值变化结果如图 8－2 所示。结果显示，种植苜蓿、甜高粱和墨西哥玉米后的土壤 pH 值与盐碱荒地相比，土壤 pH 值有不同程度的下降，总体来看种植甜高粱对土壤 pH 值的降低效果最好，均显著低于其他牧草（$P < 0.05$）。

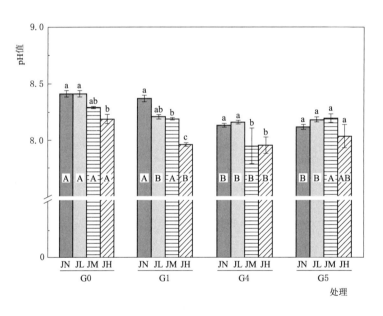

图 8－2 0～20cm 土层土壤 pH 值差异性分析

注：大写字母代表同一施肥量不同牧草之间的差异性；小写字母代表同一牧草不同施肥量
之间的差异性，下同。

盐碱荒地处理中土壤 pH 值随施肥量的增加呈显著降低趋势，同一牧草在不同施肥水平下也存在差异，苜蓿和甜高粱在中、高施肥量下，土壤 pH 值显著低于其他施肥量；在高施肥量处理下达到最低，与不施肥相比分别降低了 4.86% 和 2.17%；而墨西哥玉米在不同施肥量下没有显著差异（$P > 0.05$）。

将不同施肥量和不同牧草设为控制变量，20～40cm 土层土壤 pH 值设为观测变量，通过双因素方差分析进一步探讨施肥量、牧草种类与 20～40cm 土层土壤 pH 值之间的关系。方差结果见表 8-2。

表 8-2 20～40cm 土层土壤 pH 值双因素方差分析

来　源	Ⅲ类平方和	自由度	均　方	F	显著性
施肥	0.705	3	0.235	167.775	0.000
牧草	0.361	3	0.12	85.958	0.000
施肥×牧草	0.686	9	0.076	54.425	0.000
误差	0.045	32	0.001		
总计	3674.172	48			

注：$R^2=0.975$（调整后 $R^2=0.963$）。

从方差分析结果可以看出：施肥、牧草均呈现出显著性 $P<0.05$，说明主效应存在，不同施肥量、不同牧草均会对 0～20cm 土层土壤 pH 值产生显著关系。并且，施肥和牧草的交互项 $P<0.05$，说明两者之间对 0～20cm 土层土壤 pH 值有交互作用。

在同施肥量和不同牧草处理下 20～40cm 土层土壤 pH 值变化结果如图 8-3 所示。种植苜蓿、甜高粱和墨西哥玉米后土壤 pH 值均有所下降，但降低效果相比 0～20cm 较差。施肥水平对 3 种牧草种植下土壤 pH 值的变化存在显著差异（$P<0.05$），与盐碱荒地不同的是，苜蓿、墨西哥玉米随施肥量的增加呈先降低后升高的趋势，苜蓿和墨西哥玉米在中施肥量水平下降低土壤 pH 值的效果最好，而甜高粱在高施肥量水平下效果最好。

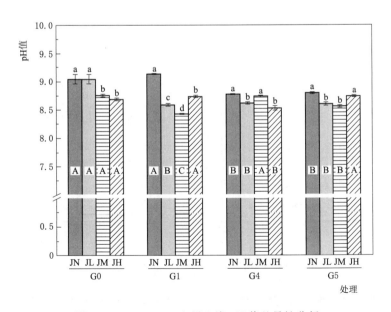

图 8-3 20～40cm 土层土壤 pH 值差异性分析

8.3.2　微生物肥料和不同牧草对土壤电导率的影响

将不同施肥量和不同牧草设为控制变量，0～20cm 土层土壤电导率设为观测变量，通过双因素方差分析进一步探讨施肥量、牧草种类与0～20cm 土层土壤电导率之间的关系。方差分析见表8-3。

表 8-3　　　　　　　　　　0～20cm 土层土壤电导率双因素方差分析

来　源	Ⅲ类平方和	自由度	均　方	F	显著性
施肥	1722.896	3	574.299	40.306	0.000
牧草	189.728	3	63.243	4.439	0.010
施肥×牧草	1547.096	9	171.9	12.064	0.000
误差	455.953	32	14.249		
总计	754966.04	48			

注：$R^2=0.884$（调整后 $R^2=0.829$）。

从方差分析结果可以看出：施肥、牧草均呈现出显著性 $P<0.05$，说明主效应存在，不同施肥量、不同牧草均会对0～20cm 土层土壤电导率产生显著关系。并且，施肥和牧草的交互项 $P<0.05$，说明两者之间对0～20cm 土层土壤电导率有交互作用。

在不同施肥量和不同牧草处理下0～20cm 土层土壤电导率变化结果如图8-4所示。结果显示，在不施肥和中施肥量处理下，种植不同牧草对0～20cm 土层土壤电导率影响不大；在低施肥量处理下，不同牧草土壤电导率有显著差异（$P<0.05$），苜蓿电导率最低，相比不种牧草降低了10.41%；在高施肥量处理下，种植甜高粱土壤电导率最低。

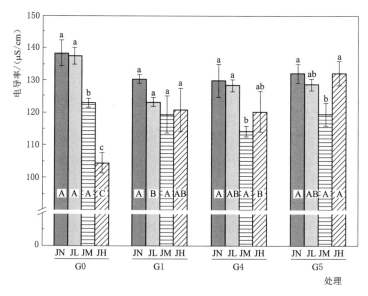

图 8-4　0～20cm 土层土壤电导率差异性分析

施肥量对土壤电导率的改变受种植牧草品种的影响，在不种植牧草的所有处理中，土壤 0～20cm 土层土壤电导率表现为 JN＞JL＞JM＞JH；种植苜蓿、甜高粱和墨西哥玉米后土壤电导率随施肥量的增加均呈先降低后增加的趋势，苜蓿在不同施肥量处理下的差异并不显著（$P > 0.05$），甜高粱和墨西哥玉米在不同施肥水平下存在显著差异（$P < 0.05$），均在中施肥量水平下降低土壤电导率的效果最好。

将不同施肥量和不同牧草设为控制变量，$20 \sim 40cm$ 土层土壤电导率设为观测变量，通过双因素方差分析进一步探讨施肥量、牧草种类与 $20 \sim 40cm$ 土层土壤电导率之间的关系。方差分析见表 8-4。

表 8-4   **$20 \sim 40cm$ 土层土壤电导率双因素方差分析**

来 源	Ⅲ类平方和	自由度	均 方	F	显著性
施肥	5507.199	3	1835.733	62.782	0.000
牧草	11879.859	3	3959.953	135.429	0.000
施肥×牧草	1536.377	9	170.709	5.838	0.000
误差	935.68	32	29.24		
总计	844347.09	48			

注：$R^2 = 0.953$（调整后 $R^2 = 0.931$）。

从方差分析结果可以看出：施肥、牧草均呈现出显著性 $P < 0.05$，说明主效应存在，不同施肥量、不同牧草均会对 $20 \sim 40cm$ 土层土壤电导率产生显著关系。并且，施肥和牧草的交互项 $P < 0.05$，说明两者之间对 $20 \sim 40cm$ 土层土壤电导率有交互作用。

在不同施肥量和不同牧草处理下 $20 \sim 40cm$ 土层土壤电导率变化结果如图 8-5 所示。结果显示，在同一施肥水平上，种植苜蓿、甜高粱和墨西哥玉米与不种草相比均显著降低 $20 \sim 40cm$ 土层土壤电导率（$P < 0.05$）。在 JN、JL 施肥水平上，墨西哥玉米土壤电导率

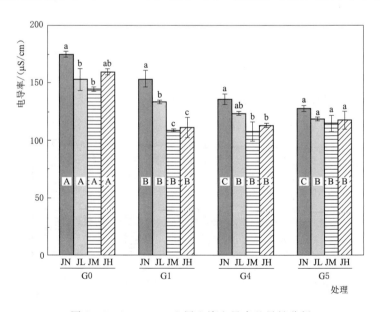

图 8-5 $20 \sim 40cm$ 土层土壤电导率差异性分析

最低；在 JM、JH 施肥水平上，苜蓿土壤电导率最低。同一牧草在不同施肥水平下对 20～40cm 土层土壤电导率有不同程度的影响，3 种牧草处理下土壤电导率均随施肥量的增加呈先降低后增加的趋势，其中苜蓿和甜高粱在中施肥量下土壤电导率显著低于其他处理（$P<0.05$），而墨西哥玉米在不同施肥处理下差异不大（$P>0.05$）。

8.3.3 微生物肥料和不同牧草对土壤含水率的影响

将不同施肥量和不同牧草设为控制变量，0～20cm 土层土壤含水率设为观测变量，通过双因素方差分析进一步探讨施肥量、牧草种类与 0～20cm 土层土壤含水率之间的关系。方差分析见表 8-5。

表 8-5　　　　　　　　　　0～20cm 土层土壤含水率双因素方差分析

来　源	Ⅲ类平方和	自由度	均　方	F	显著性
施肥	72.416	3	24.139	9.576	0.000
牧草	17.416	3	5.805	2.303	0.096
施肥×牧草	41.908	9	4.656	1.847	0.098
误差	80.664	32	2.521		
总计	3822.672	48			

注：$R^2=0.620$（调整后 $R^2=0.442$）。

从方差分析结果可以看出：施肥呈现出显著性 $P<0.05$，说明主效应存在，不同施肥量会对 0～20cm 土层含水率产生显著关系。同时结果显示牧草并不会对 0～20cm 土层土壤含水率产生显著的差异关系。另外，施肥和牧草的交互项 $P>0.05$，说明两者之间对土壤含水率无交互作用。

在不同施肥量和不同牧草处理下 0～20cm 土层土壤含水率变化结果如图 8-6 所示。

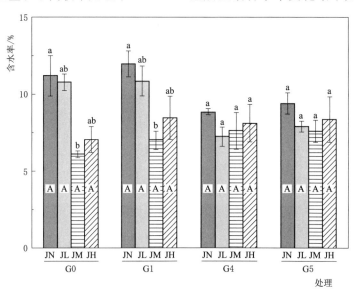

图 8-6　0～20cm 土层土壤含水率差异性分析

结果显示，在同一施肥量下，不同牧草对 0~20cm 土层土壤含水率的影响不大。同一牧草在不同施肥处理下，0~20cm 土层土壤含水率均随施肥的增加呈先降低后升高的趋势，苜蓿在中施肥量处理时显著低于其他处理（$P<0.05$），与不施肥相比降低了 41.16%；甜高粱和墨西哥玉米在不同施肥量下没有显著差异（$P>0.05$）。

将不同施肥量和不同牧草设为控制变量，20~40cm 土层土壤含水率设为观测变量，通过双因素方差分析进一步探讨施肥量、牧草种类与 20~40cm 土层土壤含水率之间的关系。方差分析见表 8-6。

表 8-6   **20~40cm 土层土壤含水率双因素方差分析**

来　源	Ⅲ类平方和	自由度	均　方	F	显著性
施肥	157.972	3	52.657	26.009	0.000
牧草	34.26	3	11.42	5.641	0.003
施肥×牧草	31.043	9	3.449	1.704	0.129
误差	64.788	32	2.025		
总计	7651.453	48			

注：$R^2=0.775$（调整后 $R^2=0.670$）。

从方差分析结果可以看出：施肥与牧草均呈现出显著性，$P<0.05$，说明施肥和牧草会对 20~40cm 土层土壤含水率产生差异关系。但施肥与牧草的交互项 $P>0.05$，说明两者之间无交互作用。

在不同施肥量和不同牧草处理下 20~40cm 土层土壤含水率变化结果如图 8-7 所示。结果显示，不施肥和低施肥量处理下，甜高粱 20~40cm 土层土壤含水率显著低于其他处理（$P<0.05$）；在中、高施肥量下，不同牧草对 20~40cm 土层土壤含水率影响不大（$P>0.05$）。

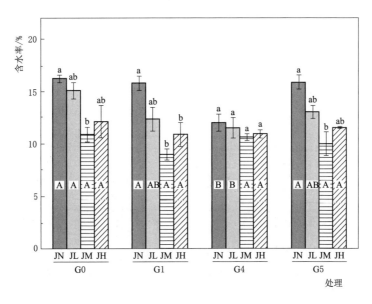

图 8-7   20~40cm 土层土壤含水率差异性分析

不同牧草在不同施肥量处理下对 20～40cm 土层土壤含水率有不同程度的影响，苜蓿和墨西哥玉米在不同施肥处理下对 20～40cm 土层土壤含水率产生显著影响（$P<0.05$），均随施肥量的增加呈先降低后增加的趋势，在中施肥量处理时达到最低，分别为 8.99%和 10.02%。不同施肥量对甜高粱 20～40cm 土层土壤含水率影响不大。

8.3.4 微生物肥料和不同牧草对土壤容重的影响

将不同施肥量和不同牧草设为控制变量，0～20cm 土层土壤容重设为观测变量，通过双因素方差分析进一步探讨施肥量、牧草种类与 0～20cm 土层土壤容重之间的关系。方差分析见表 8-7。

表 8-7　　　　　　　　　0～20cm 土层土壤容重双因素方差分析

来　源	Ⅲ类平方和	自由度	均　方	F	显著性
施肥	0.035	3	0.012	3.943	0.017
牧草	0.008	3	0.003	0.962	0.422
施肥×牧草	0.029	9	0.003	1.09	0.397
误差	0.094	32	0.003		
总计	78.197	48			

注：$R^2=0.434$（调整后 $R^2=0.169$）。

从方差分析结果可以看出：施肥呈现出显著性 $P<0.05$，说明主效应存在，不同施肥量会对 0～20cm 土层土壤容重产生显著关系。同时结果显示牧草并不会对 0～20cm 土层土壤容重产生显著的差异关系（$P>0.05$）。另外，施肥和牧草的交互项 $P>0.05$，说明两者之间对土壤含容重无交互作用。

在不同施肥量和不同牧草处理下 0～20cm 土层土壤容重变化结果如图 8-8 所示。

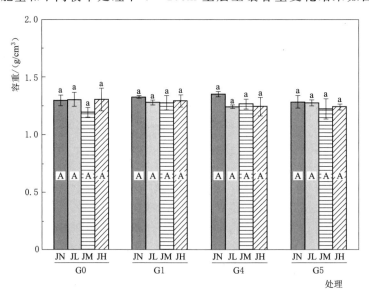

图 8-8　0～20cm 土层土壤容重差异性分析

结果显示，单一因素施肥或牧草，对 0～20cm 土层土壤容重的改变均没有显著性差异（$P>0.05$）。

将不同施肥量和不同牧草设为控制变量，20～40cm 土层土壤容重设为观测变量，通过双因素方差分析进一步探讨施肥量、牧草种类与 20～40cm 土层土壤容重之间的关系。方差分析见表 8-8。

表 8-8 20～40cm 土层土壤容重双因素方差分析

来　源	Ⅲ类平方和	自由度	均　方	F	显著性
施肥	0.040	3	0.013	2.223	0.105
牧草	0.020	3	0.007	1.149	0.344
施肥×牧草	0.0250	9	0.003	0.461	0.890
误差	0.190	32	0.006		
总计	94.543	48			

注：$R^2=0.308$(调整后 $R^2=-0.016$)。

从方差分析结果可以看出：不同施肥量、不同牧草并不会对 20～40cm 土层土壤容重产生显著关系（$P>0.05$）。另外，施肥和牧草的交互项 $P>0.05$，说明两者之间对 20～40cm 土层土壤容重无交互作用。

在不同施肥量和不同牧草处理下 20～40cm 土层土壤容重变化结果如图 8-9 所示。结果显示，单一因素施肥或牧草，对 20～40cm 土层土壤容重的改变均没有显著性差异（$P>0.05$）。

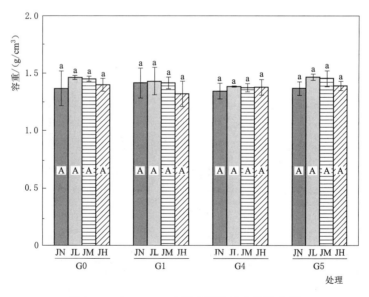

图 8-9 20～40cm 土层土壤容重差异性分析

8.3.5 微生物肥料和不同牧草对土壤有机碳的影响

将不同施肥量和不同牧草设为控制变量，0～20cm 土层土壤有机碳设为观测变量，通过双因素方差分析进一步探讨施肥量、牧草种类与 0～20cm 土层土壤有机碳之间的关系。方差分析见表 8-9。

表 8-9　　　　　　　　　0～20cm 土层土壤有机碳双因素方差分析

来源	Ⅲ类平方和	自由度	均方	F	显著性
施肥	4.437	3	1.479	22.052	0.000
牧草	4.013	3	1.338	19.946	0.000
施肥×牧草	1.449	9	0.161	2.401	0.033
误差	2.146	32	0.067		
总计	1610.948	48			

注：$R^2 = 0.822$（调整后 $R^2 = 0.738$）。

从方差分析结果可以看出：施肥、牧草均呈现出显著性 $P < 0.05$，说明主效应存在，不同施肥量、不同牧草均会对 0～20cm 土层土壤有机碳产生显著关系。施肥和牧草的交互项 $P < 0.05$，说明两者之间对 0～20cm 土层土壤有机碳有交互作用。

施肥量和牧草处理下 0～20cm 土层土壤有机碳含量变化见图 8-10。结果显示，在同一施肥处理下，不同牧草对土壤有机碳含量有不同程度的影响，不施肥处理下，不同牧草之间土壤有机碳含量差异不大（$P > 0.05$），低施肥量和高施肥量处理下，土壤有机碳含量表现为苜蓿＞墨西哥玉米＞甜高粱＞盐碱荒地，中施肥量处理下，土壤有机碳含量表现为甜高粱＞墨西哥玉米＞苜蓿＞盐碱荒地。

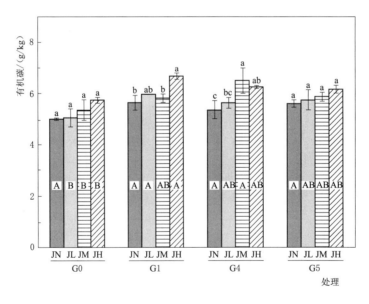

图 8-10　0～20cm 土层土壤有机碳差异性分析

苜蓿在不同施肥处理下土壤有机碳含量存在显著差异（$P < 0.05$），随施肥水平总体上呈增加趋势，在高施肥量水平下有机碳含量最高，与不施肥相比增加了 18.21%；甜高粱处理下有机碳含量随施肥量的增加呈先增后减的趋势，在中施肥量水平下土壤有机碳含

量最高，与不施肥相比增加了 21.32%；墨西哥玉米处理下，不同施肥量之间土壤有机碳含量差异不大（$P>0.05$）。

将不同施肥量和不同牧草设为控制变量，20～40cm 土层土壤有机碳设为观测变量，通过双因素方差分析进一步探讨施肥量、牧草种类与 20～40cm 土层土壤有机碳之间的关系。方差分析见表 8 - 10。

表 8 - 10　　　　　　　　20～40cm 土层土壤有机碳双因素方差分析

来　　源	Ⅲ类平方和	自由度	均　　方	F	显著性
施肥	6.643	3	2.214	102.213	0.000
牧草	0.581	3	0.194	8.942	0.000
施肥×牧草	6.763	9	0.751	34.688	0.000
误差	0.693	32	0.022		
总计	301.769	48			

注：$R^2=0.953$（调整后 $R^2=0.931$）。

从方差分析结果可以看出：施肥、牧草均呈现出显著性 $P<0.05$，说明主效应存在，不同施肥量、不同牧草均会对 20～40cm 土层土壤有机碳产生显著关系。并且，施肥和牧草的交互项 $P<0.05$，说明两者之间对 20～40cm 土层土壤有机碳有交互作用。

在不同施肥量和不同牧草处理下 20～40cm 土层土壤有机碳变化结果如图 8 - 11 所示。结果显示，在同一施肥量下，不同牧草之间土壤有机碳含量存在差异（$P<0.05$），在不施肥时，土壤有机碳含量表现为苜蓿＞墨西哥玉米＞甜高粱＞盐碱荒地；在低施肥量时，土壤有机碳含量表现为苜蓿＞墨西哥玉米＞甜高粱＞盐碱荒地；在中施肥量处理时，土壤有机碳含量表现为甜高粱＞墨西哥玉米＞苜蓿＞盐碱荒地；在高施肥量处理时，土壤有机碳含量表现为墨西哥玉米＞苜蓿＞甜高粱＞盐碱荒地。

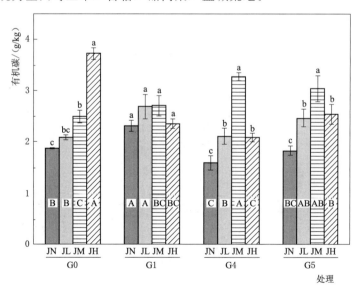

图 8 - 11　20～40cm 土层土壤有机碳差异性分析

盐碱荒地施肥（G0）处理下，土壤有机碳含量随施肥量的增加而增加，G0JL、G0JM、G0JH与不施肥（G0JN）相比依次增加了11.19％、33.31％和98.91％；苜蓿、甜高粱和墨西哥玉米处理下土壤有机碳含量均随施肥量的增加呈先增后减的趋势，均在中施肥量处理下达到最大，与不施肥相比，苜蓿、甜高粱和墨西哥玉米在中施肥处理下分别提高了17.37％、105.5％和67.18％。

8.3.6 微生物肥料和不同牧草对土壤碱解氮的影响

将不同施肥量和不同牧草设为控制变量，0～20cm土层土壤碱解氮设为观测变量，通过双因素方差分析进一步探讨施肥量、牧草种类与0～20cm土层土壤碱解氮之间的关系。方差分析见表8-11。

表8-11 　　　　　　　　　0～20cm土层土壤碱解氮双因素方差分析

来　源	Ⅲ类平方和	自由度	均　方	F	显著性
施肥	446.765	3	148.922	13.425	0.000
牧草	2647.21	3	882.403	79.549	0.000
施肥×牧草	198.557	9	22.062	1.989	0.074
误差	354.963	32	11.093		
总计	65004.362	48			

注：$R^2 = 0.903$（调整后 $R^2 = 0.857$）。

从方差分析结果可以看出：施肥与牧草均呈现出显著性（$P < 0.05$），说明施肥和牧草会对0～20cm土层土壤碱解氮含量产生差异关系。但施肥与牧草的交互项 $P > 0.05$，说明两者之间无交互作用。

在不同施肥量和不同牧草处理下0～20cm土层土壤碱解氮含量变化结果如图8-12所示。结果显示，在不施肥处理中，土壤碱解氮含量表现为苜蓿＞甜高粱＞墨西哥玉米；

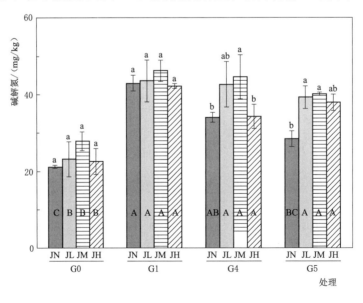

图8-12 　0～20cm土层土壤碱解氮差异性分析

在不同施肥量处理中，苜蓿、甜高粱和墨西哥玉米土壤碱解氮含量均显著高于不种草（$P<0.05$），3 种牧草在不同施肥处理之间差异不大（$P>0.05$）。

不同施肥量对盐碱荒地（G0）、苜蓿（G1）土壤碱解氮含量影响不大，种植甜高粱和墨西哥玉米在不同施肥量下土壤碱解氮含量均存在显著差异（$P<0.05$），并且随施肥量的增加呈先增后减的趋势，甜高粱和墨西哥玉米均在中施肥量水平下土壤碱解氮含量最高，与不施肥相比分别增加了 31.18% 和 41.26%。

将不同施肥量和不同牧草设为控制变量，20～40cm 土层土壤碱解氮设为观测变量，通过双因素方差分析进一步探讨施肥量、牧草种类与 20～40cm 土层土壤碱解氮之间的关系。方差分析见表 8 - 12。

表 8 - 12　　　　　　　　20～40cm 土层土壤碱解氮双因素方差分析

来　源	III类平方和	自由度	均　方	F	显著性
施肥	82.682	3	27.561	59.484	0.000
牧草	91.836	3	30.612	66.07	0.000
施肥×牧草	173.343	9	19.26	41.57	0.000
误差	14.826	32	0.463		
总计	5407.04	48			

注：$R^2=0.959$（调整后 $R^2=0.940$）。

从方差分析结果可以看出：施肥、牧草均呈现出显著性（$P<0.05$），说明主效应存在，不同施肥量、不同牧草均会对 20～40cm 土层土壤碱解氮含量产生显著关系。并且，施肥和牧草的交互项 $P<0.05$，说明两者之间对 20～40cm 土层土壤碱解氮含量有交互作用。

在不同施肥量和不同牧草处理下 20～40cm 土层土壤 pH 变化结果如图 8 - 13 所示。结果显示，在不施肥和低施肥量处理中，土壤碱解氮含量均表现为墨西哥玉米＞甜高粱＞苜

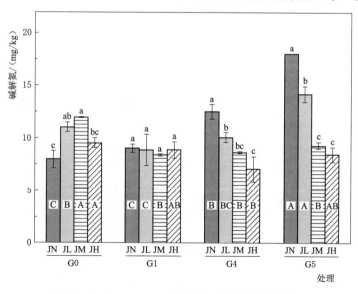

图 8 - 13　20～40cm 土层土壤碱解氮差异性分析

蓿＞对照；在中度和高施肥量处理中，3种牧草土壤碱解氮含量均低于对照处理。

土壤碱解氮含量在单独施肥（G0）处理下随施肥量的增加呈先增大后减小的趋势，在中施肥量水平下达到最大值，与不施肥相比提高了49.45％；首蓿处理下，不同施肥水平之间对土壤碱解氮含量差异不显著（$P>0.05$）；甜高粱和墨西哥玉米处理中，土壤碱解氮含量均随施肥量的增加而减小，在高施肥量水平下达到最小值，与不施肥相比分别下降了43.55％和53.07％。

8.3.7 微生物肥料和不同牧草对土壤速效磷的影响

将不同施肥量和不同牧草设为控制变量，0～20cm土层土壤速效磷设为观测变量，通过双因素方差分析进一步探讨施肥量、牧草种类与0～20cm土层土壤速效磷之间的关系。方差结果见表8-13。

表8-13　　　　　　　　　　0～20cm土层土壤速效磷双因素方差分析

来　源	Ⅲ类平方和	自由度	均　　方	F	显著性
施肥	510.613	3	170.204	27.308	0.000
牧草	743.767	3	247.922	39.777	0.000
施肥×牧草	1064.47	9	118.274	18.976	0.000
误差	199.448	32	6.233		
总计	45306.302	48			

注：$R^2=0.921$（调整后$R^2=0.884$）。

从方差分析结果可以看出：施肥与牧草均呈现出显著性（$P<0.05$），说明施肥和牧草会对0～20cm土层土壤速效磷含量产生差异关系。并且，施肥和牧草的交互项$P<0.05$，说明两者之间对0～20cm土层土壤速效磷含量有交互作用。

施肥和牧草处理下0～20cm土层速效磷含量变化结果如图8-14所示。结果显示，

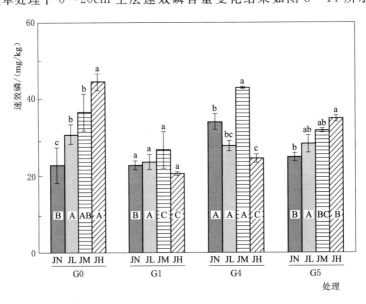

图8-14　0～20cm土层土壤速效磷差异性分析

在不施肥处理中，土壤速效磷含量表现为甜高粱显著高于墨西哥玉米、苜蓿；在低施肥量处理中，不同牧草之间土壤速效磷含量差异不大（$P > 0.05$）；在中施肥量处理中，土壤速效磷含量表现为甜高粱＞墨西哥玉米＞苜蓿；在高施肥量处理中，3 种牧草土壤速效磷含量均显著低于对照（$P < 0.05$）。

土壤速效磷含量在单独施肥处理下，随施肥量的增加而增加，G0JL、G0JM 和 G0JH 与不施肥（G0JN）相比分别增加了 34.50%、60.105% 和 94.60%；苜蓿和甜高粱处理中，土壤速效磷含量随施肥量呈先增后减的趋势，苜蓿在中施肥量下达到最大值 26.80mg/kg，甜高粱在中施肥量下达到最大值 42.95mg/kg；墨西哥玉米处理中，土壤速效磷含量随施肥量的增加而增大，在高施肥量水平下达到最大值 34.94mg/kg。

将不同施肥量和不同牧草设为控制变量，20～40cm 土层土壤速效磷设为观测变量，通过双因素方差分析进一步探讨施肥量、牧草种类与 20～40cm 土层土壤速效磷之间的关系。方差分析见表 8-14。

表 8-14　　　　　　　　20～40cm 土层土壤速效磷双因素方差分析

来　源	Ⅲ类平方和	自由度	均　方	F	显著性
施肥	131.804	3	43.935	22.967	0.000
牧草	641.331	3	213.777	111.755	0.000
施肥×牧草	648.346	9	72.038	37.659	0.000
误差	61.213	32	1.913		
总计	18596.841	48			

注：$R^2 = 0.959$（调整后 $R^2 = 0.939$）。

从方差分析结果可以看出：施肥与牧草均呈现出显著性（$P < 0.05$），说明施肥和牧草会对 20～40cm 土层土壤速效磷含量产生差异关系。并且，施肥和牧草的交互项 $P < 0.05$，说明两者之间对 20～40cm 土层土壤速效磷含量有交互作用。

施肥和牧草处理下 20～40cm 土层土壤速效磷含量变化结果如图 8-15 所示。结果显示，在不施肥处理中，土壤速效磷含量表现为墨西哥玉米＞甜高粱＞苜蓿；在低施肥量处理中，土壤速效磷含量表现为墨西哥玉米＞甜高粱＞苜蓿；在中施肥量处理中，土壤速效磷含量表现为墨西哥玉米＞苜蓿＞甜高粱；在高施肥量处理中，土壤速效磷含量表现为墨西哥玉米＞甜高粱＞苜蓿。

土壤速效磷含量在单独施肥处理下随施肥量的增加而增加，低（G0JL）、中（G0JM）、高（G0JH）施肥量与不施肥（G0JN）相比，分别增加了 60.79%、110.44% 和 110.44%；苜蓿和甜高粱处理中，土壤速效磷含量随施肥量呈先增后减的趋势，苜蓿在中施肥量水平下达到最大值，与不施肥相比增加了 30.78%，甜高粱在低施肥量水平下达到最大值，与不施肥相比增加了 5.49%；墨西哥玉米处理中，土壤速效磷含量随施肥量的增加而增大，在高施肥量水平下达到最大值，与不施肥相比增加

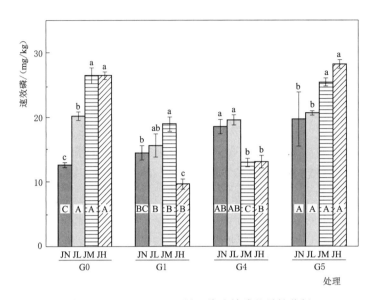

图 8-15　20～40cm 土层土壤速效磷差异性分析

了 43.31%。

8.3.8　微生物肥料和不同牧草对土壤速效钾的影响

将不同施肥量和不同牧草设为控制变量，0～20cm 土层土壤速效钾设为观测变量，通过双因素方差分析进一步探讨施肥量、牧草种类与 0～20cm 土层土壤速效钾之间的关系。方差分析见表 8-15。

表 8-15　　　　　　　0～20cm 土层土壤速效钾双因素方差分析

来　源	Ⅲ类平方和	自由度	均　方	F	显著性
施肥	19274.348	3	6424.783	180.12	0.000
牧草	7022.598	3	2340.866	65.627	0.000
施肥×牧草	17782.615	9	1975.846	55.393	0.000
误差	1141.421	32	35.669		
总计	1591690.918	48			

注：$R^2 = 0.975$（调整后 $R^2 = 0.963$）。

从方差分析结果可以看出：施肥与牧草均呈现出显著性（$P < 0.05$），说明施肥和牧草会对 0～20cm 土层土壤速效钾含量产生差异关系。并且，施肥和牧草的交互项 $P < 0.05$，说明两者之间对 0～20cm 土层土壤速效钾含量有交互作用。

施肥和牧草处理下 0～20cm 土层土壤速效钾含量变化结果如图 8-16 所示。结果显示，在不施肥处理中，苜蓿、甜高粱和墨西哥玉米土壤速效钾含量均显著高于不种草处理（$P < 0.05$），且 3 种牧草之间差异不大（$P > 0.05$）；在低施肥量处理下，不同牧草之间土壤速效钾含量差异不大（$P > 0.05$）；在中施肥量处理下，土壤速效钾含量表现为甜高粱＞苜蓿＞墨西哥玉米；在高施肥量处理下，土壤速效钾含量表现为墨西哥玉米＞苜蓿＞甜高粱。

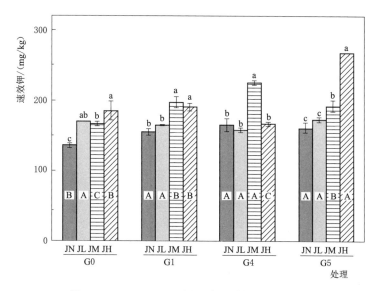

图 8-16　0～20cm 土层土壤速效钾差异性分析

土壤速效钾含量在单独施肥处理下随施肥量的增加而增加，G0JL、G0JM、G0JH 与不施肥（G0JN）处理相比，分别增了 25.18%、22.67% 和 36.52%；苜蓿、甜高粱土壤速效钾含量均随施肥量的增加，呈现先增加后降低的趋势，在中施肥量水平下达到最大，分别比不施肥处理增加了 27.62% 和 36.30%；而墨西哥玉米随施肥量的增加而增加，在高施肥量水平下达到最大值，与不施肥处理相比增加了 67.44%。

将不同施肥量和不同牧草设为控制变量，20～40cm 土层土壤速效钾设为观测变量，通过双因素方差分析进一步探讨施肥量、牧草种类与 20～40cm 土层土壤速效钾之间的关系。方差分析见表 8-16。

表 8-16　　　　　　　　20～40cm 土层土壤速效钾双因素方差分析

来　源	Ⅲ类平方和	自由度	均　方	F	显著性
施肥	13925.589	3	4641.863	120.959	0.000
牧草	1785.174	3	595.058	15.506	0.000
施肥×牧草	4553.112	9	505.901	13.183	0.000
误差	1228.02	32	38.376		
总计	395711.782	48			

注：$R^2 = 0.943$（调整后 $R^2 = 0.916$）。

从方差分析结果可以看出：不同施肥量与不同牧草之间的交互作用对 20～40cm 土层土壤速效钾的影响有显著性差异（$P < 0.05$）。

施肥和牧草处理下 20～40cm 土层土壤速效钾含量变化结果如图 8-17 所示。结果显示，在不施肥处理下，不同牧草之间土壤速效钾含量差异不大（$P > 0.05$）；在低施肥量处理下，土壤速效钾含量表现为甜高粱＞苜蓿＞墨西哥玉米；在中施肥量处理下，土壤速效钾含量表现为墨西哥玉米＞甜高粱＞苜蓿；在高施肥量处理下，土壤速效钾含量表现为墨西哥玉米＞苜蓿＞甜高粱。

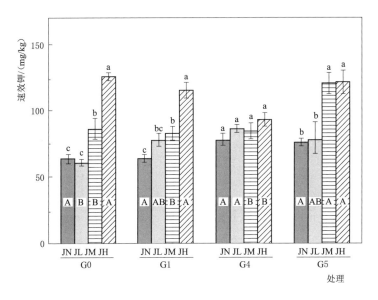

图 8-17　20～40cm 土层土壤速效钾差异性分析

土壤速效钾含量在单独施肥处理下随施肥量的增加而增加，G0JM、G0JH 与不施肥（G0JN）处理相比，分别增加了 34.74％和 96.21％；苜蓿、甜高粱和墨西哥玉米在不同施肥量处理下，速效钾含量均随施肥量的增加而增加，均在高施肥量处理中达到最大，苜蓿、甜高粱和墨西哥玉米在高施肥量处理下与不施肥相比分别增加了 80.18％、19.82％和 59.70％。

8.4　滨海盐碱地不同牧草配施微生物肥料对土壤酶活性的影响

8.4.1　微生物肥料和不同牧草对土壤过氧化氢酶活性的影响

将不同施肥量和不同牧草设为控制变量，0～20cm 土层土壤过氧化氢酶设为观测变量，通过双因素方差分析进一步探讨施肥量、牧草种类与 0～20cm 土层土壤过氧化氢酶活性之间的关系。方差分析见表 8-17。

表 8-17　　　　　　　　0～20cm 土层土壤过氧化氢酶活性双因素方差分析

来　源	Ⅲ类平方和	自由度	均　方	F	显著性
施肥	0.005	3	0.002	6.188	0.002
牧草	0.082	3	0.027	110.232	0.000
施肥×牧草	0.053	9	0.006	23.789	0.000
误差	0.008	32	0		
总计	48.793	48			

注：$R^2 = 0.946$（调整后 $R^2 = 0.921$）。

从方差分析结果可以看出：施肥与牧草均呈现出显著性（$P<0.05$），说明施肥和牧草会对 0～20cm 土层土壤过氧化氢酶活性产生差异关系。并且，施肥和牧草的交互项 $P<0.05$，说明两者之间对 0～20cm 土层土壤过氧化氢酶活性含量有交互作用。

在不同施肥量和不同牧草处理下 0～20cm 土层过氧化氢酶活性变化结果如图 8-18 所示。结果显示，在相同施肥量下，不同牧草对过氧化氢酶活性的影响不同，在不施肥处理中，不同牧草对 0～20cm 土层过氧化氢酶活性的影响为甜高粱＞墨西哥玉米＞苜蓿＞不种草，在低浓度施肥处理中，不同牧草对 0～20cm 土层过氧化酶活性的影响不大，在中施肥量处理中，过氧化氢酶活性表现为甜高粱＞苜蓿＞墨西哥玉米＞不种草，在高施肥量处理中，过氧化氢酶活性表现为墨西哥玉米＞甜高粱＞苜蓿＞不种草。

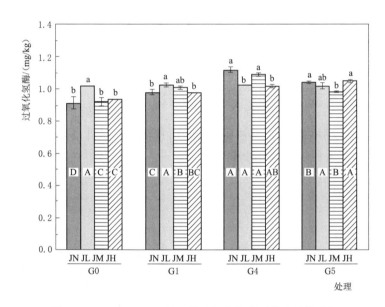

图 8-18　0～20cm 土层土壤过氧化氢酶活性差异性分析

同一牧草在不同施肥量下对过氧化氢酶活性的影响不同，苜蓿处理下的过氧化氢酶活性随施肥量的增加呈先增大后减小的趋势，在低浓度施肥下，对土壤过氧化氢酶活性的提升效果最明显，相比不施肥提高了 4.90%；甜高粱和墨西哥玉米施加肥料对比不施肥土壤过氧化氢酶活性均有不同程度降低，甜高粱在中施肥量处理下降低最少，墨西哥玉米在高施肥量处理下降低最少。

将不同施肥量和不同牧草设为控制变量，20～40cm 土层土壤过氧化氢酶活性设为观测变量，通过双因素方差分析进一步探讨施肥量、牧草种类与 20～40cm 土层土壤过氧化氢酶活性之间的关系。方差分析见表 8-18。

表 8-18　20～40cm 土层土壤过氧化氢酶活性双因素方差分析

来　源	Ⅲ类平方和	自由度	均　方	F	显著性
施肥	0.039	3	0.013	33.037	0.000
牧草	0.007	3	0.002	5.846	0.003

续表

来　源	Ⅲ类平方和	自由度	均　方	F	显著性
施肥×牧草	0.133	9	0.015	38.069	0.000
误差	0.012	32	0		
总计	27.087	48			

注：$R^2=0.935$（调整后 $R^2=0.904$）。

从方差分析结果可以看出：施肥与牧草均呈现出显著性（$P<0.05$），说明施肥和牧草会对 20～40cm 土层土壤过氧化氢酶活性产生差异关系。并且，施肥和牧草的交互项 $P<0.05$，说明两者之间对 20～40cm 土层土壤过氧化氢酶活性含量有交互作用。

在不同施肥量和不同牧草处理下 20～40cm 土层土壤过氧化氢酶活性变化结果如图 8-19 所示。结果显示，同一施肥量下，不同牧草之间 20～40cm 土层过氧化氢酶活性存在显著差异（$P<0.05$），在不施肥处理中，苜蓿和甜高粱对 20～40cm 土层过氧化氢酶活性的提升效果优于其他处理；在低浓度施肥处理中墨西哥玉米对 20～40cm 土层过氧化氢酶活性的提升效果最好；在中施肥量处理中，苜蓿、甜高粱和墨西哥玉米处理下 20～40cm 土层过氧化氢酶活性均高于不种草处理，而在高施肥量处理中苜蓿和甜高粱的土壤过氧化氢酶活性均显著低于不种草处理。

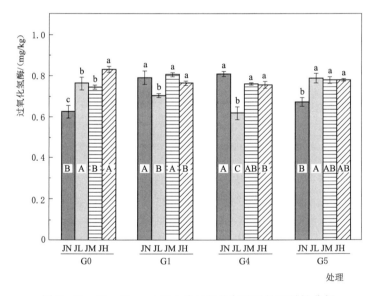

图 8-19　20～40cm 土层土壤过氧化氢酶活性差异性分析

单独施用微生物肥料对 20～40cm 土层过氧化氢酶活性有显著的提升（$P<0.05$），种植不同牧草后，过氧化氢酶活性有不同程度的改变。苜蓿和甜高粱在低浓度施肥处理中酶活性明显降低，苜蓿和甜高粱分别降低了 11.20％和 23.58％；施肥显著增加了墨西哥玉米过氧化氢酶活性，G5JL、G5JM 和 G5GH 与不施肥（G5JN）处理分别增加了 17.15％、15.87％和 15.88％。

8.4.2 微生物肥料和不同牧草对土壤蔗糖酶活性的影响

将不同施肥量和不同牧草设为控制变量，0～20cm土层土壤蔗糖酶活性设为观测变量，通过双因素方差分析进一步探讨施肥量、牧草种类与0～20cm土层土壤蔗糖酶活性之间的关系。方差分析见表8-19。

表8-19　　　　　0～20cm土层土壤蔗糖酶活性双因素方差分析

来　源	Ⅲ类平方和	自由度	均　方	F	显著性
施肥	0.041	3	0.014	77.402	0.000
牧草	0.181	3	0.06	344.605	0.000
施肥×牧草	0.095	9	0.011	60.423	0.000
误差	0.006	32	0		
总计	7.502	48			

注：$R^2 = 0.983$（调整后 $R^2 = 0.974$）。

从方差分析结果可以看出：施肥与牧草均呈现出显著性（$P < 0.05$），说明施肥和牧草会对0～20cm土层土壤蔗糖酶活性产生差异关系。并且，施肥和牧草的交互项 $P < 0.05$，说明两者之间对0～20cm土层土壤蔗糖酶活性含量有交互作用。

在不同施肥量和不同牧草处理下0～20cm土层蔗糖酶活性变化结果如图8-20所示。结果显示，在不施肥处理下，种植3种牧草对蔗糖酶活性提升有不同程度的影响，表现为甜高粱＞苜蓿＞墨西哥玉米，在同一施肥量下，不同牧草对土壤蔗糖酶活性有不同程度的影响，在低施肥量处理下，甜高粱和墨西哥玉米对土壤酶活性的提升有显著影响；在中度和高施肥量处理下，3种牧草对土壤蔗糖酶活性均有显著提升，其中甜高粱在中施肥量处理下提升效果最明显，墨西哥玉米在高施肥量处理下效果最明显。

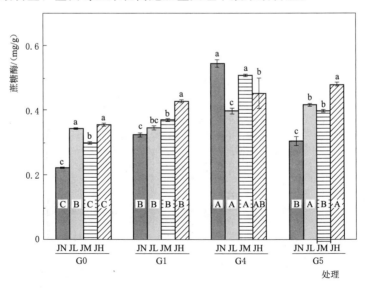

图8-20　0～20cm土层土壤蔗糖酶活性差异性分析

单独施加肥料与不施肥相比土壤蔗糖酶活性显著提升（$P < 0.05$），苜蓿和墨西哥玉米对土壤蔗糖酶活性的影响随施肥量的增加而增加；甜高粱在施肥后对土壤蔗糖酶活性的提升效果与单独种植相比显著降低，在中施肥量处理下降低最明显。

将不同施肥量和不同牧草设为控制变量，20～40cm 土层土壤蔗糖酶活性设为观测变量，通过双因素方差分析进一步探讨施肥量、牧草种类与 20～40cm 土层土壤蔗糖酶活性之间的关系。方差分析见表 8-20。

表 8-20　　　　　　　　20～40cm 土层土壤蔗糖酶活性双因素方差分析

来　源	Ⅲ类平方和	自由度	均　　方	F	显著性
施肥	0.013	3	0.004	66.695	0.000
牧草	0.003	3	0.001	16.361	0.000
施肥×牧草	0.018	9	0.002	31.888	0.000
误差	0.002	32	6.44E-05		
总计	0.366	48			

注：$R^2 = 0.944$（调整后 $R^2 = 0.917$）。

从方差分析结果可以看出：施肥与牧草均呈现出显著性（$P < 0.05$），说明施肥和牧草会对 20～40cm 土层土壤蔗糖酶活性产生差异关系。并且，施肥和牧草的交互项 $P < 0.05$，说明两者之间对 20～40cm 土层土壤蔗糖酶活性含量有交互作用。

在不同施肥量和不同牧草处理下 20～40cm 土层蔗糖酶活性变化结果如图 8-21 所示。结果显示，在不施肥处理下，种植苜蓿和甜高粱与盐碱荒地相比，蔗糖酶活性有所提升，在低施肥量处理下，墨西哥玉米对土壤蔗糖酶活性的提升效果优于苜蓿和甜高粱；在中施肥量处理下，苜蓿显著提升土壤蔗糖酶活性（$P < 0.05$）；在高施肥量处理下，种植 3 种牧草均显著降低了蔗糖酶活性。

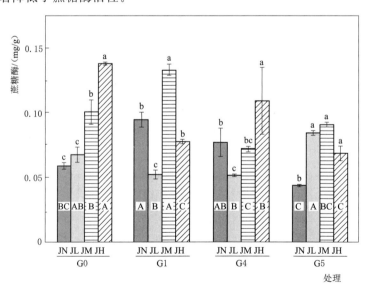

图 8-21　20～40cm 土层土壤蔗糖酶活性差异性分析

单独施加肥料与不施肥相比均显著增加了土壤蔗糖酶活性，并且随施肥量增加而增加。苜蓿和墨西哥玉米种植下，蔗糖酶活性随施肥量的增加呈先增后减的趋势，在中施肥量处理下活性最高，而甜高粱处理下，土壤蔗糖酶活性随施肥量增加而增加，在高施肥量下，蔗糖酶活性最高。

8.4.3 微生物肥料和不同牧草对土壤脲酶活性的影响

将不同施肥量和不同牧草设为控制变量，0～20cm土层土脲酶活性设为观测变量，通过双因素方差分析进一步探讨施肥量、牧草种类与0～20cm土层土壤脲酶活性之间的关系。方差分析见表8-21。

表8-21   0～20cm土层土壤脲酶活性双因素方差分析

来　源	Ⅲ类平方和	自由度	均　　方	F	显著性
施肥	0.313	3	0.104	163.259	0.000
牧草	0.704	3	0.235	367.479	0.000
施肥×牧草	0.1	9	0.011	17.322	0.000
误差	0.02	32	0.001		
总计	13.838	48			

注：$R^2 = 0.982$（调整后 $R^2 = 0.974$）。

从方差分析结果可以看出：施肥与牧草均呈现出显著性（$P < 0.05$），说明施肥和牧草会对0～20cm土层土壤脲酶活性产生差异关系。并且，施肥和牧草的交互项 $P < 0.05$，说明两者之间对0～20cm土层土壤脲酶活性含量有交互作用。

在不同施肥量和不同牧草处理下0～20cm土层土壤脲酶活性变化结果如图8-22所示。结果显示，在同一施肥量下，不同牧草对土壤脲酶活性的影响不同，除高施肥量水平

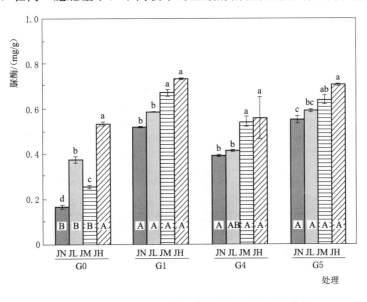

图8-22   0～20cm土层土壤脲酶活性差异性分析

下种植牧草与不种牧草无差异外，其他施肥水平下种植牧草的土壤脲酶活性显著提升，但不同牧草之间差异不大。苜蓿、甜高粱和墨西哥玉米处理下土壤脲酶活性均随施肥量的增加而增加，均在高施肥量处理下土壤脲酶活性最高。苜蓿高施肥量（G1JH）处理与不施肥（G1JN）相比土壤脲酶活性增加了41.09%，甜高粱高施肥量（G4JH）处理与不施肥（G4JN）相比土壤脲酶活性增加了42.40%，苜蓿高施肥量（G1JH）处理与不施肥（G1JN）相比土壤脲酶活性增加了27.86%。

将不同施肥量和不同牧草设为控制变量，20～40cm土层土脲酶设为观测变量，通过双因素方差分析进一步探讨施肥量、牧草种类与20～40cm土层土壤脲酶之间的关系。方差分析见表8-22。

表8-22 20～40cm土层土壤脲酶活性双因素方差分析

来　源	Ⅲ类平方和	自由度	均　方	F	显著性
施肥	0.143	3	0.048	908.819	0.000
牧草	0.109	3	0.036	694.559	0.000
施肥×牧草	0.05	9	0.006	105.662	0.000
误差	0.002	32	$5.23×10^{-5}$		
总计	2.618	48			

注：$R^2=0.994$（调整后$R^2=0.992$）。

从方差分析结果可以看出：施肥与牧草均呈现出显著性（$P<0.05$），说明施肥和牧草会对20～40cm土层土壤脲酶活性产生差异关系。并且，施肥和牧草的交互项$P<0.05$，说明两者之间对20～40cm土层土壤脲酶活性含量有交互作用。

在不同施肥量和不同牧草处理下20～40cm土层土壤脲酶变化结果如图8-23所示。结果显示，在不施肥、低度和高施肥量处理下，墨西哥玉米对20～40cm土层土壤脲酶活

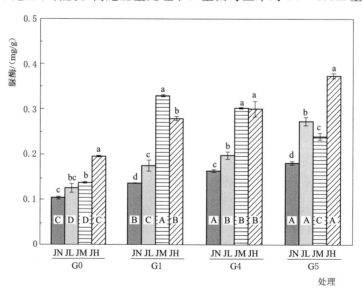

图8-23 20～40cm土层土壤脲酶活性差异性分析

性的提升最显著，而在中施肥量处理下，苜蓿对土壤脲酶活性的提升最显著。

施肥显著增加了苜蓿、甜高粱和墨西哥玉米处理下 20～40cm 土层土壤脲酶活性，甜高粱和墨西哥玉米处理下脲酶活性随施肥量增加而增加，甜高粱高施肥量（G4JH）与不施肥（G4JN）相比增加了 84.19%，墨西哥玉米高施肥量（G5JH）处理与不施肥（G5JN）相比增加了 107.20%；苜蓿处理下脲酶活性随施肥增加呈先增后减的趋势，在中施肥量处理下脲酶活性最高，中施肥量（G1JM）与不施肥（G1JN）相比增加了 143.28%。

8.5 滨海盐碱地不同牧草配施微生物肥料对土壤微生物群落的影响

8.5.1 微生物肥料和不同牧草对土壤细菌和真菌 α 多样性的影响

物种积累曲线（Species Accumulation Curves）是用于描述随着样本量的加大物种增加的状况，用来调查样本的物种组成以及预测样本中物种丰度。因此，本研究通过物种积累曲线判断样本量是否充分以及估计物种丰富度（Species Richness）。如图 8-24 所示，细菌和真菌物种积累曲线均趋于平缓，表明样本量已足以反映群落的丰富度。

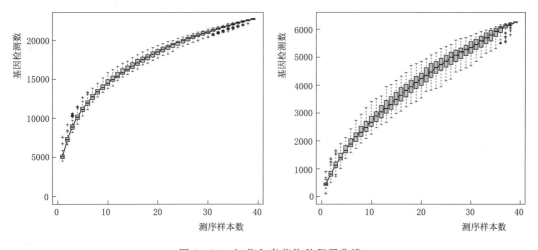

图 8-24 细菌和真菌物种积累曲线

对施肥和牧草处理下土壤细菌和真菌群落多样性指数进行分析，使用 Chao1 指数来表征根际土壤微生物丰富度指数，用 Shannon 指数来表征土壤微生物多样性指数，评估不同样本的 Alpha 多样性，结果见表 8-23。

表 8-23   细菌和真菌 Alpha 多样性指数

项目	牧草	施肥	Chao1 指数	Shannon 指数
细菌	G1	JN	6439.60±924.45Aa	11.18±0.0389Aa
		JL	5102.31±104.75Aa	10.96±0.04Aab
		JM	5045.06±186.48Aa	10.86±0.06Ab
		JH	5118.46±320.32Aa	10.86±0.1Ab

续表

项目	牧草	施肥	Chao1 指数	Shannon 指数
细菌	G4	JN	4867.67±82.59Aa	10.88±0.0542ABa
		JL	5062.43±181.30Aa	11.07±0.07Aa
		JM	5166.64±87.66Aa	11.02±0.06Aa
		JH	5149.58±331.44Aa	11.17±0.09Aa
	G5	JN	5352.20±378.78Aa	11.04±0.0835ABa
		JL	5211.54±203.67Aa	10.92±0.04Aab
		JM	4853.86±114.21Aa	10.54±0.17Ab
		JH	5172.67±117.07Aa	10.95±0.05Aab
真菌	G1	JN	636.22±19.19Aa	6.30±0.42Aa
		JL	401.16±20.54Bb	5.45±0.14Ca
		JM	473.26±25.67Ab	6.04±0.52Aa
		JH	598.60±23.56Aa	6.60±0.15Aa
	G4	JN	745.49±78.12Aa	6.73±0.18Aa
		JL	549.60±17.70Aab	6.64±0.11Aa
		JM	588.51±54.40Aab	6.58±0.19Aa
		JH	476.21±25.61Bb	6.07±0.09Aa
	G5	JN	604.38±28.17Aa	6.58±0.30Aa
		JL	562.51±34.67Aa	6.03±0.12Ba
		JM	558.69±11.39Aa	5.70±0.26Aa
		JH	547.43±7.46ABa	5.86±0.33Aa

注：大写字母代表同一施肥量不同牧草之间的差异性；小写字母代表同一牧草不同施肥量之间的差异性。

施肥和牧草处理对土壤细菌群落多样性存在不同程度的影响，在不施肥处理下，3 种牧草土壤细菌群落丰富度指数和多样性指数，均表现为苜蓿＞墨西哥玉米＞甜高粱；在低施肥量和中施肥量处理下，土壤细菌群落丰富度指数 Chao1 指数表现为墨西哥玉米＞苜蓿＞甜高粱，多样性指数表现为甜高粱＞苜蓿＞墨西哥玉米；在高施肥量处理下，土壤细菌群落丰富度和多样性指数，均表现为墨西哥玉米＞甜高粱＞苜蓿。

同一牧草在不同施肥处理下土壤细菌群落丰富度指数和多样性指数表现不同，苜蓿、甜高粱和墨西哥玉米在不同施肥处理下土壤细菌群落丰富度指数之间差异不大（$P＞0.05$）；不同施肥处理对不同牧草土壤细菌群落多样性指数影响不同，甜高粱在不同施肥处理之间差异不大，苜蓿和墨西哥玉米在不同施肥处理下 Shannon 指数存在显著性差异（$P＜0.05$），中施肥量和高施肥量处理显著高于不施肥处理。

在不施肥和中施肥量处理下，土壤真菌群落丰富度指数和多样性指数差异并不显著

（$P>0.05$），但均表现为甜高粱＞墨西哥玉米＞苜蓿；在低施肥量处理下，土壤真菌群落丰富度Chao1指数差异显著（$P<0.05$），表现为墨西哥玉米＞甜高粱＞苜蓿，土壤真菌群落多样性Shannon指数也存在显著性差异（$P<0.05$），但表现为甜高粱＞墨西哥玉米＞苜蓿；在高施肥量处理下，苜蓿丰富度指数显著高于甜高粱（$P<0.05$），不同牧草之间多样性指数差异不大（$P>0.05$）。

　　苜蓿在低施肥量和中施肥量处理中土壤真菌群落丰富度Chao1指数显著低于其他处理（$P<0.05$）；甜高粱在高施肥量处理中，土壤真菌群落丰富度Chao1指数显著低于不施肥处理（$P<0.05$），而其他处理之间差异不大；甜高粱在高施肥量处理中，土壤真菌群落Shannon指数显著低于中施肥量处理（$P<0.05$），其他处理之间差异并不显著（$P>0.05$）。

8.5.2 微生物肥料和不同牧草土壤细菌和真菌组成和群落变化

　　通过细菌物种相对丰度，评估了种植不同牧草以及施加不同水平微生物肥料后，土壤Phylum（门）水平下细菌群落物种组成以及各细菌门类的相对丰度（图8-25），本研究只对Phylum（门）水平上细菌相对丰度排名前20的进行分析。优势细菌门主要包括：酸杆菌门（22.94％～34.98％）、变形菌门（12.64％～17.33％）、放线菌门（9.06％～13.58％）、浮霉菌门（7.10％～11.93％）、疣微菌门（3.92％～11.62％）、拟杆菌门（5.72％～8.69％）、芽单胞菌门（3.71％～7.20％）、绿弯菌门（3.61％～5.83％）、黏菌

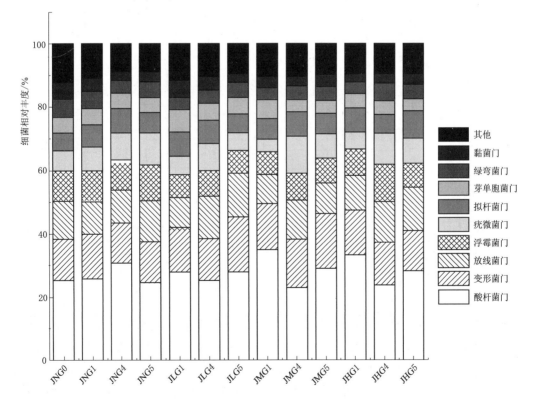

图8-25　不同处理下细菌群落相对丰度表

门（3.05%～5.37%）。这些优势菌占总序列读取的96%以上。

不同微生物肥料施肥量和种植不同牧草会引起土壤质量的变化，对土壤细菌组成有一定的影响。在门水平上，酸杆菌门、变形菌门和放线菌门相对丰度之和均超过50%，其中JNG4、JMG1、JHG1、JLG5、JMG5和JHG5高于对照组，分别提高了6.67%、16.11%、15.65%、17.04%、11.06%和8.34%。说明施肥和牧草处理提高了主要三大优势细菌的相对丰度，但提升效果不同，主要表现为JLG5(17.04%)＞JMG1(16.11%)＞JHG1(15.65%)＞JMG5(11.06%)＞JHG5(8.34%)＞JNG4(6.67%)。

通过真菌物种相对丰度（图8-26），评估了种植不同牧草以及施加不同水平微生物肥料后，土壤门水平下真菌群落物种组成以及各真菌门类的相对丰度，本研究只对Phylum（门）水平上真菌相对丰度排名前7的进行分析。盐碱土壤的主要优势真菌群包括子囊菌门（17.25%～45.27%）、接合菌门（11.61%～38.57%）、担子菌门（8.67%～31.34%）和球囊菌门（1.81%～7.11%）。

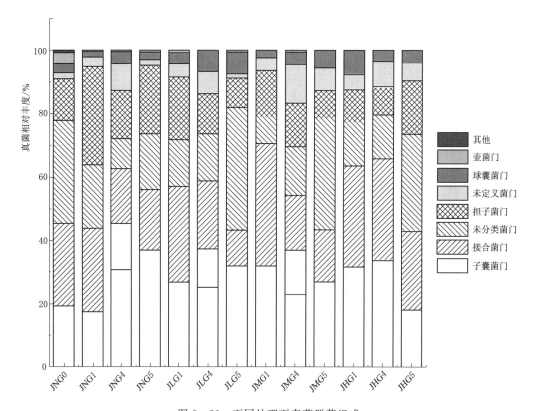

图8-26 不同处理下真菌群落组成

不同微生物肥料施肥量和种植不同牧草会引起土壤质量的变化，对土壤真菌组成也有一定的影响。在门水平上，优势真菌中子囊菌门、接合菌门所占比例最大。施肥和牧草处理对土壤优势真菌相对丰度影响程度不同，在JNG4、JNG5、JLG1、JLG4、JMG1、JMG4、JHG1和JHG4处理下，土壤子囊菌门、接合菌门相对丰度之与对照处理相比有所提高，提高率表现为JMG1(56.05%)＞JHG4(45.65%)＞JHG1(40.79%)＞JNG4

（37.97％）＞JLG4（30.23％）＞JLG1（25.99％）＞JNG5（24.30％）＞JMG4（20.28％）。

土壤细菌群落在不同施肥量和不同牧草处理下存在明显差异，不同施肥和牧草处理下土壤细菌群落可以聚为三大类（图 8－27），JNG0 和 JNG1 聚为一类；JNG4、JMG4 和 JHG5 聚为一类；JLG1、JHG1、JMG1、JLG4、JHG4、JMG5、JLG5 和 JNG5 聚为一类，在这一大类中，首蓿、甜高粱和墨西哥玉米种植后土壤细菌群落出现差异，但同一牧草在不同施肥量下土壤细菌群落相似，没有明显变化。

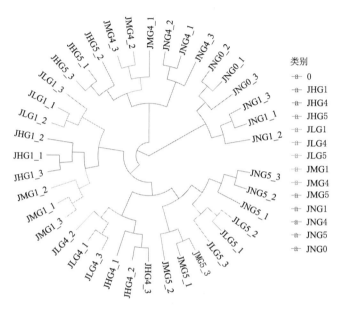

图 8－27　细菌群落的 UPGMA 聚类分析

随着环境的变化土壤真菌群落结构相似性发生了显著变化，基于 UPGMA 聚类分析（图 8－28）发现，同一施肥处理下，不同牧草会引起土壤真菌群落结构变化，同一牧草在不同施肥水平下，土壤真菌群落也会发生变化。施肥和牧草不同处理将土壤真菌群落聚为两大类，JLG5、JMG5、JHG1 和 JNG4 为一类，其他处理聚为一类。

8.5.3　土壤细菌和真菌群落变化的影响因素

为探明不同施肥和牧草处理下土壤环境因子对黄河三角洲滨海盐碱土壤细菌和真菌群落结构的影响，本研究进行冗余分析（RDA）。由图 8－29 可知，土壤细菌群落结构在不同处理下存在差异，JMG1、JLG5 主要分布在第一象限，JHG1、JNG4 主要分布在第二象限，JMG4、JHG5 主要分布在第三象限，JNG1、JNG0 主要分布在第四象限。RDA 的第一轴的累计轴解释量为 39.28％，与第一轴相关的因子有 pH、SWC、SOC、AP、S-SC 和 S-CAT；RDA 的第二轴的累计轴解释量为 21.69％，与第二轴相关的因子有 S-UE、AN、SBD 和 EC。影响黄河三角洲滨海盐碱土细菌群落结构的因子主要为 pH 值、AP、S-SC、S-CAT、AK、S-UE 和 AN。土壤 pH 值、电导率和 SWC 与土壤养分含量以及酶活性呈负相关，土壤养分与土壤酶活性呈正相关。

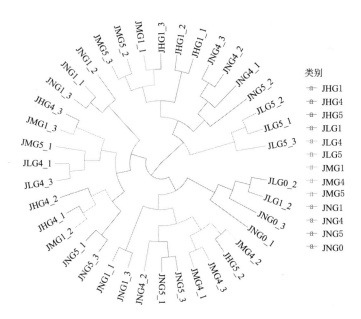

图 8-28　真菌群落的 UPGMA 聚类分析

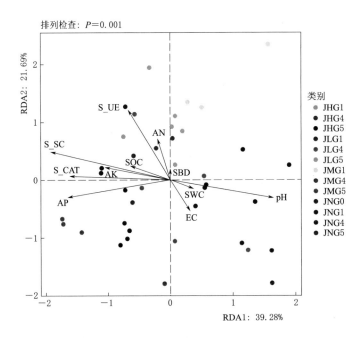

图 8-29　环境因素对土壤细菌群落的冗余分析

注：冗余分析（RDA）结果中，pH 为酸碱度、SWC 为土壤含水量、EC 为电导率、SBD 为土壤容重、

SOC 为土壤有机质、S-CAT 为过氧化氢酶、S-SC 为蔗糖酶、S-UE 为

脲酶、AP 为土壤速效磷、AN 为土壤碱解氮、AN 为土壤速效钾。

由图 8-30 可知，土壤真菌群落结构在不同处理下存在差异，JNG4、JNG4 和 JHG4 主要分布在第一象限，JLG1 和 JNG1 主要分布在第二象限，JHG5 和 JNG0 主要分布在第三象限，JHG1、JLG5 和 JLG4 主要分布在第四象限。RDA 的第一轴的累计轴解释量为 45.24%，与第一轴相关的因子有 pH、SWC、EC、SBD、SOC、S-CAT、AP 和 S-SC；RDA 的第二轴的累计轴解释量为 16.66%，与第二轴相关的因子有 AN、S-UE 和 AK。影响黄河三角洲滨海盐碱土真菌群落结构的因子主要为 pH、SWC、EC、S-CAT、AP 和 S-SC。

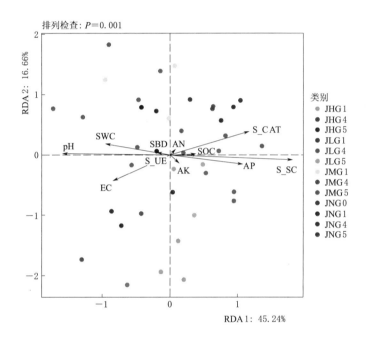

图 8-30　环境因素对土壤真菌群落的冗余分析

注：冗余分析（RDA）结果中，pH 为酸碱度、SWC 为土壤含水量、EC 为电导率、SBD 为土壤容重、SOC 为土壤有机质、S-CAT 为过氧化氢酶、S-SC 为蔗糖酶、S-UE 为脲酶、AP 为土壤速效磷、AN 为土壤碱解氮、AN 为土壤速效钾。

8.6　滨海盐碱地优势牧草与微生物肥料互作土壤质量的综合评价

本研究涉及土壤物理、化学和生物三大方面指标，最终确定了 15 项土壤指标作为土壤质量综合评价的参评因子，对收获期（10 月）不同处理下 15 项土壤指标进行土壤质量综合评价。15 项土壤指标分别是土壤有机碳（SOC）、pH、电导率、含水率（SWC）、容重（SBD）、碱解氮（AN）、速效磷（AP）、速效钾（AK）、过氧化氢酶活性（S-CAT）、蔗糖酶活性（S-SC）、脲酶活性（S-UE）、细菌群落 Chao1 指数、真菌群落 Chao1 指数、细菌群落 Shannon 指数、真菌群落 Shannon 指数。首先结合因子分析对各指标数据值进行标准化处理，通过标准化后的数值进行主成分分析。得到每个主成分的方差贡献率和成分矩阵（即初始因子载荷矩阵）。通过主成分分析的成分矩阵表计算各指标权重，结果见表 8-24。

表 8-24　　　　　　　　　　　主成分贡献率和土壤质量指标的权重

主成分	主成分 1		主成分 2		主成分 3		主成分 4		主成分 5		主成分 6	
土壤质量指标	负荷量	权重	负荷量	权重	负荷量	权重	负荷量	权重	负荷量	权重	负荷量	权重
含水率	−0.476	0.056	0.580	0.120	0.105	0.027	0.075	0.025	0.010	0.005	0.248	0.084
容重	−0.094	0.011	0.529	0.109	−0.090	0.021	−0.357	0.107	0.568	0.181	0.441	0.147
pH 值	−0.862	0.101	−0.008	0.002	0.003	0.000	0.069	0.019	0.008	0.000	0.197	0.064
电导率	−0.668	0.079	0.531	0.110	−0.019	0.003	−0.215	0.059	−0.174	0.057	−0.293	0.096
有机碳	0.750	0.088	−0.094	0.020	0.441	0.113	0.150	0.046	0.094	0.033	0.026	0.010
碱解氮	0.580	0.068	0.312	0.064	0.564	0.147	0.078	0.029	−0.237	0.077	−0.047	0.018
速效磷	0.547	0.064	−0.480	0.099	−0.523	0.137	0.091	0.018	0.326	0.107	−0.030	0.008
速效钾	0.825	0.097	−0.269	0.056	0.059	0.017	−0.092	0.028	0.102	0.032	0.176	0.059
过氧化氢酶	0.591	0.069	0.551	0.113	0.015	0.008	−0.329	0.095	0.119	0.040	−0.376	0.122
蔗糖酶	0.795	0.093	0.272	0.056	−0.165	0.040	−0.239	0.072	0.182	0.059	−0.266	0.086
脲酶	0.656	0.077	0.077	0.016	0.514	0.134	0.040	0.017	−0.093	0.032	0.310	0.101
细菌 Chao1	−0.456	0.055	−0.034	0.010	0.478	0.123	0.135	0.033	0.589	0.194	−0.176	0.058
真菌 Chao1	0.525	0.063	0.501	0.100	−0.371	0.100	0.342	0.094	0.039	0.014	0.084	0.025
细菌 shannon	−0.240	0.028	0.126	0.025	0.127	0.027	0.767	0.218	0.310	0.112	−0.252	0.080
真菌 shannon	0.419	0.050	0.495	0.102	−0.383	0.103	0.501	0.141	−0.190	0.057	0.140	0.044
方差贡献率	36.212		14.692		10.857		9.139		7.138		5.634	
累计方差贡献率	36.212		50.904		61.761		70.9		78.038		83.672	

由表 8-24 可知，前 6 个主成分的贡献率分别为 36.212%、14.692%、10.857%、9.139%、7.138% 和 5.634%，累计贡献率达到 83.672%（＞80%）。说明前 6 个主成分已经能够解释土壤质量较多的总变异性，可以代表原始数据所反映的土壤质量情况。

利用隶属函数计算各指标的隶属度值，依据研究地的实际情况以及根据前人的研究结果，根据各指标与土壤质量变异的正负相关性来选择隶属函数的类型，其中土壤含水率、碱解氮、速效磷、有机质、速效钾、蔗糖酶、过氧化氢酶、脲酶、细菌和真菌 Chao1 指数、Shannon 指数采用升型分布函数；土壤 pH 值、电导率、含水率和容重采用降型分布函数。采用隶属函数分别计算各指标的隶属度值，具体结果见表 8-25。

表 8 - 25　　　　　　　　　　不同处理下土壤各指标的隶属度值

土壤指标	不 同 处 理												
	G0JN	G1JN	G4JN	G5JN	G1JL	G4JL	G5JL	G1JM	G4JM	G5JM	G1JH	G4JH	G5JH
含水率	0.723	0.737	0.442	0.628	0.541	0.352	0.446	0.234	0.330	0.302	0.377	0.364	0.401
容重	0.510	0.415	0.468	0.523	0.456	0.551	0.416	0.476	0.533	0.490	0.567	0.555	0.543
pH 值	0.320	0.299	0.524	0.519	0.565	0.572	0.570	0.632	0.603	0.580	0.601	0.680	0.571
电导率	0.260	0.449	0.564	0.603	0.621	0.653	0.682	0.804	0.844	0.765	0.780	0.770	0.666
有机碳	0.365	0.466	0.372	0.416	0.531	0.447	0.489	0.519	0.634	0.555	0.566	0.501	0.536
碱解氮	0.199	0.454	0.393	0.393	0.461	0.462	0.472	0.484	0.469	0.427	0.445	0.336	0.392
速效磷	0.241	0.265	0.471	0.364	0.292	0.401	0.422	0.379	0.516	0.535	0.171	0.270	0.613
速效钾	0.203	0.248	0.305	0.289	0.304	0.309	0.325	0.394	0.463	0.472	0.455	0.346	0.653
过氧化氢酶	0.324	0.534	0.679	0.485	0.497	0.414	0.568	0.574	0.607	0.528	0.509	0.539	0.588
蔗糖酶	0.007	0.012	0.019	0.010	0.011	0.013	0.015	0.015	0.018	0.015	0.015	0.017	0.017
脲酶	0.046	0.299	0.234	0.350	0.369	0.271	0.437	0.527	0.424	0.447	0.534	0.434	0.578
细菌 Chao1	0.462	0.507	0.087	0.216	0.149	0.139	0.178	0.149	0.139	0.178	0.134	0.166	0.083
真菌 Chao1	0.231	0.589	0.710	0.553	0.328	0.492	0.507	0.328	0.492	0.507	0.408	0.536	0.503
细菌 Shannon	0.611	0.850	0.588	0.729	0.663	0.754	0.621	0.663	0.754	0.621	0.575	0.706	0.296
真菌 Shannon	0.476	0.774	0.905	0.860	0.508	0.877	0.687	0.508	0.877	0.687	0.692	0.860	0.584

　　为定量描述施肥和不同牧草对滨海盐碱土壤综合质量的影响。通过土壤各指标的权重和隶属度计算土壤质量综合指数（SQI）分析土壤质量状况，SQI 值越大，表明土壤质量越好，反之越差，结果见表 8 - 26。结果表明，所有施肥和牧草处理下土壤质量水平均高于对照，表现为 G4JM＞G5JM＞G4JH＞G5JH＞G5JN＞G1JN＞G5JL＞G4JN＞G1JH＞G4JL＞G1JM＞G1JL＞G0JN。三种牧草处理之间综合得分值由高到低排序：G4＞G5＞G1，说明甜高粱和墨西哥玉米相比苜蓿处理下土壤质量水平较高；四种施肥处理之间综合得分值由高到低排序：JM＞JH＞JN＞JL，说明施肥量对土壤质量水平的影响表现为中施肥量优于高施肥量、低施肥量和不施肥。土壤质量综合指数较高的处理为 G4JM＞G5JM＞G4JH＞G5JH，甜高粱和墨西哥玉米在中施肥量下土壤质量水平高于高施肥量。

表 8 - 26　　　　　　　　　不同施肥处理下土壤质量综合指数

处理	主成分 1	主成分 2	主成分 3	主成分 4	主成分 5	主成分 6	SQI	排序
G4JM	0.498	0.546	0.481	0.597	0.480	0.508	43.007	1
G5JM	0.465	0.497	0.452	0.521	0.444	0.466	39.616	2
G4JH	0.452	0.496	0.417	0.565	0.433	0.491	39.206	3
G5JH	0.476	0.508	0.449	0.447	0.405	0.467	39.183	4

处理	主成分 1	主成分 2	主成分 3	主成分 4	主成分 5	主成分 6	SQI	排序
G5JN	0.427	0.509	0.430	0.554	0.436	0.468	38.431	5
G1JN	0.413	0.492	0.458	0.564	0.468	0.456	38.216	6
G5JL	0.443	0.484	0.435	0.508	0.412	0.453	37.998	7
G4JN	0.425	0.523	0.421	0.545	0.402	0.443	37.986	8
G1JH	0.446	0.469	0.405	0.506	0.409	0.481	37.714	9
G4JL	0.416	0.481	0.419	0.551	0.436	0.441	37.304	10
G1JM	0.441	0.447	0.404	0.488	0.418	0.463	36.997	11
G1JL	0.405	0.435	0.374	0.467	0.384	0.432	34.544	12
G0JN	0.287	0.356	0.292	0.396	0.374	0.349	27.042	13

8.7　讨论

8.7.1　滨海盐碱地不同牧草配施微生物肥料对土壤理化性质的影响

　　微生物肥料被认为是一种新型肥料。本研究发现，施加微生物肥料对滨海盐碱化土壤化学性质改善明显，对土壤物理性质影响不大，改善土层顺序为 0～20cm＞20～40cm。可能原因是施肥深度为 0～20cm，并且 3 种牧草的根系主要分布于 0～20cm 土层。施加微生物肥料对土壤 pH 值和电导率等化学性质的改善起到一定作用，单独施肥会帮助降低土壤 pH 值和电导率，施肥量越大，降低效果越好。微生物肥料对土壤 pH 值有缓冲作用（Köninger et al.，2021）。但种植牧草后对土壤 pH 值和电导率降低的最佳施用浓度并不唯一，苜蓿和甜高粱在高施肥量水平下土壤 pH 值降低效果最好，墨西哥玉米在中施肥量水平下降低土壤 pH 值的效果最好，3 种牧草均在中施肥量相比其他施肥处理，改良土壤电导率的效果最佳。这可能归因于从根部渗出的有机酸。另外，土壤并不是单纯的土壤颗粒和肥料的简单结合。土壤微生物是土壤的活跃组成部分，会分泌大量的胞外多糖类物质，如肽聚糖等。这些有益微生物产生的糖类物质，占土壤有机质的 0.1%，通过代谢活动气体的交换，以及分泌的有机酸，能与植物根系分泌物、土壤胶体等共同作用，形成土壤团粒结构，此外，它们还参与腐殖质形成，改善土壤性质。

　　本研究还发现，种植 3 种牧草均会显著降低土壤 pH 值和电导率，其中甜高粱对土壤 pH 值和电导率的降低效果最好。通过种植盐生植物或耐盐植物来改善盐碱地，不仅可以有效改变土壤中盐分的分布，还可以改变多种土壤性质（Xu et al.，2020）。许多耐盐植物已被证明可以改善土壤吸水率、饱和导水性、结构稳定性、土壤容重和土壤孔隙度以适应盐碱土壤。但本研究种植的苜蓿、甜高粱和墨西哥玉米对土壤含水率、容重的影响并不大。可能原因是种植时间较短，在短期内新的土壤团粒结构并未形成。

　　微生物肥料中所含的微生物可以为植物提供生物氮、速效磷和速效钾，并提高养分吸收,从而促进植物生长(Yang et al.,2020)。微生物肥料在氨化、固氮和磷钾分解中发挥作用。植物能从土壤中吸收到更多的养分,减少施用量并提高植物生产力。有研究发现,生物炭微生物肥料(BCMF),提高了土壤全氮和有机质含量,比常规肥料更能阻止养分淋失,特别是氮和磷的淋失,微生物肥料的施用改善了土壤养分有效性和土壤质量,同时提高了土壤中与碳氮代谢相关的细菌丰度,此外施用量减少20%并没有显著影响土壤碱解氮和磷以及作物的生长状况(Wang et al.,2023)。本研究结果表明,施加微生物肥料后土壤碱解氮、速效磷和速效钾含量均随着施肥量的增加而增加。增加微生物肥料的主要作用之一是增进土壤肥力。这可能是由于微生物肥料含有各种固氮微生物,可以增加土壤中的氮素含量;多种溶磷、解钾的微生物,例如芽孢杆菌等的应用,可以将土壤中难溶的磷和钾分解出来,转变为作物能吸收利用的磷、钾化合物,同时微生物肥料的应用,增加了土壤中的有机质,提高了土壤的肥力(Hong et al.,2022)。但种植牧草后土壤有机碳和微量养分有效性并不会随着施肥量增加而持续增加,而是出现最佳用量,并且不同牧草的最佳施用量存在差异。不同牧草根系与微生物结合形成新地土壤微生物群落,由于根系分泌的有机化合物不同,微生物群落组成和结构及其功能也会发生改变,这可能是造成差异的原因。有研究发现,种植植物增加了土壤总氮、速效磷和速效钾的含量,以及可交换钙和镁的含量(Li et al.,2019),植物在盐碱土修复中同样重要意义。

8.7.2 滨海盐碱地不同牧草配施微生物肥料对土壤酶活性的影响

土壤酶主要来源于细胞、植物根系分泌物或微生物和动植物的残余分解产物,在很大程度上促进了有机质的分解和矿化,催化土壤生化反应过程(Wang et al.,2023)。与传统农业相比,微生物肥料能增加了土壤酶活性。本研究发现,施加微生物肥料后,土壤酶活性增加,并且随施肥量增加而增加,这表明微生物肥料与土壤酶活性之间存在正向相互作用。这可能是因为微生物肥料的应用增加了土壤微生物的可用碳源,从而影响土壤功能和酶活性。微生物肥料中丰富的活性物质可以对土壤酶活性产生影响,以促进作物对养分地吸收和利用,并增强土壤养分的有效性,从而导致土壤酶活性增加。本研究中种植不同牧草后,土壤微生物酶活性并不会随施肥量的增加而持续增加,而是出现最佳施用量,且不同牧草的最佳施用量存在差异。

8.7.3 滨海盐碱地不同牧草配施微生物肥料对土壤微生物群落的影响

微生物是土壤生态系统的关键组成,它们不仅影响土壤健康,也影响植物健康。微生物除了参与土壤结构的建立和维护外,还参与土壤养分的转化和循环。因此,土壤微生物可以通过促进养分吸收和植物生长或通过拮抗病原体来影响植物生长和发育。以往研究发现,微生物肥料通过支持微生物活动来提高作物产量。另外,在土壤微生物多样性测序广泛使用之前,有5篇研究认为,微生物肥料对土壤生物多样性没有显著影响。本研究发现,在短期内土壤细菌在高施肥量处理下,土壤细菌多样性指数Shannon存在显著性差异($P<0.05$),墨西哥玉米和甜高粱处理显著高于苜蓿处理,但丰富度指数差异不大。

本研究还发现,同一牧草不同施肥量间,土壤真菌群落多样性存在显著差异;同一施肥量下，不同牧草间土壤真菌群落多样性也存在显著差异。说明微生物群落可能受到植物变化的影响，同时对细菌和真菌群落有不同程度地影响。一些研究表明，微生物肥料会导致植物根系发育更大，植物根际往往是所有陆地生态系统中最大的生物多样性，因此根系发育的增强和有机化合物的渗出可能会影响土壤微生物群落。微生物肥料会促使植物产生更多的激素，并抑制病原微生物的生长；土壤中的微生物，例如抗生性微生物，它们能够通过分泌抗生素来抑制病原微生物的繁殖，防治和减少土壤中土传病害微生物对作物的危害，提高作物产量和品质。另外，微生物肥料可以通过提供生态空间来增加微生物多样性，通过物种能量假说，微生物肥料中提供额外的能量（有机碳）和微量营养素可以维持土壤微生物更高的多样性，该假说预测可以在支持更多个体的生态系统中维持更多物种，因此微生物肥料能增加微生物多样性。

在本研究中，放线菌、酸杆菌和变形杆菌是门水平上最丰富地细菌门，这与以前的研究认为的变形杆菌、放线菌和酸杆菌是不同农业系统中最常见的细菌门一致。土壤微生物在土壤养分转化中起着非常关键的作用，约 40% 的土壤微生物可以激活不溶性磷并将其转化为微生物磷，形成微生物生物量磷库。变形杆菌与氮和碳循环有关，放线菌是降解木质素和纤维素的关键功能群之一，酸杆菌可以降解来自植物残体和光合作用的聚合物，这些细菌在土壤生化循环中起着重要作用。因此，这些与土壤碳氮代谢有关的细菌在微生物肥料作用下相对丰度有所提高，这就意味着微生物肥料的应用可以提高土壤微生物的碳氮代谢水平。微生物组研究表明，生态环境中微生物区系的复杂性和多样性使得人工定向难以实现，促进植物生长发育地最有效解决方案是用有益的微生物肥料接种作物。这将促进作物根部新微生物菌群地形成并改善土壤环境。已经发现不同植物对盐碱土壤的修复能力和微生物组成不同。微生物可以促进植物生长，增强植物的抗逆性。相反，植物类型对土壤微生物群落结构也有较大的影响。有研究发现，植物物种和微生物的多样性也导致盐碱土的快速改良，菊芋可以通过向土壤释放根系分泌物，增加土壤微生物群落的多样性和丰富度来改善土壤的理化性质，从而达到改良盐碱地的效果。

8.7.4　土壤微生物群落与环境因素的关联分析

本研究发现，影响黄河三角洲滨海盐碱土细菌群落结构的因子主要为 pH 值、AP、S - SC、S - CAT、AK、S - UE 和 AN。影响黄河三角洲滨海盐碱土真菌群落结构的因子主要为 pH 值、SWC、电导率、S - CAT、AP 和 S - SC。与他人的结果基本一致。不同施肥措施可通过改变土壤微环境直接或间接影响土壤微生物群落结构和组成，这一过程受土壤 pH 值、质地、水分、有机碳含量和养分有效性等因素的驱动。在全球变化因子中，土壤 pH 对土壤微生物群落的影响最大，α 多样性随 pH 值的升高而升高（对于酸性或中性土壤）；N、P、K 对 α 多样性的影响取决于微生物群，随着 N、P、K 的增加而增加，多样性的变化呈负相关（Zhou et al.，2020）。另外，土壤 pH 值的缓冲效应以及养分和有机物含量被认为是微生物肥料对土壤生物多样性有益的关键（Köninger et al.，2021）。

土壤中养分的有效性可以受到肥料的影响，并且可以进一步调节土壤生物地球化学循环，其中，土壤中 C、N 和 P 循环是全球探索的常见问题（Zhang et al.，2019）。但过量施肥可能打破了养分循环之间的平衡。并且土壤养分有效性与酶活性之间存在的复杂的相互关系。相关研究发现，脲酶活性与土壤养分含量呈现正相关（Liu et al.，2022）。过氧化氢酶活性与有效磷（P）呈极显著负相关。本研究发现，过氧化氢酶、蔗糖酶和脲酶活性与土壤pH值呈极显著负相关，与土壤有机碳、碱解氮、速效磷含量呈显著正相关，脲酶活性与速效钾呈显著正相关。此外还有研究认为，大多数土壤酶的反应与SOC的反应并不相关，但与微生物碳呈正相关（Liu et al.，2020）。说明微生物肥料对酶活性的影响与酶的生产者（即微生物）的关系更密切。因此，土壤养分的释放也受到微生物元素需求的广泛限制。

8.8 小结

本研究选取黄河三角洲滨海盐碱地为研究区，进行大田试验。选取苜蓿、甜高粱、墨西哥玉米3种牧草和4种微生物肥料施用量：JN，不施肥；JL，低施肥量（0.12kg/m²）；JM，中施肥量（0.24kg/m²）；JH，高施肥量（0.36kg/m²），进行双因素随机区组设计。探究牧草和施肥量对不同土层深度（0～20cm和20～40cm）土壤理化性质、土壤酶活性、土壤细菌和真菌多样性的差异性，以及微生物群落组成、结构和影响因素，并对施肥和牧草处理下土壤质量进行综合评价。主要研究结论如下：

（1）微生物肥料和牧草对20cm以上土壤理化性质的改善优于20cm以下。施肥和牧草种植对滨海盐碱化土壤化学性质改善明显。施肥和牧草会帮助降低土壤pH值和电导率，单独施肥处理下，施肥量越大，降低效果越好；不同牧草的最佳pH值降低效果并不唯一，苜蓿和甜高粱在高施肥量水平下土壤pH值降低效果最好，墨西哥玉米在中施肥量水平下降低土壤pH值的效果最好；苜蓿、甜高粱和墨西哥玉米均在中施肥量改良土壤电导率的效果最佳。施加微生物肥料会增加土壤有机碳、碱解氮、速效磷和速效钾的含量，并且均随着施肥量的增加而增加。种植牧草后土壤有机碳随施肥量的增加呈先增后减的趋势。苜蓿较其他两种牧草对土壤碱解氮的增加效果最明显。种植墨西哥玉米后土壤速效磷的增长趋势与单独施肥一致，随施肥量的增加而增加，但苜蓿和甜高粱在中施肥量下土壤速效磷含量最高。土壤速效钾的变化趋势与速效磷基本一致。

（2）单独施加微生物肥料土壤过氧化氢酶、蔗糖酶和脲酶活性增加，并且随施肥量增加呈增加趋势，这表明微生物肥料与土壤酶活性之间存在正向相互作用。种植不同牧草后，土壤微生物酶活性并不会随施肥量的增加而持续增加，而是出现最佳施用量，且不同牧草的最佳施用量存在差异。

（3）施肥和牧草种植对微生物群落会产生不同程度的影响。施肥和牧草对土壤细菌Chao1指数影响并不显著，但对土壤细菌Shannon指数有显著影响。苜蓿在中、高施肥量下、墨西哥玉米在中施肥量下土壤细菌多样性指数Shannon指数显著低于其他处理。同一牧草不同施肥量与同一施肥量不同牧草种植间，土壤真菌群落多样性均存在显著差异。滨海盐碱土壤优势细菌门主要包括：酸杆菌门、变形菌门、放线菌门；优势真菌群包括子囊菌门、接合菌门、担子菌门、球囊菌门。施肥和种植牧草显著增加了优势微生物的相对丰度，但效果有所不同。施肥和牧草会改变细菌和真菌微生物群落的相似性。影响黄河三角洲滨海盐碱土细菌群落结构的因子主要为pH值、AP、S-SC、S-CAT、AK、S-UE和AN，影响土壤真菌群落结构的因子主要为pH值、SWC、电导率、S-CAT、AP和S-SC。

（4）微生物肥料和牧草会对滨海盐碱地土壤质量水平产生影响，土壤质量综合评价得分，发现土壤质量综合指数较高的处理为 G4JM＞G5JM＞G4JH＞G5JH。4 种施肥处理之间综合得分值由高到低排序：中施肥量＞高施肥量＞不施肥＞低施肥量，说明微生物肥料对土壤综合质量的改善并不会随施肥量的增加而持续增加，而是存在最佳施用量，施肥量对土壤综合质量水平的影响表现为中施肥量优于高施肥量、低施肥量和不施肥；3 种牧草处理之间综合得分值由高到低排序：甜高粱＞墨西哥玉米＞苜蓿，说明甜高粱和墨西哥玉米相比苜蓿处理下土壤质量水平较高。并且甜高粱和墨西哥玉米在中施肥量（0.24kg/m^2）下土壤质量水平高于高施肥量（0.36kg/m^2）。

参 考 文 献

Adolfond P, Daniel G, Robert Q, et al. Multi – fractal characterization of soil pore system [J]. Soil Science Society of America Journal, 2003, 67: 1361 – 1369.

Belnap J. Surface disturbances: their role in accelerateing desertification [J]. Environmental Monitoring and Assessment, 1995, 37: 39 – 57.

Belnap J. Theworld at your feet: desert biological soil crusts [J]. Frontiers in Ecological Environments, 2003, 1 (5): 181 – 189.

Bisal F, Hsieh J. Influence of moisture on the erodibility of soil by wind [J]. Soil Science, 1966, 102: 143 – 146.

Boorboori M, Zhang H. The Role of Serendipita Indica (Piriformospora Indica) in Improving Plant Resistance to Drought and Salinity Stresses [J]. Biology, 2022, 11 (7): 952.

Bucka F, FeldeV, Peth S, et al. Disentangling the effects of OM quality and soil texture on microbially mediated structure formation in artificial model soils [J]. Geoderma, 2021, 403: 115213.

Carlos C, Bruno B, Ofelia G, et al. Soil Organic Carbon vs. Bulk Density Following Temperate Grassland Afforestation [J]. Environmental Processes, 2017, 4 (1): 75 – 92.

Chen J, Ji C, Fang J, et al. Dynamics of microbial residues control the responses of mineral – associated soil organic carbon to N addition in two temperate forests [J]. Science of the Total Environment, 2020, 748: 141318.

Chen X, Lin J, Peng W, et al. Resistant soil carbon is more vulnerable to priming effect than active soil carbon [J]. Soil Biology and Biochemistry, 2022, 168: 108619.

Cheng X, Xie M, Li Y, et al. Effects of Field Inoculation with Arbuscular Mycorrhizal Fungi and Endophytic Fungi on Fruit Quality and Soil Properties of Newhall Navel Orange [J]. Applied Soil Ecology, 2022, 170: 104308.

Db A, Kn A, Fam B, et al. The interrelation between landform, land – use, erosion and soil quality in the Kan catchment of the Tehran province, central Iran [J]. Catena, 2021, 204: 105412.

Dotto A, Dalmolin R, Caten T, et al. A systematic study on the application of scatter – corrective and spectral – de – rivative preprocessing for multivariate prediction of soil organic carbon by Vis – NIR Spectra [J]. Geoderma, 2018, 314: 262 – 274.

Elliott E, Cambardella C. Physical separation of soil organic matter [J]. Agriculture, Ecosystems & Environment, 1991, 34 (1 – 4): 407 – 419.

Esmaeelnejad L, Shorafa M, Gorji M, et al. Enhancement of physical and hydrological properties of a sandy loam soil via application of different biochar particle sizes during incubation period [J]. Spanish: Journal of Agricultural Research, 2016, 14 (2): e1103.

Gaskin J, Speir R, Harris K, et al. Effect of peanut hull and pine chip biochar on soil nutrients, corn nutrient status, and yield [J]. Agronomy Journal, 2010, 102 (2): 623 – 633.

Ghosh A, Bhattacharyya R, Meena M, et al. Long – term fertilization effects on soil organic carbon sequestration in an inceptisol [J]. Soil & Tillage Research, 2018, 177: 134 – 144.

Gonzaga M, Mackowiak C, Comerford N, et al. Pyrolysis methods impact biosolids – derived biochar composition, maize growth and nutrition [J]. Soil and Tillage Research, 2017, 165: 59 – 65.

Haider F, Coulter J, Cai L, et al. An Overview on Biochar Production Its Implications and Mechanisms of

Biochar – Induced Amelioration of Soil and Plant Characteristics [J]. Pedosphere, 2022, 32 (1): 107 – 130.

Hammer E, Forstreuter M, Rillig M, et al. Biochar Increases Arbuscular Mycorrhizal Plant Growth Enhancement and Ameliorates Salinity Stress [J]. Applied Soil Ecology, 2015 (96): 114 – 121.

Haynes R, Beare H. Aggregation and organic matter storage in meso – thermal, humid soils [M]//Carter M R, Stewart BA. Structure and organic matter storage in agriculture soils. Boca Raton, 2020.

Hong J, Xu F, Chen G, et al. Evaluation of the Effects of Nitrogen, Phosphorus, and Potassium Applications on the Growth, Yield, and Quality of Lettuce (Lactuca sativa L.) [J]. Agronomy – Basel, 2022, 12 (10): 2477.

Gura I, Mnkeni P. Crop rotation and residue management effects under no till on the soil quality of a Haplic Cambisol in Alice, Eastern Cape, South Africa [J]. Geoderma, 2019, 337: 927 – 934.

Javanmard H, Habibi D, Hoodaji M, et al. Influence of humic acid, super absorbent and bacteria usage on the lead phytoextraction by annual alfalfa (Medicago scutellataL.) from contaminated soil [J]. Research on Crops, 2012, 13 (3): 1048 – 1052.

Li J, Song Z, ZwietenL, et al. Contribution of Asian dust to soils in Southeast China estimated with Nd and Pb isotopic compositions [J]. Acta Geochimica, 2020, 39 (6): 911 – 919.

Johnson J, Alex T, Oelmüller R. Piriformospora Indica: The versatile and multifunctional root endophytic fungus for enhanced yield and tolerance to biotic and abiotic stress in crop plants [J]. Journal of Tropical Agriculture, 2014 (52): 103 – 122.

Kamau S, Karanja N, Ayuke F, et al. Short – term influence of biochar and fertilizer – biochar blends on soil nutrients fauna and maize growth [J]. Biology and Fertility of Soils, 2019 (55): 661 – 673.

Köninger J, Lugato E, Panagos P, et al. Manure management and soil biodiversity: Towards more sustainable food systems in the EU [J]. Agricultural Systems, 2021, 194: 103251.

Lehmann A, Zheng W, Ryo M, et al. Fungal traits important for soil aggregation [J]. Frontiers in microbiology, 2020, 10: 2904.

Li P, Shen C, Jiang L, et al. Difference in soil bacterial community composition depends on forest type rather than nitrogen and phosphorus additions in tropical montane rainforests [J]. Biology and Fertility of Soils, 2019, 55 (3): 313 – 323.

Liang J, Li Y, Si B, et al. Optimizing biochar application to improve soil physical and hydraulic properties in saline – alkali soils [J]. Science of The Total Environment, 2021, 771: 144802.

Linda P, Macro B, Paola RLaser diffraction, transmission electron microscopy and image analysis to evaluate a bimodal Gaussian model for particle size distribution in soils [J]. Geoderma, 2006, 135: 118 – 132.

Liu H, Li S, Qiang R, et al. Response of soil microbial community structure to phosphate fertilizer reduction and combinations of microbial fertilizer [J]. Frontiers in Environmental Science, 2022, 10: 899727.

Liu S, Wang J, Pu S, et al. Impact of manure on soil biochemical properties: A global synthesis [J]. Science of the Total Environment, 2020, 745: 141003.

Liu X, Zheng J, Zhang D, et al. Biochar has no effect on soil respiration across Chinese agricultural soils [J]. Science of the Total Environment, 2016, 554: 259 – 265.

Luo S, Wang S, Tian L, et al. Long – term biochar application influences soil microbial community and its potential roles in semiarid farmland [J]. Applied Soil Ecology, 2017, 117: 10 – 15.

Ma L, Lv X, Cao N, et al. Alterations of soil labile organic carbon fractions and biological properties under different residue – management methods with equivalent carbon input [J]. Applied Soil Ecology,

2021, 161: 103821.

Martín M, Montero E. Laser diffraction and multifractal analysis for the characterization of dry soil volume – size distributions [J]. Soil & Tillage Research, 2002, 64: 113 – 123.

Mitchell, E, Scheer C, Rowlings D, et al. Important constraints on soil organic carbon formation efficiency in subtropical and tropical grasslands [J]. Global Change Biology, 2021, 27 (20), 5383 – 5391.

Montero E. Rényi dimensions analysis of soil particle – size distributions [J]. Ecological Modelling, 2005, 182: 305 – 315.

Mukherjee A., Bhowmick S., Yadav S., etal. Re – Vitalizing of Endophytic Microbes for Soil Health Management and Plant Protection [J]. 3 Biotech, 2021, 11: 1 – 17.

Ndiate N., Saeed Q., Haider F., et al. Co – Application of Biochar and Arbuscular Mycorrhizal Fungi Improves Salinity Tolerance Growth and Lipid Metabolism of Maize (Zea Mays L.) in an Alkaline Soil [J]. Plants, 2021, 10 (11) 2490.

Pan G., Zhao Q. Study on evolution of organic carbon stock in agricultural soils of China: Facing the challenge of global change and food security [J]. Advances in Earth Science, 2005, 20 (4): 384 – 393.

Pan J., Liu C., Li H., et al. Soil – resistant organic carbon improves soil erosion resistance under agroforestry in the Yellow River Flood Plain, of China [J]. Agroforestry Systems, 2022, 96 (7): 997 – 1008.

Rees F., Dhyèvre A., Morel J., et al. Decrease in the genotoxicity of metal – contaminated soils with biochar amendments [J]. Environmental Science and Pollution Research, 2017, 24 (36): 1 – 8.

Fan R., Jia L., Yan S., et al. Effects of biochar and super absorbent polymer on substrate properties and water spinach growth [J]. Pedosphere, 2015, 25 (5): 737 – 748.

Sahu P., Singh D., Prabha R., et al. Connecting Microbial Capabilities with the Soil and Plant Health: Options for Agricultural Sustainability [J]. Ecological Indicators, 2019, (105): 601 – 612.

Six J., Bossuyt H., Degryze S., et al. A history of research on the link between (micro) aggregates, soil biota, and soil organic matter dynamics [J]. Soil and Tillage Research, 2004, 79 (1): 7 – 31.

Six J., Elliott E., Paustian K. Soil structure and soil organic matter II. A normalized stability index and the effect of mineralogy [J]. Soil Science Society of America Journal, 2000, 64 (3): 1042 – 1049.

Wang S., Fan J., Zhong H., et al. A multi – factor weighted regression approach for estimating the spatial distribution of soil organic carbon in grasslands [J]. Catena, 2019, 174: 248 – 258.

Sun X., Zheng H., Li S., et al. MicroRNAs balance growth and salt stress responses in sweet sorghum [J]. The Plant Journal, 2023, 113 (4): 677 – 697.

Usman A., Al – wabel M., Ok Y., et al. Conocarpus Biochar Induces Changes in Soil Nutrient Availability and Tomato Growth Under Saline Irrigation [J]. Pedosphere, 2016, 26 (1): 27 – 38.

Wang X., Liang C., Mao J., et al. Microbial keystone taxa drive succession of plant residue chemistry [J]. The ISME Journal, 2023: 17 (5): 748 – 757.

Wang C., Xue L., Jiao R. Soil organic carbon fractions, C – cycling associated hydrolytic enzymes, and microbial carbon metabolism vary with stand age in Cunninghamia lanceolate (Lamb.) Hook plantations [J]. Forest Ecology and Management, 2021, 482: 118887.

Weber B., Belnap J., Büdel B., et al. What is a biocrust? A refined, contemporary de finition for a broadening research community [J]. Biological Reviews of the Cambridge Philosophical Society, 2022, 97: 1768 – 1785.

Xu H., Guo S., Zhu L., et al. Growth, physiological and transcriptomic analysis of the perennial ryegrass Loliumperenne in response to saline stress [J]. Royal Society Open Science, 2020, 7

（7）：200637.

Yang W.，Gong T.，Wang J.，et al. Effects of Compound Microbial Fertilizer on Soil Characteristics and Yield of Wheat（Triticum aestivumL.）[J]. Journal of Soil Science and Plant Nutrition，2020，20（4）：2740 - 2748.

Zhang X.，Wang L.，Fu X.，et al. Ecological vulnerability assessment based on PSSR in Yellow River Delta [J]. Journal of Cleaner Production，2017a，167：1106 - 1111.

Zhang Y.，Tigabu M.，Yi Z.，et al. Soil parent material and stand development stage effects on labile soil C and N pools in Chinese fir plantations [J]. Geoderma，2019，338：247 - 258.

Zhang Y.，Li P.，Liu X.，et al. Effects of farmland conversion on the stoichiometry of carbon，nitrogen，and phosphorus in soil aggregates on the Loess Plateau of China [J]. Geoderma，2019，351：188 - 196.

Zhou Z.，Wang C.，Luo Y. Meta - analysis of the impacts of global change factors on soil microbial diversity and functionality [J]. Nature Communications，2020，11（1）：3072.

白春生，佟明昊，赵萌萌，等. 施氮量和留茬高度对高丹草青贮发酵品质及饲用价值的影响 [J]. 草地学报，2020，28（5）：1421 - 1426.

白秀梅，韩有志，郭汉清. 庞泉沟自然保护区典型森林土壤大团聚体特征 [J]. 生态学报，2014，34（7）：1654 - 1662.

鲍士旦. 土壤农化分析 [M].3 版. 北京：中国农业出版社，2000：14 - 114.

陈慧碧. 黄泛平原地区杨树复合经营模式调查及典型林农经营效益的研究 [D]. 北京：北京林业大学，2019.

陈磊，熊康宁，汤小朋. 林草间作系统研究概况 [J]. 世界林业研究，2019，32（6）：6.

陈琳，王健，宋鹏帅，等. 降雨对坡耕地地表结皮土壤水稳性团聚体变化研究 [J]. 灌溉排水学报，2020，39（1）：98 - 105.

陈小花，陈宗铸，雷金睿，等. 清澜港红树林湿地典型群落类型沉积物活性有机碳组分分布特征 [J]. 生态学报，2022（11）：1 - 10.

陈晓燕，王小琳，谢先进. 不同微生物菌剂对玉米产量及土壤肥力的影响 [J]. 热带农业科学，2021，41（9）：11 - 16.

程红胜，沈玉君，孟海波，等. 生物炭基保水剂对土壤水分及油菜生长的影响 [J]. 中国农业科技导报，2017，19（2）：86 - 92.

程先富，史学正. 分形几何在土壤学中的应用及其展望 [J]. 土壤，2003，35（6）：461 - 464.

程晓彬. 不同用量保水剂对土壤理化性质和小白菜产量的影响 [J]. 现代农业科技，2020（3）：60 - 61.

丛黎明，王立业. 评价黄泛平原风沙区的水土流失及其治理开发策略 [J]. 工程建设与设计，2020（16）：2.

邓良基，林正雨，高雪松，等. 成都平原土壤颗粒分形特征及应用 [J]. 土壤通报，2008，39（1）：39 - 42.

董智，李红丽，任国勇，等. 黄泛平原风沙化土地种植牧草改良土壤效果研究 [J]. 中国草地学报，2008，30（3）：84 - 87.

窦晓慧，李红丽，盖文杰，等. 牧草种植对黄河三角洲盐碱土壤改良效果的动态监测及综合评价 [J]. 水土保持学报，2022，36（6）：394 - 401.

方明航，朱成立，黄明逸，等. 微咸水灌溉下生物炭对滨海盐渍土玉米生理生长的影响 [J]. 中国农村水利水电，2023：14.

房用，王力，孙蕾，等. 黄河三角洲湿地生态系统保育及恢复技术研究展望 [J]. 林业科技开发，2004，18（4）：16 - 18.

冯文瀚，李金彪，周聪，等. 不同林龄鹅掌楸人工林土壤团聚体及其有机碳状况 [J]. 中南林业科技大学学报，2021，41（2）：133 - 141.

高君亮，罗凤敏，高永，等．农牧交错带不同土地利用类型土壤碳氮磷生态化学计量特征［J］．生态学报，2019，39（15）：5594－5602.

高雅宁，廖李容，王杰等．禁牧对黄土高原半干旱草地土壤粒径多重分形特征的影响［J］．水土保持学报，2021，35（6）：310－318，326.

郭雨桐．黄河口湿地不同植被类型条件下土壤有机碳分布及真菌群落结构特征［D］.北京：北京林业大学，2019.

韩剑宏，刘泽霞，张连科，等．生物炭和环保酵素对盐碱化土壤特性的影响［J］．生态环境学报，2019，28（5）：1029－1036.

韩新生，马璠，郭永忠，等．土地利用方式对表层土壤水稳性团聚体的影响［J］．干旱区资源与环境，2018，32（2）：114－120.

韩致文，周玉麟，李晓云，等．豫北延津的风沙问题［J］．中国沙漠，1995，15（4）：378－384.

何宇，盛茂银，王轲，等．土地利用变化对西南喀斯特土壤团聚体组成、稳定性以及 C、N、P 化学计量特征的影响［J］．环境科学：1－16.

胡琴，陈为峰，宋希亮，等．开垦年限对黄河三角洲盐碱地土壤质量的影响［J］．土壤学报，2020，57（4）：824－833.

胡云锋，刘纪远，庄大方，等．不同土地利用/土地覆盖下土壤粒径分布的分维特征［J］．土壤学报，2005，42（2）：336－339.

姬生勋，刘玉涛，董智，等．黄泛平原风沙区不同造林年限林地土壤风蚀与理化性质的变化［J］．水土保持研究，2011，18（3）：158－161，167.

吉静怡，赵允格，杨凯，等．黄土丘陵区生物结皮坡面产流产沙与其分布格局的关联［J］．生态学报，2021，41（4）：1381－1390.

贾利梅，毛伟兵，孙玉霞，等．不同改良材料对粘质盐土物理性状和棉花产量的影响［J］．中国农学通报，2017，33（13）：81－87.

孔德真，段震宇，王刚，等．盐、碱胁迫下高丹草苗期生理特征及转录组学分析［J］．生物技术通报，2022：1－9.

李传哲，姚文静，杨苏，等．有机物料输入对黄河故道区土壤物理结构的影响［J］．江苏农业科学，2022，50（16）：245－250.

李红丽，董智，张昊，等．黄泛平原发展牧草产业治理风沙化土地的探讨［J］，中国草地学报，2006，28（5）：104－109.

李珊，杨越超，姚媛媛，等．不同土地利用方式对山东滨海盐碱土理化性质的影响［J］．土壤学报，2022，59（4）：1012－1024.

李文耀，魏楠，黄丽娜，等．土壤数据集对全球陆面过程模拟的影响［J］．气候与环境研究，2020，25（5）：555－574.

李新荣，贾玉奎，龙利群，等．干旱半干旱地区土壤微生物结皮的生态学意义及若干研究进展［J］．中国沙漠，2001，21（1）：4－11.

李鑫浩，曹文华，吕青霞，等．黄泛平原风沙区风沙土物理结皮硬度和厚度特征及其影响因素［J］．水土保持通报，2022，（3）：1－7.

李艳茹，梁运江，许广波，等．分形理论及其在土壤物理学上的应用［J］．安徽农业科学，2006，20：5141－5143.

李智广，袁利．淮河流域黄泛平原风沙区水土流失监管重点［J］．中国水土保持 SWCC，1000－0941（2020）07－0007－05.

连神海，张树楠，刘锋，等．不同生物炭对磷的吸附特征及其影响因素［J］．环境科学，2022，43（7）：3692－3698.

刘德，王玉俭，钱祖林，等．山东省水土保持普查要点及区划类型［J］．水土保持研究，1994，1（2）：

12-28.

刘均阳，周正朝，苏雪萌．植物根系对土壤团聚体形成作用机制研究回顾［J］．水土保持学报，2020，34（3）：267-273，298.

刘西刚，王勇辉，焦黎．夏尔希里自然保护区典型植被土壤水源涵养功能探究［J］．水土保持学报，2019，33（3）：121-128.

刘艳，查同刚，王伊琨，等．北京地区栓皮栎和油松人工林土壤团聚体稳定性及有机碳特征［J］．应用生态学报，2013，24（3）：607-613.

刘泽茂，晏昕，吴文，等．竹炭添加对大叶榉树容器苗生长和营养状况的影响［J］．南京林业大学学报，2022，46（2）：111-118.

罗燕清，万智巍，晏彩霞，等．鄱阳湖沉积物溶解性有机质光谱特征［J］．环境科学，2022，43（2）：847-858.

吕文星，张洪江，王伟，等．重庆四面山不同林地土壤团聚体特征［J］．水土保持学报，2010，24（4）：192-197.

马惠茹．河套灌区草牧业发展与盐碱地生态治理现状调查［J］．家畜生态学报，2020，41（2）：60-63.

牧仁，焦婷，陈鑫，等．氮添加对高寒生态条件下垂穗披碱草草地土壤肥力的影响［J］．中国草地学报，2022，44（5）：50-57.

盘礼东，李瑞，张玉珊，等．西南喀斯特区坡耕地秸秆覆盖对土壤生态化学计量特征及产量的影响［J］．生态学报，2022（11）：1-11.

彭杰，张杨珠，周清，等．去除有机质对土壤光谱特性的影响［J］．土壤，2006，38（4）：453-458.

齐广耀，张书菡，孙建平，等．大球盖菇菌渣对盐碱土区林地土壤的改良研究［J］．山东农业科学，2022，54（1）：104-110.

秦丽，何永美，王吉秀，等．续断菊与玉米间作的铅累积及根系低分子量有机酸分泌特征研究［J］．中国生态农业学报（中英文），2020，28（6）：867-875.

瞿红云，贾国梅，向瀚宇，等．植被混凝土边坡修复基质易氧化有机碳组分季节动态［J］．水土保持研究，2019，26（5）：28-33.

任国勇．山东黄河故道风沙化土地杨农间作生态经济效益研究［D］．泰安：山东农业大学，2009.

任中兴，房用，杨吉华，等．黄泛沙地小网格农田防护林网防风固沙和增产效益的研究［J］．山东农业大学学报（自然科学版）.2009，40（3）：398-404.

邵立业．风沙化土地的整治与利用［J］．自然资源学报.1990，5（3）：237-245.

宋玉民，张建锋，邢尚军，等．黄河三角洲重盐碱地植被特征与植被恢复技术［J］．东北林业大学学报，2003，31（6）：87-89.

谭秋锦，宋同清，彭晚霞，等．峡谷型喀斯特不同生态系统土壤团聚体稳定性及有机碳特征［J］．应用生态学报，2014，25（3）：671-678.

田平雅，沈聪，赵辉，等．银北盐碱区植物根际土壤酶活性及微生物群落特征［J］．土壤学报，2020，57（1）：217-226.

童晨晖，王辉，谭帅，等．亚热带丘岗区经果林种植对红壤团聚体稳定性的影响［J］．应用生态学报，2022，33（4）：1012-1020.

汪宗飞，郑粉莉．黄土高原子午岭地区人工油松林碳氮磷生态化学计量特征［J］．生态学报，2018，38（19）：87-97.

王德，傅伯杰，陈力顶，等．不同土地利用类型下土壤粒径分形分析-以黄土丘陵沟壑区为例［J］．生态学报，2007，27（7）：3081-3089.

王德领，诸葛玉平，杨全刚，等.3种改良剂对滨海盐碱地土壤理化性状及玉米生长的影响［J］．农业资源与环境学报，2021，38（1）：20-27.

王恩姮，陈祥伟．大机械作业对黑土区耕地土壤三相比与速效养分的影响［J］．水土保持学报，2007，

21 (4)：98 – 102.

王富，贾志军，董智，等．不同生态修复措施下水库水源涵养区土壤粒径分布的分形特征 ［J］. 水土保持学报，2009，23 (5)：113 – 117.

王桂君，许振文，路倩倩．生物炭对沙化土壤理化性质及作物幼苗的影响 ［J］. 江苏农业科学，2017，45 (11)：246 – 248.

王合云，李红丽，董智，等．滨海盐碱地不同造林树种改良土壤效果研究 ［J］. 水土保持研究，2016，23 (02)：161 – 165.

王丽，刘霞，张光灿，等．鲁中山区采取不同生态修复措施时的土壤粒径分形与孔隙结构特征 ［J］. 中国水土保持科学，2007，5 (2)：73 – 80.

王启尧，赵庚星，李涛，等．滨海盐渍麦田施用微生物菌肥的降盐效果及冬小麦长势响应 ［J］. 中国农学通报，2021，37 (24)：60 – 66.

王睿彤，孙景宽，陆兆华．土壤改良剂对黄河三角洲滨海盐碱土生化特性的影响 ［J］. 生态学报，2017，37 (2)：425 – 431.

王亚丽，许武成，杜忠．马尾松低效人工林土壤易氧化有机碳在不同改造措施下的分布特征 ［J］. 四川林业科技，2021，42 (1)：35 – 39.

魏强，张秋良，代海燕，等．大青山不同林地类型土壤特性及其水源涵养功能 ［J］. 水土保持学报，2008，22 (2)：111 – 115.

吴海燕，金荣德，范作伟，等．基于主成分和聚类分析的黑土肥力质量评价 ［J］. 植物营养与肥料学报，2018，24 (2)：325 – 334.

吴其聪，张丛志，张佳宝，等．不同施肥及秸秆还田对潮土有机质及其组分的影响 ［J］. 土壤，2015，47 (6)：1034 – 1039.

吴正．风沙地貌与治沙工程学 ［M］. 北京：科学出版社，2003.

武梦娟，王桂君，许振文，等．生物炭对沙化土壤理化性质及绿豆幼苗生长的影响 ［J］. 生物学杂志，2017，34 (2)：63 – 67.

先露露，董智，李红丽，等．不同镉浓度下接种印度梨形孢对高丹草生长与生理特性的影响 ［J］. 干旱区资源与环境，2022，36 (5)：171 – 177.

谢贤健．泥石流频发区不同土地利用类型下土壤分形维数与理化性质的关联度 ［J］. 草业科学，2024，41 (1)：49 – 58.

徐万茹．不同水分胁迫下接种印度梨形孢对白榆生理特性的影响 ［D］. 泰安：山东农业大学，2021.

许仙菊，张永春，汪吉东，等．中国三大薯区土壤养分状况及土壤肥力质量评价 ［J］. 中国土壤与肥料，2021 (5)：27 – 33.

闫靖华，张凤华，谭斌，等．不同恢复年限对土壤有机碳组分及团聚体稳定性的影响 ［J］. 土壤学报，2013，50 (6)：1183 – 1190.

杨培岭，罗元培，石元春．用粒径的重量分布表征的土壤分形特征 ［J］. 科学通报，1993，38 (20)：1896 – 1899.

杨苏，李传哲，徐聪，等．绿肥和凹凸棒添加对黄泛沙地土壤结构和碳氮含量的影响 ［J］. 水土保持通报，2020，40 (2)：199 – 204.

于法稳，王广梁，林珊．粮食主产区农业绿色发展的关键问题及路径选择 ［J］. 重庆社会科学，2022，(7)：6 – 18.

云慧雅，毕华兴，王珊珊，等．不同林分类型土壤理化特征及其对土壤入渗过程的影响 ［J］. 水土保持学报，2021，35 (6)：183 – 189.

张世熔，邓良基，周倩，等．耕层土壤颗粒表面的分形维数及其与主要土壤特性的关系 ［J］. 土壤学报，2002，39 (2)：221 – 226.

张维理，Kolbe H，张认连．土壤有机碳作用及转化机制研究进展 ［J］. 中国农业科学，2020，53 (2)：

317 - 331.

张志强,王晓宇,王黎梅,等.不同牧草品种用作绿肥对盐碱地土壤养分的影响 [J].畜牧与饲料科学,2020,41(3):35 - 41.

张重阳.山东省聊城市水土流失现状及防治对策 [J].云南地理环境研究.2004,16(4):10 - 13.

赵宏亮,侯立白,王萍等.彰武农田土壤风蚀物垂直分布规律的研究 [J].水土保持研究,2006,13(2).

赵俊峰,肖礼,黄懿梅,等.黄土丘陵区不同种植类型梯田 2 m 土层有机碳的分布特征 [J].水土保持学报,2017,31(5):253 - 259.

赵雯,黄来明.高寒山区不同土地利用类型土壤养分化学计量特征及影响因素 [J].生态学报,2022(11):1 - 13.

赵振利,翟晓巧.泡桐农林复合经营模式及效益评价 [J].河南林业科技,2020,40(4):6 - 7,15.

朱谧远,岩晓莹,郭天崎,等.黄土高原沟壑区陡坡地典型植被不同恢复年限土壤物理性质比较研究——以陕西长武王东沟为例.矿物岩石地球化学通报,2022,41(5):1033 - 1040.

朱震达,刘恕,邸醒民.中国的荒漠化及其治理 [M].北京:科学出版社,1989.

朱震达.中国荒漠化防治 [M].北京:中国林业出版社,1999.

邹俊亮,郭胜利,李泽,等.小流域土壤有机碳的分布和积累及土壤水分的影响 [J].自然资源学报,2012,27(3):430 - 439.